普通高等教育“十一五”国家级规划教材
高等职业教育“十三五”规划教材
土木工程专业系列规划教材

理 论 力 学

（第四版）

沈养中　李桐栋　编著

科 学 出 版 社
北 京

内 容 简 介

本书属于普通高等教育“十一五”国家级规划教材。本书根据高职高专的教学特点和高等教育大众化的特点，紧密结合建筑工程实际，强调基本概念，重视宏观分析，降低计算难度，突出工程应用，注重职业技能和素质的培养。本书叙述深入浅出，通俗易懂，文字简洁流畅，图文配合紧密，具有针对性、适用性和实用性。本书有配套的教学辅导用书，并配有相应课件，非常方便教与学。

本书共分十章，内容包括：绪论、刚体静力分析基础、平面力系、空间力系、点的运动、刚体的运动、质点与刚体的运动微分方程、动能定理、达朗贝尔原理、虚位移原理。每章前有内容提要和学习要求，每章后有思考题和习题，并附习题参考答案。

本书与本系列规划教材中的《材料力学》、《结构力学》在内容上融合、贯通、有机地连成一体，可作为高等职业学校、高等专科学校、成人高校及本科院校举办的二级职业技术学院和民办高校的土建大类专业，以及道桥、市政、水利等专业的本、专科力学课程的教材，也可作为专升本考试用书以及有关工程技术人员的参考用书。

图书在版编目(CIP) 数据

理论力学/沈养中，李桐栋编著. —4版. —北京：科学出版社，2016
（普通高等教育“十一五”国家级规划教材·高等职业教育“十三五”规划教材·土木工程专业系列规划教材）
ISBN 978-7-03-046692-1

Ⅰ. ①理…-Ⅱ. ①沈…②李…-Ⅲ. ①理论力学-高等学校-教材-Ⅳ. ①O31

中国版本图书馆 CIP 数据核字（2015）第 321911 号

责任编辑：杜 晓/责任校对：陶丽荣
责任印制：吕春珉/封面设计：曹 来

科学出版社 出版
北京东黄城根北街 16 号
邮政编码：100717
http://www.sciencep.com
北京中科印刷有限公司 印刷
科学出版社发行 各地新华书店经销
*
2001 年 8 月第 一 版 2022 年 3 月第十六次印刷
2005 年 7 月第 二 版 开本：787×1092 1/16
2010 年 8 月第 三 版 印张：12 1/4
2016 年 1 月第 四 版 字数：296 000

定价：39.00 元

（如有印装质量问题，我社负责调换<中科>）
销售部电话 010-62134988 编辑部电话 010-62132124（VA03）

第四版前言

本书是在第三版的基础上，根据高职高专的教学特点和高等教育大众化的特点，参考建筑工程技术国家级示范专业的教学实践经验进行修订的。

本次修订除继续保持第三版教材的特色外，对部分内容进行了适当增删和修改，使教材更具有针对性、适用性和实用性。

在本次修订过程中，编写了《理论力学同步辅导与题解》（另行出版），可配合本书内容进行同步辅导，并对本书的全部思考题和习题进行了详细解答。另外，对第三版研制的课件进行了修订。这些教学资源与本书配套使用，非常方便教与学。

参加本次修订工作的有江苏建筑职业技术学院沈养中（第三、四、七、八、九章），河北工程技术高等专科学校李桐栋（第一、二、五、六、十章和课件研制），江苏建筑职业技术学院沈滔（课件研制）。全书由沈养中统稿。本书由北京大学于年才教授主审。

在本书的修订过程中，许多同行提出了很好的意见和建议，在此表示感谢。

鉴于编著者水平有限，书中难免有不妥之处，敬请广大读者批评指正。

编著者

2013 年 6 月

第三版前言

本书是普通高等教育“十一五”国家级规划教材，全国高职高专土木工程专业系列规划教材之一。本书是在第二版的基础上，根据当前高职高专教学改革和高等教育大众化的特点，遵循基础课程“以应用为目的、以必须够用为度”的原则进行修订的。本次修订除继续保持第二版教材的特色外，对部分内容进行了调整，使本版更具有针对性、适用性和实用性。本次修订还制作了相应课件，与纸质教材配套使用，方便了教与学。参加本次修订工作的有徐州建筑职业技术学院沈养中（第三、四、七、八、九章）、河北工程技术高等专科学校李桐栋（第一、二、五、六、十章和课件研制）、徐州建筑职业技术学院沈滔（课件研制）。全书由沈养中统稿。本书由北京大学于年才教授主审。

在本书的修订过程中，许多同行提出了很好的意见和建议，编者在此向他们表示感谢。

鉴于编者水平有限，书中难免有不妥之处，敬请广大读者批评指正。

编者

2010年6月

第二版前言

本书是在第一版的基础上，根据当前高职高专教育教学改革的新特点进行修订的。本次修订继续保持第一版教材的特色，进一步精选内容，突出工程应用，突出职业技能、素质的培养，更加注意内容的深入浅出、通俗易懂。参加本次修订工作的有徐州建筑职业技术学院沈养中（第三、四、七、八、九章），华北航天工业学院李永年（第一、二、五、六章）。全书由沈养中统稿。

在本书的修订过程中，许多同行提出了很好的意见和建议，在此表示感谢。

鉴于编者水平有限，书中难免有不妥之处，敬请同行和广大读者批评指正。

编者

2005 年 3 月

第一版前言

本书是“新世纪高职高专土建类专业系列教材”之一，依据教育部制定的高职高专土建类专业力学课程教学基本要求编写。

本书为建筑力学之一，它与材料力学（建筑力学之二）、结构力学（建筑力学之三）、工程结构有限元计算（建筑力学之四）在内容上融合、贯通，有机地连成一体，构成高职高专土建类专业配套的力学课程教材。本教材着力体现当前高职高专教学改革的特点，突出针对性、适用性和实用性。编写时注意精选内容，简化公式推导，理论联系实际，注重工程应用，以及文字简洁、深入浅出、通俗易懂、图文配合紧密。

参加本书编写工作的有河北工程技术高等专科学校沈养中（第十一章）、张翠英（第十二章），华北航天工业学院李永年（第六、七、八章）、韩文仲（第一、二、三章）、刘卫、徐景满（第四章）、胡志勇（第五章），华北矿业高等专科学校李维安（第九、十章）。全书由沈养中、李永年统稿。全书由青岛化工学院张文教授担任主审。

在本书的编写过程中，许多同行提出了很好的意见和建议，在此表示感谢。

鉴于编者水平有限，书中难免有不妥之处，敬请同行和广大读者批评指正。

编者

2001 年 7 月

目　录

第二篇 运 动 学

第三篇 动 力 学

第一章　绪　论

内容提要

本章介绍理论力学的研究对象和基本任务，力学模型和研究方法。研究对象是速度远小于光速的宏观物体；基本任务是对物体进行静力分析、运动分析和动力分析；力学模型有刚体、刚体系，质点、质点系；研究方法是从基本规律出发，对力学模型用数学演绎和逻辑推理的方法，得出定理和结论。本章还说明了土木工程专业学生学习理论力学的必要性。

学习要求

1. 了解理论力学的研究对象和基本任务。
2. 了解理论力学中的力学模型和研究方法。

1.1 理论力学的研究对象和基本任务

运动是物质存在的形式，是物质的固有属性。自然界任何物质以不同的形式不停地运动，从物体位置的变化到物质形态的改变，以至人类的思维活动都是运动的表现形式。物体在空间的位置随时间的改变，称为**机械运动**，它是人们日常生活和工程实际中最常见的运动。例如，汽车的行驶、机器的运转、水和空气的流动、建筑物的震动、宇宙飞船以至日月星球的运动都是机械运动，其他任何复杂的运动都与机械运动有着密切的联系。

理论力学是研究物体机械运动一般规律的学科。它研究的内容属于经典力学的范畴。经典力学是伽利略和牛顿在总结人类大量实践经验的基础上，经理论研究逐渐发展和完善，以牛顿三个基本定律为基础建立起来的。

近代科学技术的发展逐渐发现经典力学存在一定的局限性：它的理论仅适用于速度远小于光速的宏观物体的机械运动。速度接近光速的物体的运动和微观粒子的运动要分别由近代发展起来的相对论力学和量子力学研究。所谓经典力学就是相对于相对论力学和量子力学而言的。既然理论力学属于经典力学的范畴，它也就只研究日常生活和工程实际中所遇到的宏观物体的常速运动。

由于工程技术所研究的对象一般都是宏观物体，且其速度都远小于光速，因而以经典力学为依据解决其有关的力学问题是足够精确的。因此，经典力学在今天仍有很大的实用意义，并且在不断地发展。

物体的任何运动都是相对的，理论力学所研究的机械运动，无特殊说明时一般都是指相对地球而言的。**物体的平衡是指物体相对于地球处于静止或作匀速直线运动的状态**，它是机械运动的特殊情况，因而也是理论力学研究的一部分内容，尤其对于土木工程专业还是很重要的内容。

在工程实际和日常生活中，各种物体都处于运动或静止状态，它们又都无不受各种力的作用。理论力学就是要研究如何描述物体的机械运动，满足什么条件物体处于平衡状态，以及物体机械运动的变化与物体所受的力之间的关系。概括起来理论力学的研究内容包括以下三部分：

第一部分：**静力学**——研究受力物体的平衡规律，具体研究物体受力的分析方法，力系如何简化和受力物体平衡应满足的条件等。

第二部分：**运动学**——研究机械运动的时空特征，即只从几何的角度来研究如何描述和分析物体的运动，而不涉及引起物体运动变化的原因。

第三部分：**动力学**——研究物体的机械运动与其所受作用力之间的关系。

这三部分的主要内容就是**对物体进行静力分析、运动分析和动力分析，这就是理论力学的基本任务**。

1.2 理论力学的力学模型和研究方法

理论力学的研究对象往往比较复杂，在对其进行力学分析时，首先必须根据研究问题的性质，抓住其主要特征，忽略一些次要因素，对其进行合理的简化，科学地抽象出**力学模型**。

物体在受力后都要发生变形，但在大多数工程问题中这种变形是极其微小的。当分析物体的平衡和运动规律时，这种微小变形的影响很小，可略去不计，而认为物体不发生变形。这种在受力时保持形状、大小不变的力学模型称为**刚体**。由若干个刚体组成的系统称为**刚体系**。此外在分析物体的运动规律时，如果物体的形状和尺寸对运动的影响很小，则可把物体抽象为**质点。质点是指具有质量而形状、大小可忽略不计的力学模型。由有限个或无限个质点组成的系统，称为质点系**。

一个物体究竟应该看作质点还是刚体，完全取决于所研究问题的性质，而不决定于物体本身的形状和尺寸。例如，一辆汽车行驶时，虽然它的尺寸不小，而且各部分的运动情况也各不相同，但若只研究汽车整体的速度、加速度等运动规律时，就可把它抽象为一个质点。又如，仪表的指针虽然尺寸不大，但在研究它的转动时，就必须将它看作刚体。即使是同一个物体，在不同的问题中，随问题性质的不同，有时要看作质点，有时要看作刚体。例如沿轨道滚动的火车车轮，在分析轮心运动的速度、加速度时，可以把它看作一个质点，而在分析轮子绕轴转动和轮子上各点的运动时，就必须把它看作一个刚体。

理论力学与其他任何一门科学一样，它的研究方法也是遵循认识过程的客观规律的。概括地说，理论力学的研究方法是从观察、实践和科学实验出发，经过分析、综合和归纳总结出力学的最基本的概念和规律；在此基础上经过抽象建立力学模型，并从基本规律出发，用数学演绎和逻辑推理的方法，得出正确的具有物理意义和使用价值的定理和结论，这样就将从实践中得来的大量感性认识上升为理性认识，形成理论；然后再回到实践中去验证理论的正确性，并在更高的水平上指导实践，同时在实践中进一步补充、完善、发展理论。如此循环往复，不断向前发展。理论力学的这种研究方法从其理论体系的形成和发展过程可以清晰地看出。

远在古代，人们就依据劳动所积累的经验开始创造一些简单的工具和机械，如滑轮、斜面、杠杆、水车等。在我国古代伟大学者墨翟（约公元前 468～前 382 年）所著的《墨经》中就有关于杠杆平衡原理的论述和力的概念的说明。古希腊自然科学家阿基米德（公元前 287～前 212 年）在他的著作《论比重》中建立了液体中浮体平衡等理论。这些都是从实践中总结出来的最基本的力学规律。

17 世纪伽里略和牛顿在总结前人实践经验的基础上，又做了大量的实验和研究，从而建立了以牛顿三定律为代表的理论力学的理论基础。

18 世纪和 19 世纪数学有了很大的发展，它为力学理论的逐渐完善提供了必要的条件。人们从力学的基本理论出发，结合生产实践提出的问题，用数学演绎和逻辑推理的方法推进了力学向深度和广度的发展。例如，瑞士数学家伯努利（1667～1748 年）提出了虚位移原理；法国科学家达朗贝尔（1717～1785 年）提出了非自由质点动力学的普遍解法，即所谓的达朗贝尔原理；随后，法国数学力学家拉格朗日（1736～1813 年）把虚位移原理与达朗贝尔原理结合起来，导出非自由质点系的运动微分方程，即著名的第二类拉格朗日方程等，逐渐形成了理论严谨、体系完整的理论力学学科。

进入 20 世纪以后，随着科学技术和生产建设的发展，由于科学实验和工程实际的需要，力学模型越来越多样，力学领域不断扩大，与其他学科交叉又形成了许多力学的分支。尽管它们都有各自的理论体系，用于解决不同类型的问题，但理论力学的理论和方法仍是解决现代工程技术领域大量力学问题的基础，即使在一些尖端科学技术中仍然应用着其基本原理。

对于与力学关系十分密切的土木工程专业，研究的对象很复杂，要解决的问题往往也很复杂，例如要对各种各样的建筑**结构**和**构件**（相对于地球是静止的宏观物体）进行受力分析以及平衡计算，这些都要直接应用理论力学中建立力学模型的方法和力系平衡的基本理论去解决。理论力学又是土木工程专业的一系列后续课程，例如材料力学、结构力学、钢筋混凝土结构、土力学与地基基础等的理论基础。理论力学无疑是该专业的一门重要的技术基础课程。

学习理论力学将使学生掌握理论力学的基本理论和分析、处理工程实际问题的基本方法，培养学生分析解决实际问题的能力，并使学生在学习中充分理解理论力学**从实践出发，经科学抽象、综合、归纳，建立力学模型，并经数学演绎、逻辑推理而得出结论，再通过实践来验证的科学的研究方法**，逐渐养成实事求是、科学严谨的工作态度，这些都为学生将来从事专业技术工作打下良好的坚实基础。

思考题

1.1 理论力学的研究对象是什么？

1.2 理论力学的基本任务是什么？

1.3 理论力学中的力学模型有哪些？

1.4 简述理论力学的研究方法，说明土木工程专业学生为什么要学习理论力学。

第一篇
静力学

静力学研究物体机械运动的特殊情况——平衡的问题。所谓物体的平衡是指物体相对地球保持静止或匀速直线运动状态。

研究物体的平衡就是研究物体在外力作用下平衡应满足的条件，以及如何应用这些条件解决工程实际问题。为此，往往需将作用于物体上较复杂的力系简化。因此，静力学主要是解决如下两个基本问题：①力系的简化；②力系的平衡条件及其应用。

静力学的理论和方法，特别是对物体进行受力分析和画受力图的方法是学习理论力学及后续许多课程的基础，在工程技术中也有广泛的应用。

第二章　刚体静力分析基础

内容提要

本章介绍刚体与变形体，力、力矩和力偶等基本概念以及静力学公理等基本定理与工具，分析工程中常见约束的特点和约束力的性质，重点介绍物体的受力分析方法和受力图的画法，为学习静力学打下必要的基础。

学习要求

1. 了解刚体与变形体的概念。
2. 理解力的概念和静力学公理。
3. 理解力矩的概念，熟练掌握力矩的计算。
4. 理解力偶的概念和性质。
5. 理解约束与约束力的概念，掌握工程中常见约束的性质、简化表示和约束力的画法。
6. 熟练掌握物体的受力分析和正确绘出受力图。

2.1　刚体与变形体

所谓刚体是指在力的作用下，其内部任意两点之间的距离始终保持不变的物体。这是一个理想化的力学模型。事实上，任何物体受力时，其内部各点间的相对距离都要发生改变，从而引起物体的形状和大小的改变，这种改变称为变形。当物体的变形很小时，变形对物体运动和平衡的影响甚微，因此，在研究物体的运动和平衡时，这种微小变形可以忽略不计，而将物体抽象为刚体，从而使问题的研究大为简化。但当研究的问题与物体的变形密切相关时，即使是极其微小的变形也必须加以考虑，这时就不能再将物体视为刚体，而必须将其抽象为另一力学模型——**变形体**了。

例如，在研究飞机的平衡问题或飞行规律时，我们可以把飞机视为刚体；而在研究机翼的振颤问题时，尽管机翼的变形非常小，但也必须把它看作可以变形的物体。又如，建筑工地上常见的塔式吊车［图 2.1（a）］，为确保其在各种工作状态下都不发生倾覆，计算所需的配重时，整个塔式吊车可以视为刚体［图 2.1（b）］。但是，为使其具有足够的承载能力，对其零部件及整体进行结构设计以确定其几何形状和尺寸时，就必须考虑其变形，而把它们都看作变形体。

另外，当对某些工程结构进行设计计算时，若将其抽象为刚体，则有些问题可能无法解决，此时也必须考虑其变形，补充必要的条件后，才能使问题得以解决。

理论力学中，**静力学研究的物体只限于刚体，故又称为刚体静力学，它也是研究变形体力学的基础。**

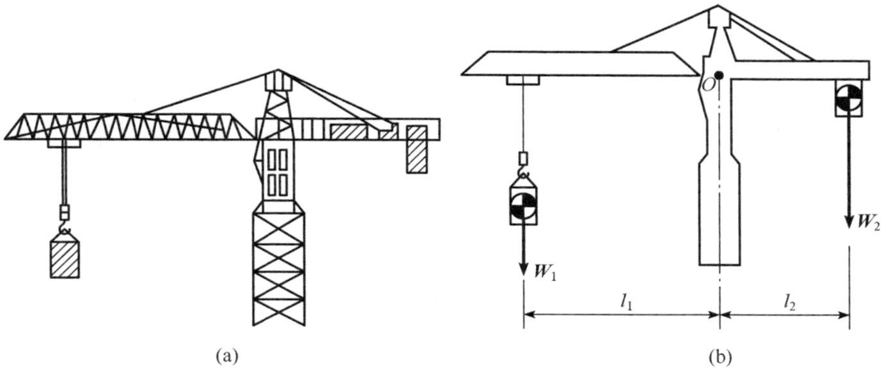

图 2.1

2.2 力的概念和性质

2.2.1 力的概念

1. 力的定义

力是物体间的相互机械作用，这种作用使物体的运动状态或形状发生改变。

力的概念是从劳动中产生的。人们在生活和生产中，由于对肌肉紧张收缩的感觉，逐渐产生了对力的感性认识。随着生产的发展，又逐渐认识到：物体运动状态和形状的改变，都是由于其他物体对该物体施加力的结果。这些力有的是通过物体间的直接接触产生的，例如机车牵引车厢的拉力、物体之间的压力、摩擦力等；有的是通过“场”对物体的作用，例如地球引力场对物体产生的重力、电场对电荷产生的引力或斥力等。虽然物体间这些相互作用力的来源和产生的物理本质不同，但它们对物体作用的结果都是使物体的运动状态或形状发生改变，因此，将它们概括起来加以抽象而形成了“力”的概念。

2. 力的效应

力对物体的作用效果称为**力的效应**。力使物体运动状态发生改变的效应称为**运动效应**或**外效应**；力使物体的形状发生改变的效应称为**变形效应**或**内效应**。

力的运动效应又分为**移动效应**和**转动效应**。例如，球拍作用于乒乓球上的力如果不通过球心，则球在向前运动的同时还绕球心转动。前者为移动效应，后者为转动效应。

理论力学中把物体都视为刚体，因而只研究力的运动效应。

3. 力的三要素

实践证明，力对物体的作用效应取决于力的大小、方向和作用点，称为**力的三要素**。

在国际单位制（SI）中，力的单位为 N（牛顿）或 kN（千牛顿）。

力的方向包含方位和指向。例如，力的方向“铅垂向下”，其中“铅垂”是说明力的方位，“向下”是说明力的指向。

力的作用点是指力在物体上的作用位置。实际上，力总是作用在一定的面积或体积范围内，是**分布力**。但当力作用的范围与物体相比很小以至可以忽略其大小时，就可近似地看成一个点。作用于一点上的力称为**集中力**。

当力分布在一定的体积内时，称为**体分布力**，例如物体自身的重力。当力分布在一定面积上时，称为**面分布力**，例如水对容器壁的压力；当力沿狭长面积或体积分布时，称为**线分布力**，例如细长梁的重力。分布力的大小用**力的集度**表示。体分布力集度的单位为 N/m^3 或 kN/m^3；面分布力集度的单位为 N/m^2 或 kN/m^2；线分布力集度的单位为 N/m 或 kN/m。

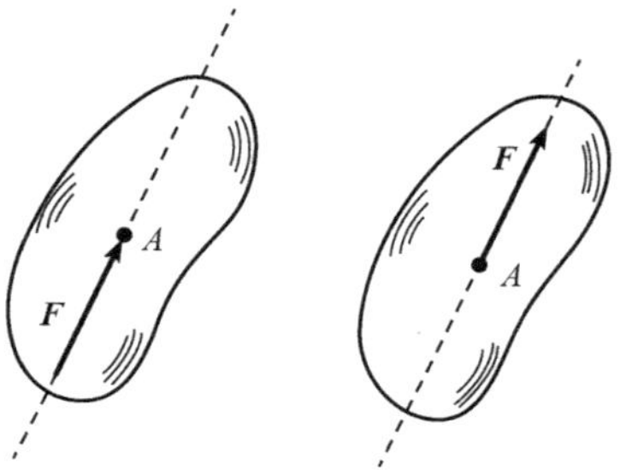

图 2.2

4. 力的表示

力既有大小又有方向，因而力是矢量。对于集中力，我们可以用带有箭头的直线段表示（图 2.2）。该线段的长度按一定比例尺绘出表示力的大小；线段的箭头指向表示力的方向；线段的始端［图 2.2（a）］或终端［图 2.2（b）］表示力的作用点；矢量所沿的直线（图 2.2 中的虚线）称为**力的作用线**。规定用黑体字母 $\boldsymbol{F}$ 表示力，而用普通字母 F 表示力的大小。

分布力的集度通常用 q 表示。若 q 为常量，则该分布力称为**均布力**；否则，就称为**非均布力**。图 2.3（a）表示作用于楼板上的向下的面分布力；图 2.3（b）表示搁置在墙上的梁沿其长度方向作用着向下的线分布力，其集度 $q=2kN/m$；它们都是均布力。图 2.3（c）表示作用于挡土墙单位长度墙段上的土压力，图 2.3（d）表示作用于地下室外墙单位长度墙段上的土压力和地下水压力，它们都是非均布的线分布力。

5. 力系、平衡力系、等效力系、合力的概念

作用于一个物体上的若干个力称为**力系**。如果作用于物体上的力系使物体处于**平衡状态**，则称该力系为**平衡力系**。如果作用于物体上的力系可以用另一个力系代替，而不改变原力系对物体所产生的效应，则这两个力系互为**等效力系**。如果一个力与一个力系等效，则称这个力为该力系的**合力**，而该力系中的每一个力都称为合力的**分力**。

2.2.2 静力学公理

静力学公理是人们从长期的观察和实践中总结出来，又经过实践的反复检验，证明是符合客观实际的普遍规律。它们是研究力系简化和平衡的基本依据。现介绍如下。

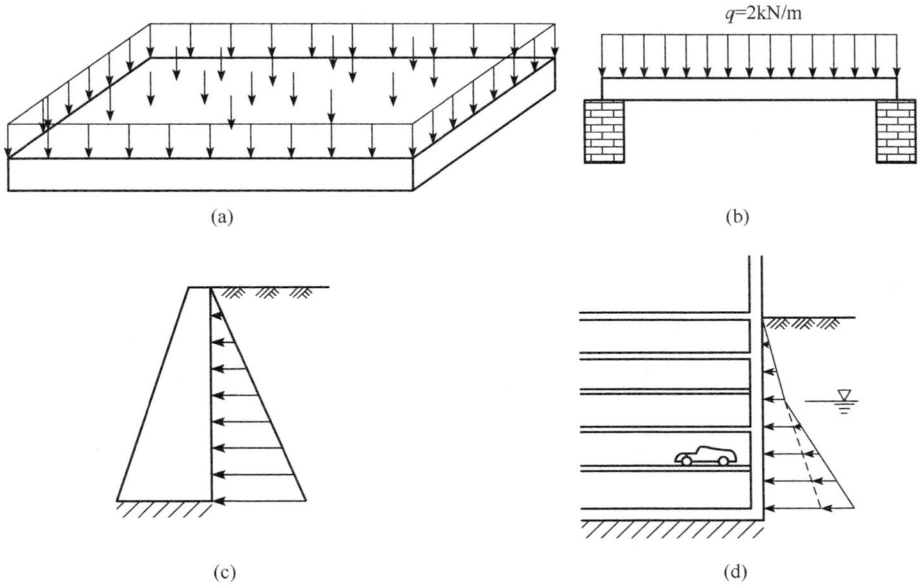

图 2.3

1. 二力平衡公理

作用于刚体上的两个力，使刚体平衡的充分和必要条件是这两个力的大小相等，方向相反，且作用在同一直线上。例如，图 2.4 所示刚体平衡的充要条件为

$$\boldsymbol{F}_1 = -\boldsymbol{F}_2 \tag{2.1}$$

受两个力作用处于平衡状态的构件称为**二力构件**。

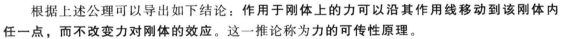

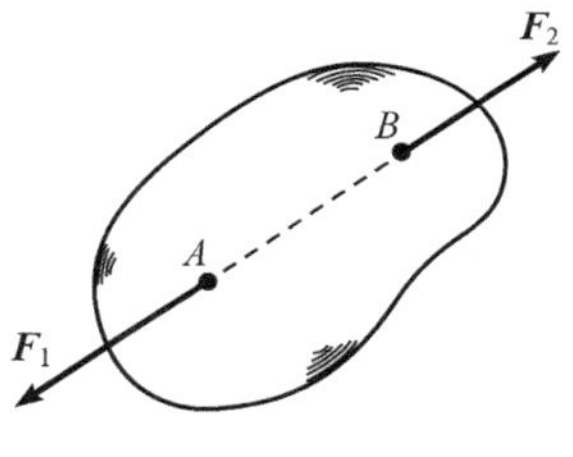

图 2.4

2. 加减平衡力系公理

在作用于刚体上的任意力系中，增加或减少任一平衡力系，并不改变原力系对刚体的效应。

根据上述公理可以导出如下结论：**作用于刚体上的力可以沿其作用线移动到该刚体内任一点，而不改变力对刚体的效应**。这一推论称为**力的可传性原理**。

证明：设力 $\boldsymbol{F}$ 作用于在刚体上的 A 点［图 2.5（a)］。根据加减平衡力系公理，可在力的作用线上任取一点 B，并在 B 点加上两个相互平衡的力 $\boldsymbol{F}_1$ 和 $\boldsymbol{F}_2$，使 $\boldsymbol{F}_2=-\boldsymbol{F}_1=\boldsymbol{F}$［图 2.5（b)］。由于力 $\boldsymbol{F}$ 和 $\boldsymbol{F}_1$ 又组成一个平衡力系，故可以除去，于是只剩下了一个力 $\boldsymbol{F}_2$［图 2.5（c)］。这样就把原来作用于 A 点的力 $\boldsymbol{F}$ 沿其作用线移到了 B 点，而且没有改变对刚体的效应。

由上可知，对于刚体来说，作为力的三要素之一的力的作用点可以用力的作用线代替。于是，作用于刚体上的力的三要素就成为力的大小、方向和作用线。这样，作用于刚体上的力的矢量可以沿力的作用线移动，它不再是定位矢量，而是**滑移矢量**。

必须指出，二力平衡公理、加减平衡力系公理及其推论只适用于刚体，不适用于变形体。例如，绳索的两端若受到大小相等、方向相反、沿同一条直线的两个拉力的作用，则

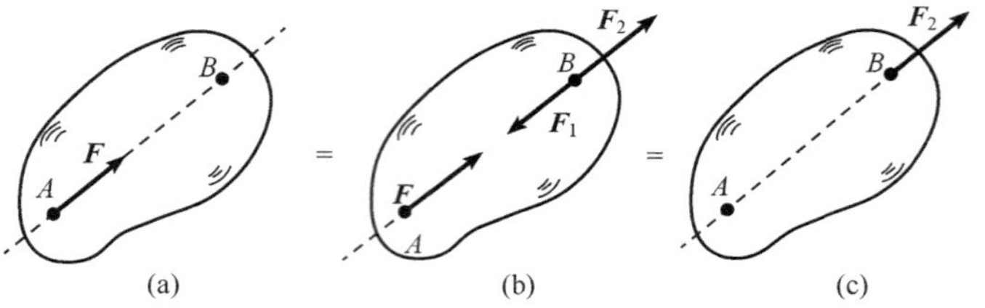

(a) (b) (c)

图 2.5

其保持平衡；若把两个拉力改为压力则其不会平衡［图 2.6（a)］。又如变形杆 AB 在平衡力系 $\boldsymbol{F}_1$、$\boldsymbol{F}_2$ 作用下产生拉伸变形［图 2.6（b)］，若除去这一对平衡力，则杆就不会发生变形；若将力 $\boldsymbol{F}_1$、$\boldsymbol{F}_2$ 分别沿作用线移到杆的另一端，则杆产生压缩变形［图 2.6（c)］。

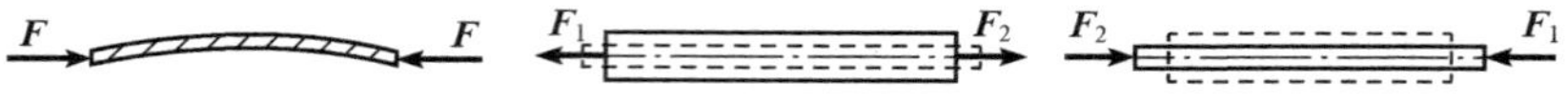

(a) (b) (c)

图 2.6

3. 力的平行四边形法则

作用于物体上同一点的两个力，可以合成为一个合力。合力的作用点仍在该点，合力的大小和方向由以这两个力为邻边构成的平行四边形的对角线所表示的矢量来确定［图 2.7 (a)］，其矢量表达式为

$$\boldsymbol{F}_R = \boldsymbol{F}_1 + \boldsymbol{F}_2 \tag{2.2}$$

有时为了方便，可由 A 点作矢量 $\boldsymbol{F}_1$，再由 $\boldsymbol{F}_1$ 的末端作矢量 $\boldsymbol{F}_2$，则矢量 $\boldsymbol{AC}$ 即为合力 $\boldsymbol{F}_R$［图 2.7（b)］。这种求合力的方法称为**力的三角形法则**。

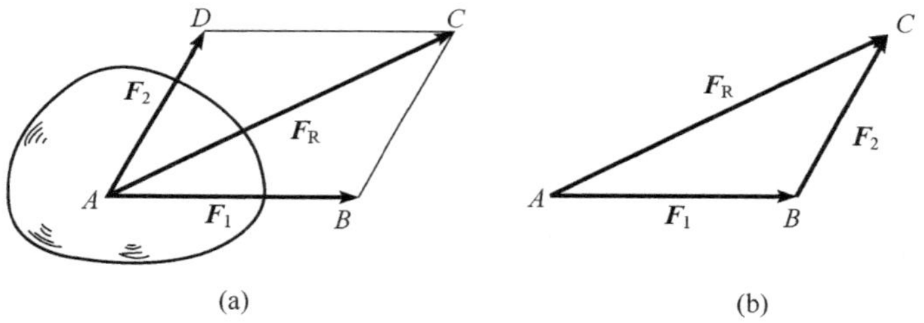

(a) (b)

图 2.7

依据以上公理，可以推导出**三力平衡汇交定理**。即：**设刚体在三个力作用下处于平衡状态，若其中两个力的作用线汇交于一点，则第三个力的作用线也通过该汇交点，且此三力的作用线在同一平面内。**

证明：设刚体在作用于 A、B、C 三点的三个力 $\boldsymbol{F}_1$、$\boldsymbol{F}_2$、$\boldsymbol{F}_3$ 作用下处于平衡状态［图 2.8（a)］，且力 $\boldsymbol{F}_1$、$\boldsymbol{F}_2$ 汇交于 O 点。根据力的可传性原理，可将力 $\boldsymbol{F}_1$ 和 $\boldsymbol{F}_2$ 分别沿其作用线移到汇交点 O［图 2.8（b)］，然后根据力的平行四边形法则，得到合力 $\boldsymbol{F}_{12}$，则力 $\boldsymbol{F}_3$ 应与 $\boldsymbol{F}_{12}$ 平衡。由于两个力平衡必须共线，所以力 $\boldsymbol{F}_3$ 必通过力 $\boldsymbol{F}_1$ 与 $\boldsymbol{F}_2$ 的交点 O，且与 $\boldsymbol{F}_1$ 和 $\boldsymbol{F}_2$ 共面。

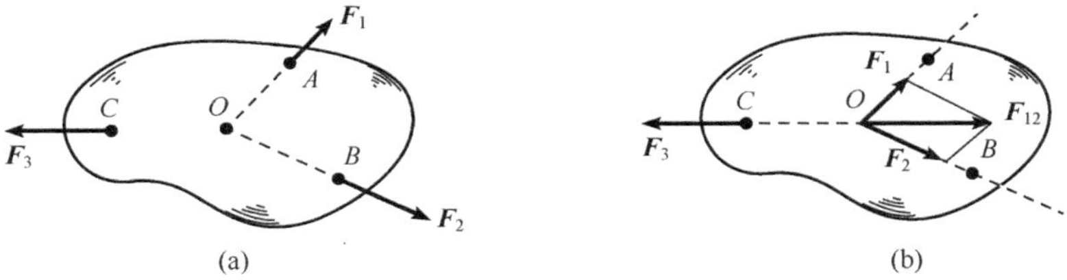

图 2.8

必须指出，三力平衡汇交定理给出的是不平行的三个力平衡的必要条件，而不是充分条件，即该定理的逆定理不一定成立。

4. 作用和反作用定律

两物体之间的作用力和反作用力总是同时存在，而且两力的大小相等、方向相反、沿着同一直线，分别作用于两个物体上。

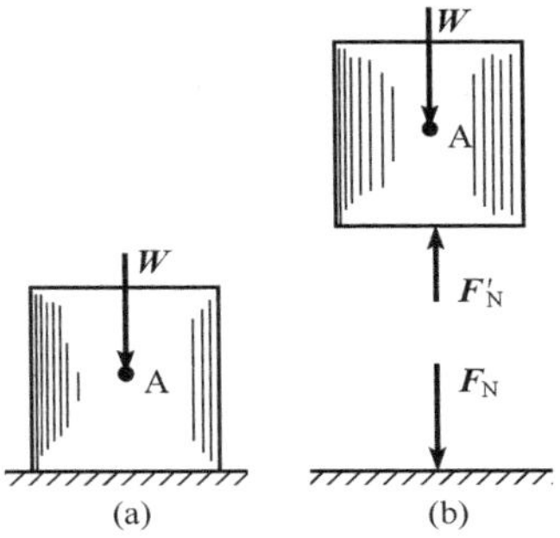

图 2.9

这个定律概括了物体间相互作用的关系，表明作用力和反作用力总是成对出现的。例如，物体 A 置于台面上［图 2.9（a）］，这时物体 A 对台面施加一个向下的作用力 $\boldsymbol{F}_N$，台面同时也对物体 A 施加一个反向作用力 $\boldsymbol{F}'_N$，$\boldsymbol{F}'_N$与 $\boldsymbol{F}_N$ 大小相等、方向相反，是一对作用力和反作用力［图 2.9（b）］。应该注意，作用力与反作用力分别作用于两个物体上，它们不构成平衡力系。

5. 刚化原理

如果把在某一力系作用下处于平衡状态的变形体刚化为刚体，则该物体的平衡状态不会改变。

由此可知，作用于刚体上的力系所必须满足的平衡条件，在变形体平衡时也同样必须遵守。但刚体的平衡条件是变形体平衡的必要条件，而非充分条件。

2.3　平面内力对点之矩

2.3.1　力矩的概念

经验告诉我们，力使物体绕某点转动的效应，不仅与力的大小及方向有关，而且与此点到该力的作用线的距离有关。例如，用扳手拧紧螺母时，扳手绕螺母中心 O 转动（图 2.10），如果手握扳手柄端，并沿垂直于手柄的方向施力，则较省劲；如果手离螺母中心较近，或者所施的力不垂直于手柄，则较费劲。拧松螺母时，则要反向施力，扳手也反向转动。由此，我们引入平面内**力对点之矩**（简称**力矩**）的概念，用以度量力使物体绕一点转动的效应。

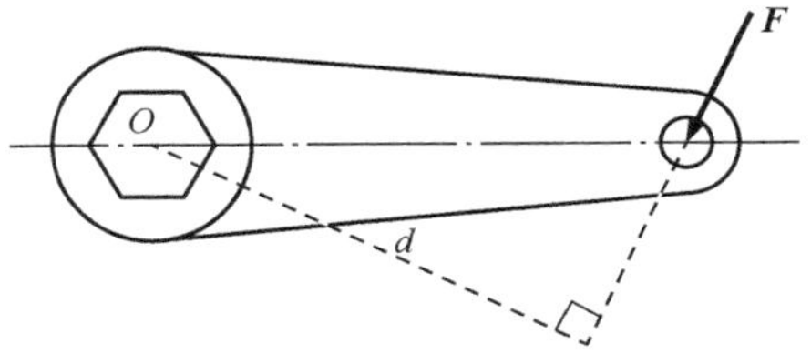

图 2.10

平面内力 $\boldsymbol{F}$ 对 O 点之矩是一个代数量，它的绝

对值等于力的大小 F 与 O 点到力作用线的垂直距离 d 的乘积。O 点称为**矩心**，矩心到力作用线的垂直距离 d 称为**力臂**。力矩用正负号表示转向，通常规定当力使物体绕矩心逆时针方向转动时为正，反之为负。力 $\boldsymbol{F}$ 对 O 点之矩用符号 $M_O(\boldsymbol{F})$ 表示（或在不致产生误解的情况下简写为 M_O），即

$$M_O(\boldsymbol{F}) = \pm Fd \tag{2.3}$$

由式（2.3）可知，当力等于零或力的作用线通过矩心时力矩为零。

力矩的单位为 N·m 或 kN·m。

2.3.2 力矩的计算

1. 合力矩定理

若在平面内某点作用有 n 个力 $\boldsymbol{F}_1$、$\boldsymbol{F}_2$、…、$\boldsymbol{F}_n$，其合力为 $\boldsymbol{F}_R$，则有

$$M_O(\boldsymbol{F}_R) = M_O(\boldsymbol{F}_1) + M_O(\boldsymbol{F}_2) + \cdots + M_O(\boldsymbol{F}_n) = \sum M_O(\boldsymbol{F}) \tag{2.4}$$

即**合力对平面内任一点之矩等于各分力对同一点之矩的代数和**。这个关系称为**合力矩定理**。对于有合力的其他力系，合力矩定理同样成立。定理的证明请参见第三章 3.4 节。

2. 力矩的计算方法

力矩的计算有以下两种方法：

1）按定义计算。利用式（2.3），找力臂、求乘积、定符号。

2）利用合力矩定理计算。将力分解为两个力臂已知或易于求出的分力，然后利用合力矩定理计算。在许多情况中，这种方法较为简便。

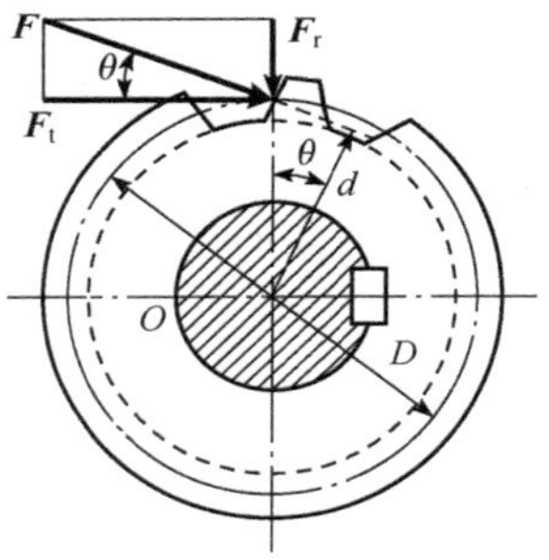

图 2.11

【例 2.1】 一齿轮受到与它啮合的另一齿轮的作用力 $F=1\text{kN}$ 的作用（图 2.11）。已知压力角 $\theta=20°$，节圆直径 $D=0.16\text{m}$，试求力 $\boldsymbol{F}$ 对齿轮轴心 O 之矩。

【解】 用两种方法计算力 $\boldsymbol{F}$ 对 O 点之矩。

方法 1：由力对点之矩的定义，得

$$M_O(\boldsymbol{F}) = -Fd = -F \times \frac{D}{2}\cos\theta$$
$$= -\left(1 \times \frac{0.16}{2} \times \cos 20°\right)\text{kN} \cdot \text{m}$$
$$= -75.2\text{N} \cdot \text{m}$$

负号表示力 $\boldsymbol{F}$ 使齿轮绕 O 点作顺时针转动。

方法 2：将力 $\boldsymbol{F}$ 分解为圆周力 $F_t = F\cos\theta$ 和径向力 $F_r = F\sin\theta$。由合力矩定理，得

$$M_O(\boldsymbol{F}) = M_O(\boldsymbol{F}_t) + M_O(\boldsymbol{F}_r)$$

因力 $\boldsymbol{F}_r$ 通过矩心 O，故 $M_O(\boldsymbol{F}_r)=0$，于是

$$M_O(\boldsymbol{F}) = M_O(\boldsymbol{F}_t) = -F_t \times \frac{D}{2} = -(F\cos\theta) \times \frac{D}{2}$$
$$= -\left(1 \times \cos 20° \times \frac{0.16}{2}\right)\text{kN} \cdot \text{m} = -75.2\text{N} \cdot \text{m}$$

【例 2.2】 挡土墙（图 2.12）重 $W_1 = 30\text{kN}$、$W_2 = 60\text{kN}$，所受土压力的合力 $F = 40\text{kN}$。试问该挡土墙是否会绕 A 点向左倾倒？

【解】 计算各力对 A 点的力矩：

$$M_A(\boldsymbol{W}_1)=-W_1\times0.2\text{m}=-30\text{kN}\times0.2\text{m}=-6\text{kN}\cdot\text{m}$$

$$M_A(\boldsymbol{W}_2)=-W_2\times(0.4+0.533)\text{m}=-60\text{kN}\times0.933\text{m}$$
$$=-56\text{kN}\cdot\text{m}$$

$$M_A(\boldsymbol{F})=M_A(\boldsymbol{F}_x)+M_A(\boldsymbol{F}_y)$$
$$=F\cos45^\circ\times1.5\text{m}-F\sin45^\circ\times(2-1.5\cot70^\circ)\text{m}$$
$$=40\text{kN}\times0.707\times1.5\text{m}-40\text{kN}\times0.707\times1.454\text{m}$$
$$=42.42\text{kN}\cdot\text{m}-41.12\text{kN}\cdot\text{m}=1.3\text{kN}\cdot\text{m}$$

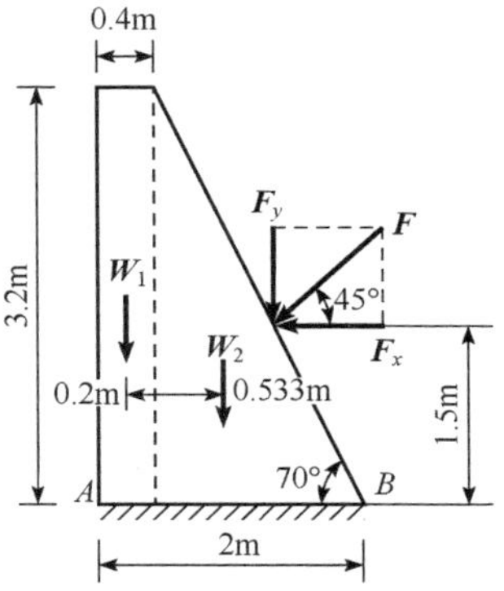

图 2.12

其中力 $\boldsymbol{F}$ 对 A 点的力矩是利用合力矩定理计算的。

各力对 A 点力矩的代数和为

$$M_A=M_A(\boldsymbol{W}_1)+M_A(\boldsymbol{W}_2)+M_A(\boldsymbol{F})$$
$$=-6\text{kN}\cdot\text{m}-56\text{kN}\cdot\text{m}+1.3\text{kN}\cdot\text{m}=-60.7\text{kN}\cdot\text{m}$$

负号表示各力使挡土墙绕 A 点作顺时针转动，即挡土墙不会绕 A 点向左倾倒。

挡土墙的重力以及土压力的竖向分力对 A 点的力矩是使墙体稳定的力矩，而土压力的水平分力对 A 点的力矩是使墙体倾覆的力矩。

2.4 力偶的概念和性质

2.4.1 力偶的概念

我们知道，汽车司机是用双手转动方向盘（图 2.13），钳工用丝锥攻螺纹也是用双手扳动丝锥架（图 2.14）。在这两个例子中，汽车方向盘和丝锥架上都作用了两个等值、反向的平行力，它使物体只产生转动效应。这种**由大小相等、方向相反且彼此平行的两个力组成的力系称为力偶**，记为（$\boldsymbol{F}$，$\boldsymbol{F}'$）。组成力偶的两力之间的垂直距离 d 称为**力偶臂**（图 2.15），力偶所在的平面称为**力偶的作用面**。

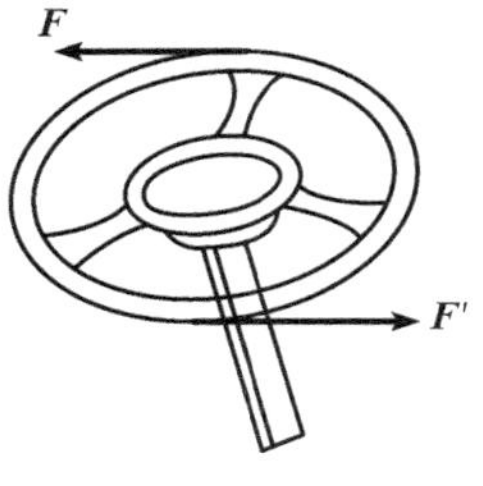

图 2.13

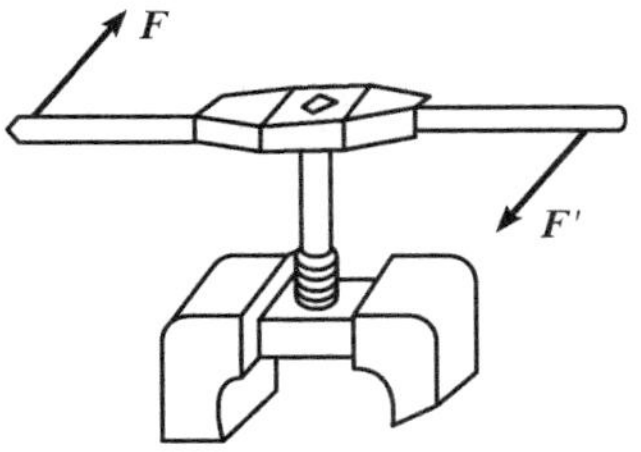

图 2.14

因为力偶对物体不产生移动效应，所以力偶没有合力。一个力偶既不能用一个力来代替，也不能和一个力平衡。因此，力偶是表示物体间相互机械作用的另一个基本量。

2.4.2 力偶矩及其计算

力偶是由两个力组成的特殊力系，它对物体只产生转动效应。这种转动效应如何度量呢？

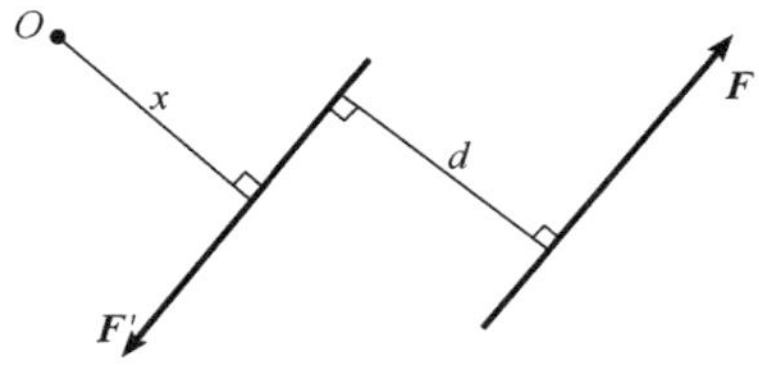

图 2.15

设有力偶（$\boldsymbol{F}$，$\boldsymbol{F}'$），其力偶臂为 d（图 2.15）。力偶对平面内任意一点 O 之矩等于力偶的两个力对点 O 之矩的代数和，即

$$
\begin{aligned}
M_O(\boldsymbol{F},\boldsymbol{F}') &= M_O(\boldsymbol{F}) + M_O(\boldsymbol{F}') \\
&= F(x+d) - F'x = Fd
\end{aligned}
$$

由于矩心 O 是任意选取的，可以看出，力偶的转动效应只取决于力的大小和力偶臂的长短，与矩心的位置无关。于是我们用力偶的任一力的大小与力偶臂的乘积并冠以正负号作为力偶使物体转动效应的度量，称为**力偶矩**，用 M 表示。即

$$M = \pm Fd \tag{2.5}$$

式中的正负号表示力偶的转向，通常规定力偶使物体逆时针方向转动时为正，反之为负。

由于力偶使物体转动的效应，完全由力偶矩的大小、转向和力偶的作用平面决定，所以这三者称为**力偶的三要素**。

力偶矩的单位与力矩的单位相同，即 N·m 或 kN·m。

2.4.3 力偶的性质

如果在同一平面内的两个力偶的力偶矩彼此相等，那么它们对刚体的转动效应完全相同，即两个力偶等效。这就是同一平面内**力偶的等效定理**。依据该定理，可以看出力偶具有如下性质：

1）**任一力偶可以在它的作用面内任意搬移，而不改变它对刚体的效应。**

2）**只要保持力偶矩的大小和力偶的转向不变，可以任意改变力偶中力的大小和力偶臂的长短，而不改变力偶对刚体的效应。**

由上可见，力偶除可以用其力的大小和力偶臂的长短表示［图 2.16（a）］外，也可以只用力偶矩表示［图 2.16（b）、（c）］。图中箭头表示力偶矩的转向，M 则表示力偶矩的大小。

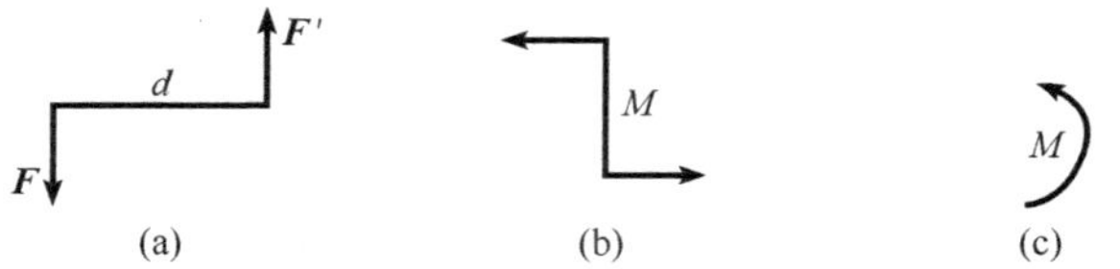

图 2.16

2.5 约束与约束力

2.5.1 约束与约束力的概念

有些物体在空间的运动不受任何限制，例如在空中飞行的飞机、炮弹和火箭等，称之为**自由体**；而有些物体在空间的运动受到一定的限制，例如用绳索挂起而不能下落的重物，支撑于墙上而静止不动的屋架，行驶在铁轨上的机车等，称之为**非自由体**。对于非自由体

的某些运动起限制作用的条件称为**约束**。通常，限制条件是由非自由体周围的其他物体构成，因而也将阻碍非自由体运动的周围物体称为约束。例如，上述的绳索为重物的约束，墙为屋架的约束，铁轨为机车的约束等。

作用于非自由体上的力可分为两类：一类是能主动地使物体运动或有运动趋势的力，称为**主动力**或**荷载**，例如物体的重力、风力、气体的压力等；另一类就是约束作用于物体、限制物体运动的力，称为**约束力，有时也称为约束反力**，简称为**反力**，它是一种**被动力**。主动力一般是已知的，至于约束力，其作用点显然是约束与物体的接触点，其方向与该约束所能够阻碍物体运动的方向相反，据此可以确定约束力作用线的方位及指向，其大小一般是未知的。因此，对约束力的分析就成为十分重要的问题。

下面介绍工程中常见的几种约束及其特点，并分析其约束力作用线的方位及指向。

2.5.2　工程中常见的约束与约束力

1. 柔索约束

绳索、链条、工业胶带等都可以简化为**柔索**。这种约束的特点是只能限制物体沿柔索伸长方向的运动。因此，**柔索的约束力的方向沿柔索的中心线且背离物体，即为拉力**。例如，用细绳吊住重物［图 2.17（a)］，细绳作用于重物的约束力是拉力 $\boldsymbol{F}_T$，方向沿着绳索背离物体［图 2.17（b)］。又如在带传动中，胶带对带轮的约束力 $\boldsymbol{F}_T$ 沿胶带背离带轮，如图 2.18 所示。

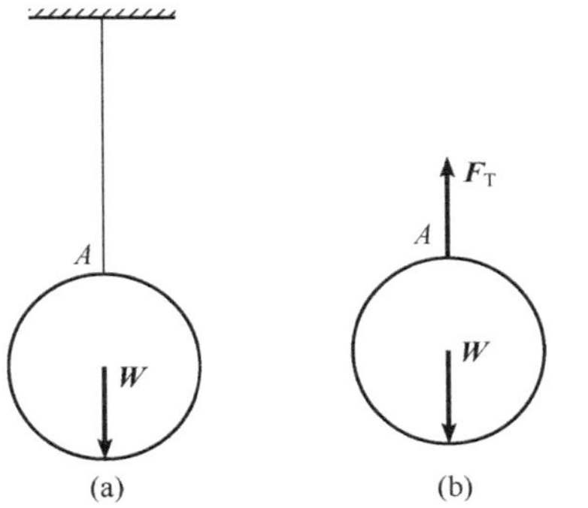

图 2.17

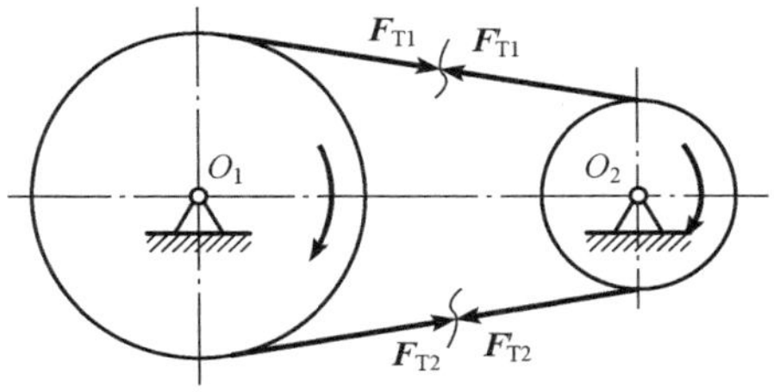

图 2.18

2. 光滑接触面约束

当两物体的接触面光滑无摩擦时，称为**光滑接触面**。光滑接触面只能限制被约束物体沿接触面公法线方向的运动，而不限制沿接触面公切线方向的运动。因此，**光滑接触面的约束力沿接触面在接触点处的公法线，并指向被约束物体，即为压力**。这种约束力也称为**法向反力**。图 2.19 所示 $\boldsymbol{F}_N$ 为光滑接触面对刚性球的约束力，图 2.20 表示齿轮机构中齿轮齿面间的作用力。

3. 光滑圆柱铰链约束

实际工程中，经常遇到两个构件用光滑圆柱形销钉连接起来［图 2.21（a)］，这种约束只限制两构件在垂直于销钉轴线的平面内相对移动，而不限制两构件绕销钉轴线的相对转动。这种约束称为**光滑圆柱铰链**，简称**铰链**或**铰**。图 2.21（c）是它的简化表示。

当两个构件有沿销钉径向相对移动的趋势时，销钉与构件以光滑圆柱面接触，因此销钉对构件的约束力 F_N 沿接触点 K 处的公法线方向（通过圆孔中心的径向），指向构件［图 2.21（b）］。由于接触点 K 一般不能预先确定，所以反力 F_N 的方向也不能确定。因此，**铰链的约束力作用在垂直于销钉轴线的平面内，通过圆孔中心，方向由系统的构造与受力状态确定**（以下简称**方向待定**），**通常用一对正交分力 $\boldsymbol{F}_x$ 和 $\boldsymbol{F}_y$ 来表示**［图 2.21（b）］，**两分力的指向是假定的**。

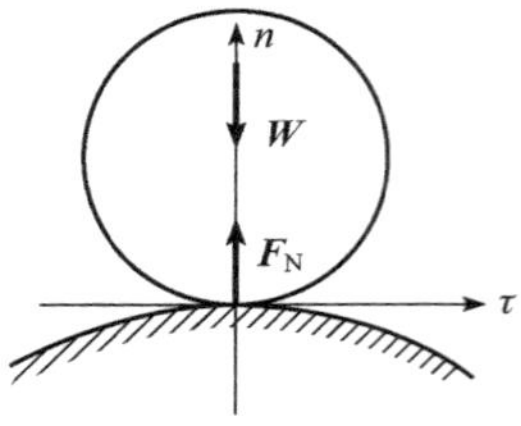

图 2.19

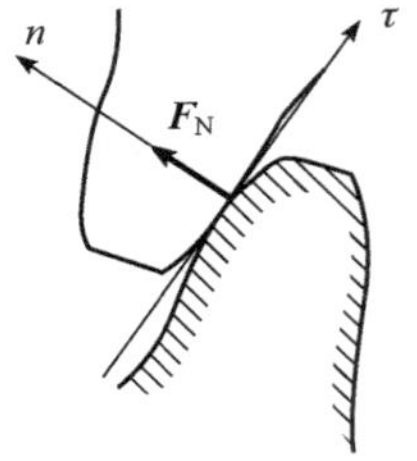

图 2.20

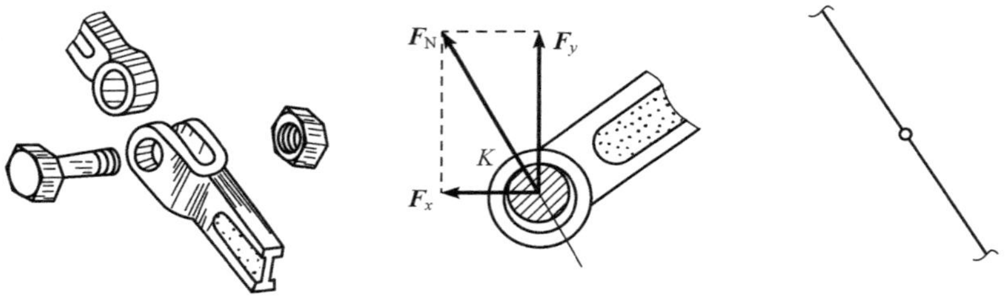

(a) (b) (c)

图 2.21

4. 固定铰支座约束

用铰链连接的两个构件中，如果其中一个是固定在基础或静止机架上的支座［图 2.22（a）］，则这种约束称为**固定铰支座**，简称**铰支座**。**固定铰支座的约束力与铰链的情形相同，通常也用一对正交分力 $\boldsymbol{F}_x$ 和 $\boldsymbol{F}_y$ 来表示**［图 2.22（b）］，两分力的指向是假定的。图 2.22（c）是固定铰支座的另外几种简化表示。

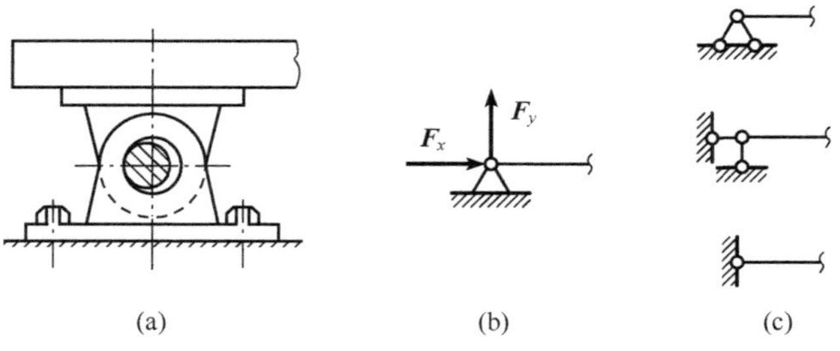

(a) (b) (c)

图 2.22

5. 活动铰支座约束

如果在支座与支承面之间装上几个滚子，使支座可以沿着支承面运动，就成为**活动铰支座**，也称为**辊轴支座**［图 2.23（a）］。如果支承面是光滑的，这种支座就只限制构件沿支承面法线方向的移动，不限制构件沿支承面的移动和绕销钉轴线的转动。因此，**活动铰支座的约束力垂直于支承面，通过铰链中心，指向待定**［图 2.23（b）］。图 2.23（c）是活动铰支座的另外几种简化表示。

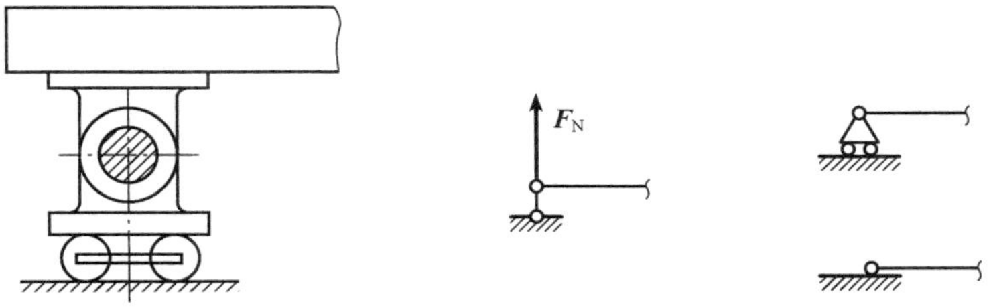

(a)　(b)　(c)

图 2.23

6. 固定端约束

如果静止的物体与构件的一端紧密相连，使构件既不能移动，又不能转动，则构件所受的约束称为**固定端约束**，例如房屋建筑中墙壁对雨罩（或阳台）的约束［图 2.24（a）］。根据固定端约束的特点可知，**固定端的约束力为一个方向待定的力（通常也用一对正交分力 F_x 和 F_y 表示）和一个转向待定的力偶 M**。图 2.24（b）是固定端约束的简化及其约束力的表示。

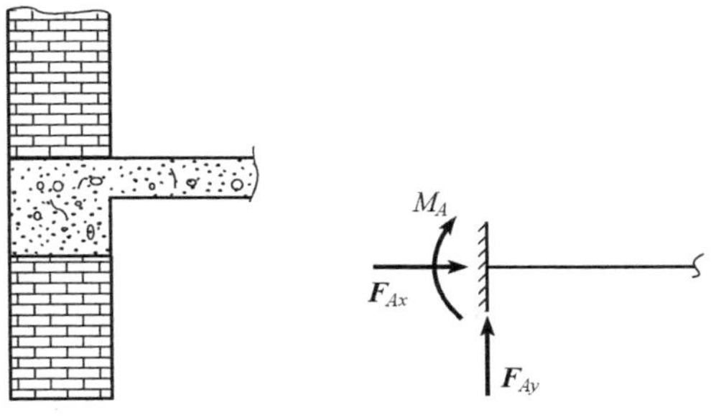

(a)　(b)

图 2.24

2.5.3　支座的简化

工程实际中的约束往往比较复杂，必须根据具体实际情况分析约束对物体运动的限制，然后将其简化为上述几种典型的约束。下面以土木工程中支座的简化为例加以说明。

把结构与基础或支承部分连接起来的装置称为支座。支座根据其支承情况的不同可简化为活动铰支座、固定铰支座和固定端支座等几种典型支座。对于重要结构，如公路和铁路桥梁，通常制作比较正规的典型支座，以使支座处的约束力的大小和作用点的位置能够与设计情况较好地符合；对于一般结构，则往往是一些比较简单的非典型支座，这就必须根据具体情况将它们简化为相应的典型支座。

在房屋建筑中，常在某些构件的支承处垫上沥青杉板之类的柔性材料［图 2.25（a）］，当构件受到荷载作用时，它的端部可以在水平方向作微小移动，也可以作微小的转动，因此可简化为活动铰支座。

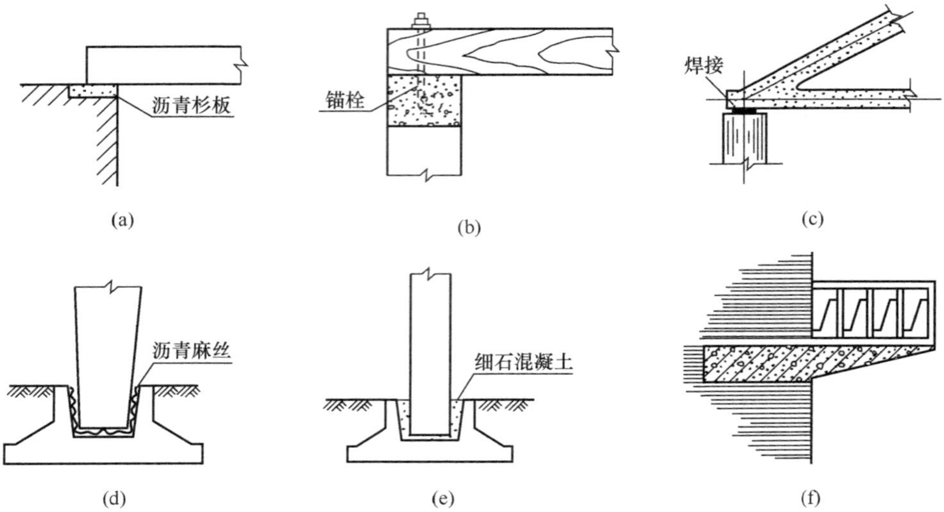

图 2.25

图 2.25（b）表示一木梁的端部，它通常是与埋设在混凝土垫块中的锚栓相连接，在荷载作用下，梁的水平移动和竖向移动都被限制，但仍可作微小的转动，因此可简化为固定铰支座。图 2.25（c）所示屋架的端部支承在柱子上，并将预埋在屋架和柱子上的两块钢板焊接起来，它可以阻止屋架的移动，但因焊接的长度有限，屋架仍可作微小的转动，因此可简化为固定铰支座。

图 2.25（d）、（e）所示插入杯形基础内的钢筋混凝土柱，若用沥青麻丝填实［图 2.25（d）］，则柱脚的移动被限制，但仍可作微小的转动，因此可简化为固定铰支座；若用细石混凝土填实［图 2.25（e）］，当柱插入杯口深度符合一定要求时，则柱脚的移动和转动都被限制，因此可简化为固定端支座。

图 2.25（f）所示悬挑阳台梁，其插入墙体内的部分有足够的长度，梁端的移动和转动都被限制，因此可简化为固定端支座。

2.6 物体的受力分析与受力图

2.6.1 受力分析与受力图的概念

在工程实际中，作用于物体上的主动力（荷载）一般是已知的，约束力是未知的。未知的约束力需根据已知力求出。为此，首先应分析物体受哪些主动力，周围有哪些约束，约束力的作用点、作用线的方位和指向如何确定等，这个分析物体受力的过程称为物体的

受力分析。

为了清晰地表示物体的受力情况，须将要研究的物体（通常称为**研究对象**或**隔离体**），从周围的物体中分离出来，单独画出它的简图，并把研究对象所受的主动力和约束力全部画到简图上，这样的图称为物体的**受力图**，也称为**隔离体图**。

2.6.2　画受力图的步骤及注意事项

1. 画物体受力图的步骤

1）将研究对象从与其联系的周围物体中分离出来，单独画出其简图。

2）画出作用于研究对象上的全部主动力。

3）根据约束类型画出作用于研究对象上的全部约束力。

2. 画物体受力图的注意事项

1）研究对象一定要单独画出来，并首先画出全部主动力，约束力的方向一定要根据约束类型去画，切不可凭主观想象画。

2）注意分析物体系统内有无二力构件（一般为不计自重、没有主动力作用、两端为铰链的构件）。对于二力构件，根据二力平衡公理，其两端的约束力应沿两铰链的连线，指向或为相对或为相背。

3）对于平面内受三个力作用并处于平衡状态的构件，若已知两个力的作用线汇交于一点，根据三力平衡汇交定理，可确定第三个力的作用线一定通过上述汇交点。

4）如果研究对象是几个物体组成的系统，则只画系统外的物体对它的作用力（称为**外力**），而不画系统内各物体之间的相互作用力（称为**内力**）。但如果取系统内某一物体为研究对象时，系统内其他物体对其的作用力又成为外力，必须画在受力图上。

5）系统内各物体之间的相互作用力互为作用力与反作用力，在受力图上要画为反向、共线。作用力的方向一经确定（或假定），则反作用力的方向必与之相反，不能再随意假定。

正确地画出物体的受力图，不仅是对物体进行静力分析的关键，而且在动力分析中也很重要，读者应熟练掌握。下面举例说明受力图的画法。

【例 2.3】　试画出图 2.26（a）中 AB 杆的受力图，不计接触面的摩擦。

【解】　1）取 AB 杆为研究对象，将其单独画出。

2）画主动力 $\boldsymbol{W}$。

3）画约束力。D 处柔索的约束力 $\boldsymbol{F}_{\mathrm{TD}}$ 沿绳的方向，背离杆 AB；A、B 处为光滑接触面，其约束力 $\boldsymbol{F}_{\mathrm{NA}}$、$\boldsymbol{F}_{\mathrm{NB}}$ 沿接触面的公法线方向，指向杆 AB。

AB 杆的受力图如图 2.26（b）所示。

【例 2.4】　屋架如图 2.27（a）所示，A 处为固定铰支座，B 处为活动铰支座。已知屋架自重 $\boldsymbol{W}$，在屋架的 AC 边上作用有垂直于它的均匀分布的风力，集度为 q，试画出屋架的受力图。

【解】　1）取屋架为研究对象，将其单独画出。

2）画主动力。作用于屋架上有重力 W 和均布的风力 q。

3）画约束力。屋架 A 处为固定铰支座，其反力①通过铰链中心，由于方向无法确定，用一对正交分力 $\boldsymbol{F}_{Ax}$ 和 $\boldsymbol{F}_{Ay}$ 表示。屋架 B 处为活动铰支座，其反力 $\boldsymbol{F}_{NB}$ 垂直于支承面。力 $\boldsymbol{F}_{Ax}$、$\boldsymbol{F}_{Ay}$ 和 $\boldsymbol{F}_{NB}$ 的指向均为假定。

屋架的受力图如图 2.27（b）所示。

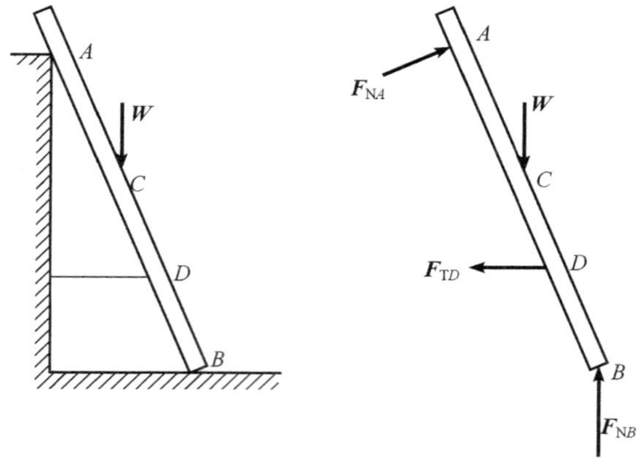

(a)　　　　(b)

图 2.26

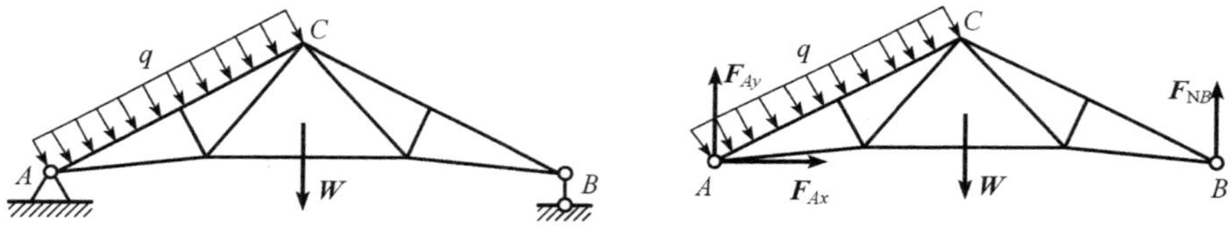

(a)　　　　(b)

图 2.27

【例 2.5】 图 2.28（a）所示的三铰拱桥由 AC、BC 两部分铰接而成，自重不计，在 AC 上作用有力 $\boldsymbol{F}$，试分别画出 AC 部分和 BC 部分的受力图。

【解】 1）取 BC 部分为研究对象，将其单独画出。由于 BC 的自重不计，且只在 B、C 两处受铰链的约束力，因此 BC 是二力构件，B、C 两端的约束力 $\boldsymbol{F}_B$、$\boldsymbol{F}_C$ 应沿 B、C 的连线，方向相反，指向待定（假定为相对）。BC 部分的受力图如图 2.28（b）所示。

2）取 AC 部分为研究对象，将其单独画出。先画出所受主动力 $\boldsymbol{F}$。根据作用与反作用定律，在 C 处所受的约束力与 BC 部分受力图中的 $\boldsymbol{F}_C$ 大小相等、方向相反，是一对作用力与反作用力，用 $\boldsymbol{F}'_C$ 表示；在 A 处所受固定铰支座的反力 $\boldsymbol{F}_A$ 用一对正交分力 $\boldsymbol{F}_{Ax}$、$\boldsymbol{F}_{Ay}$ 表示。AC 部分的受力图如图 2.28（c）所示。

进一步分析可知，由于 AC 部分的自重不计，AC 部分是在三个力作用下平衡的，力 $\boldsymbol{F}$ 和 $\boldsymbol{F}'_C$ 的作用线的交点为 D［图 2.28（d）］，根据三力平衡汇交定理，反力 $\boldsymbol{F}_A$ 的作用线应过 D 点，指向待定（假定指向斜上方）。这样，AC 部分的受力图又可用图 2.28（d）表示。

① 支座处的约束力常称为约束反力，简称反力。

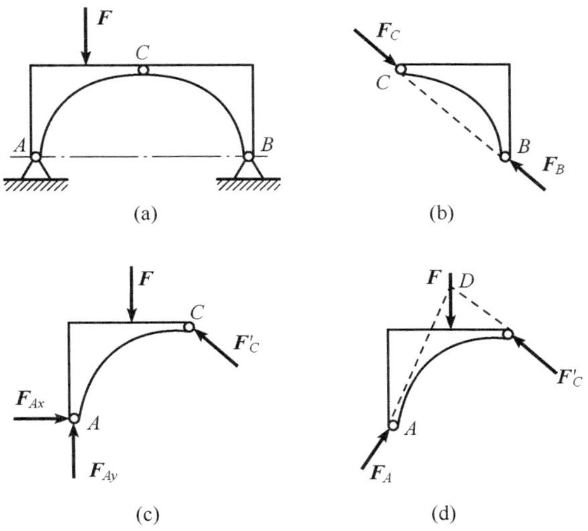

图 2.28

【例 2.6】 组合梁及所受荷载如图 2.29（a）所示，试分别画出整体和 AC 部分和 BC 部分的受力图。

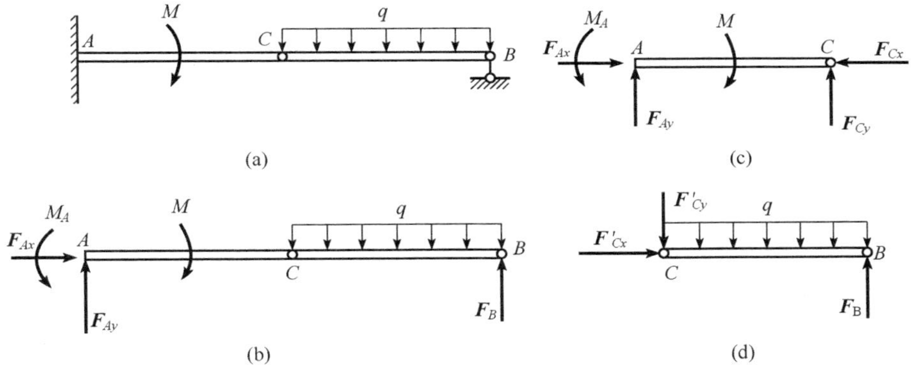

图 2.29

【解】 1）取整体为研究对象，将其单独画出。作用于整体上的主动力为 M 和 q。A 端是固定端支座，有反力和反力偶，由于反力的方向未知，用一对正交分力 $\boldsymbol{F}_{Ax}$、$\boldsymbol{F}_{Ay}$ 表示，反力偶 M_A 转向待定（假定为逆时针转向）。B 端是活动铰支座，其反力 $\boldsymbol{F}_B$ 垂直于支承面（假定指向向上）。中间铰链 C 处的约束力，对整体来说是内力，故不画出。整体的受力图如图 2.29（b）所示。

2）取 AC 部分为研究对象，将其单独画出。作用于 AC 部分上的主动力为 M。A 端的反力有 $\boldsymbol{F}_{Ax}$、$\boldsymbol{F}_{Ay}$、M_A；C 处铰链的约束力的方向未知，用一对正交分力 $\boldsymbol{F}_{Cx}$ 和 $\boldsymbol{F}_{Cy}$ 表示。AC 部分的受力图如图 2.29（c）所示。

3）取 BC 部分为研究对象，将其单独画出。作用于 BC 部分上的主动力为 q。B 端的反力有 $\boldsymbol{F}_B$；C 处铰链的约束力用一对正交分力 $\boldsymbol{F}'_{Cx}$ 和 $\boldsymbol{F}'_{Cy}$ 表示，它们与 AC 部分受力图上的

$\boldsymbol{F}_{Cx}$ 和 $\boldsymbol{F}_{Cy}$ 分别是一对作用力与反作用力，反向、共线。BC 部分的受力图如图 2.29（d）所示。

思考题

2.1 说明下列式子的意义。

1）$\boldsymbol{F}_1=\boldsymbol{F}_2$；

2）$F_1=F_2$；

3）$\boldsymbol{F}_1=-\boldsymbol{F}_2$；

4）$\boldsymbol{F}_R=\boldsymbol{F}_1+\boldsymbol{F}_2$；

5）$\boldsymbol{F}_1+\boldsymbol{F}_2=\boldsymbol{0}$。

2.2 二力平衡的条件是二力等值、反向、共线，作用力与反作用力也是二力等值、反向、共线，请说明它们的不同之处。

2.3 为什么说二力平衡公理、加减平衡力系公理和力的可传性原理只适用于刚体？

2.4 什么是二力构件？构件两端用铰链连接的就是二力构件吗？二力构件的受力与构件的形状有无关系？

2.5 下列结构中，哪些构件是二力构件？哪些不是二力构件？假定构件的自重不计。

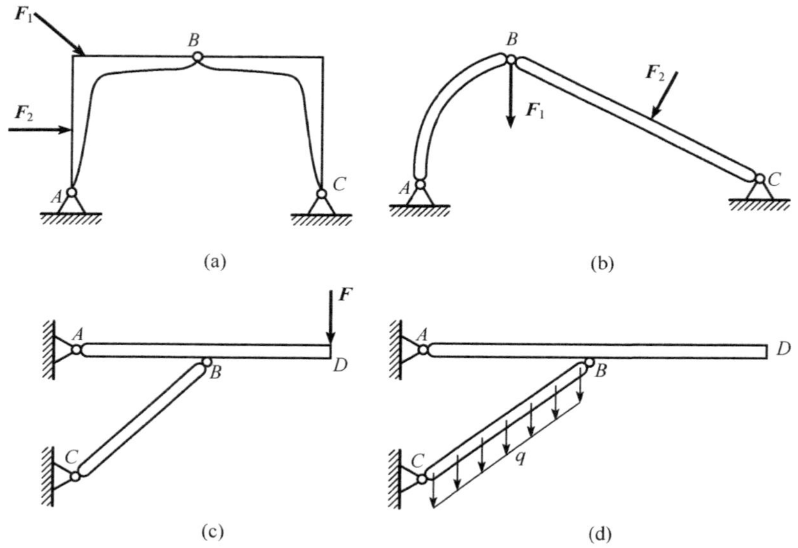

思考题 2.5 图

2.6 三力汇交于一点，但不共面，这三个力能平衡吗？若共面又如何？

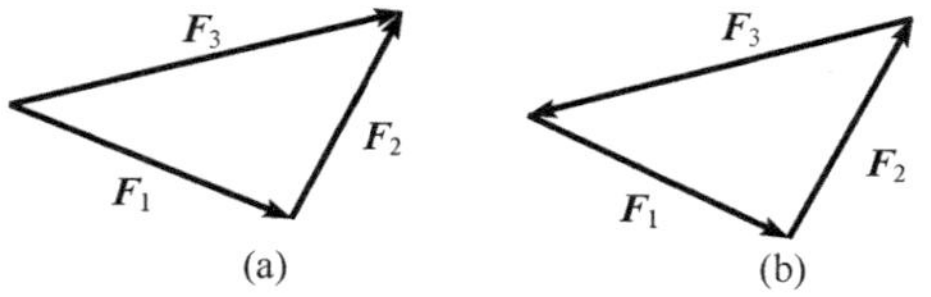

思考题 2.8 图

2.7 合力是否一定比分力大？

2.8 在图示两个力三角形中，三个力的关系如何？

2.9 力矩与力偶矩二者有何不同？

2.10 下列各物体的受力图是否有错误？若有，说明如何改正。假定所有接触面都是光滑的，图中未标出自重的物体，自重不计。

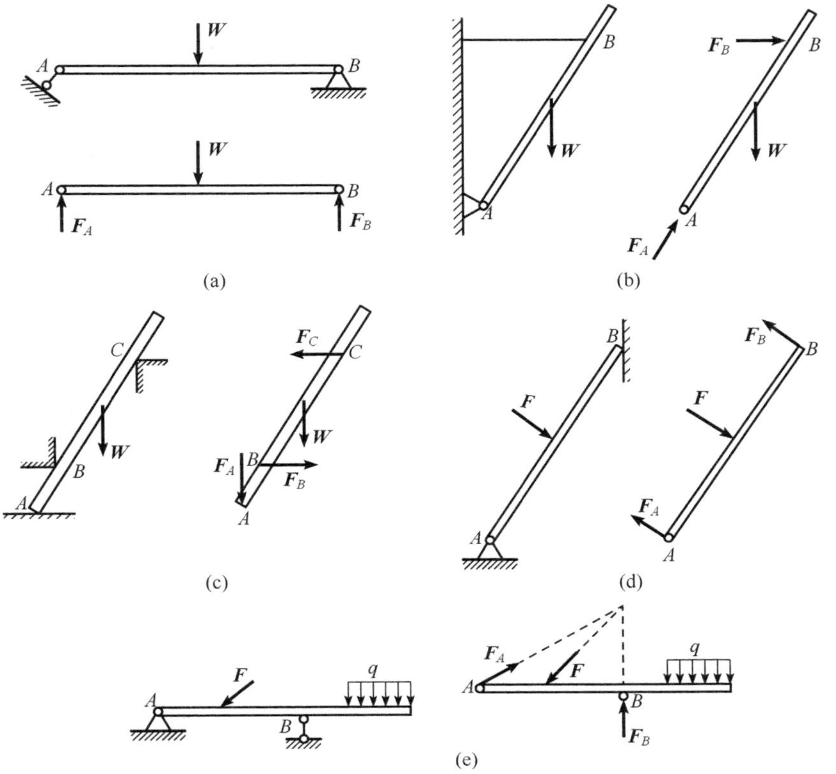

思考题 2.10 图

习题

2.1　试计算下列各图中力 **F** 对点 O 之矩。

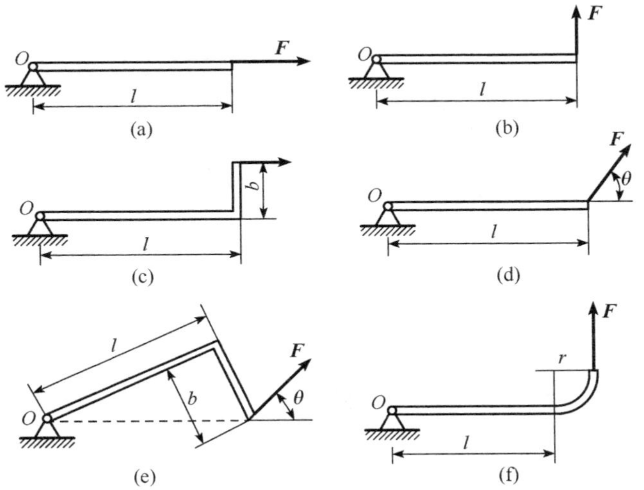

习题 2.1 图

2.2　试画出图示结构中各构件的受力图。假定所有接触面都是光滑的，图中未标出自重的构件，自重不计。

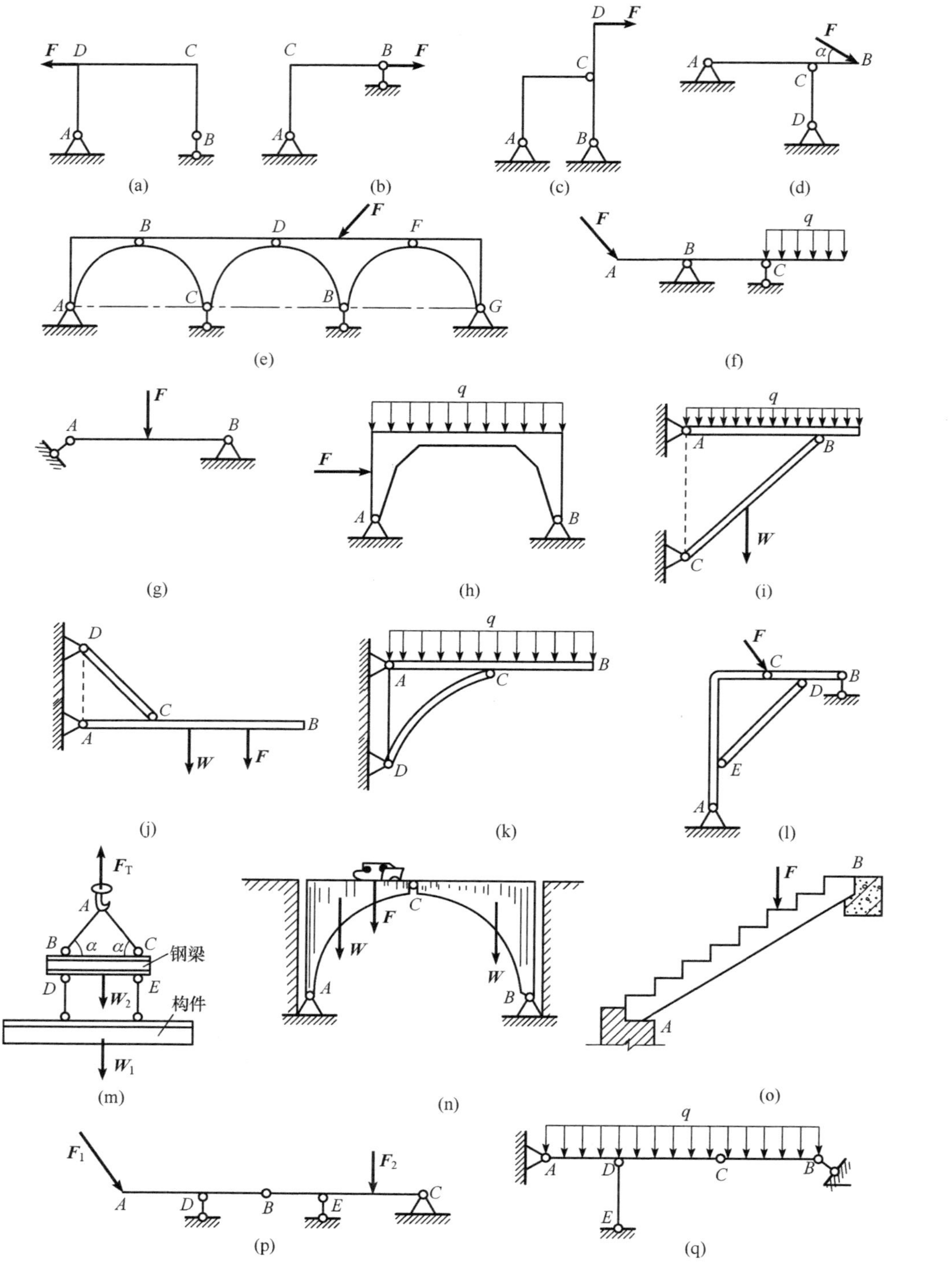

习题 2.2 图

2.3 图示某厂房门式刚架，由两个“厂”形构件 AC、BC 组成，重分别为 $\boldsymbol{W}_1$、$\boldsymbol{W}_2$，其间用铰链 C 连接。设柱脚 A 和 B 为固定铰支座。重物和吊车梁分别重 $\boldsymbol{W}_3$、$\boldsymbol{W}_4$，吊车梁安装在刚架的牛腿 D 和 E 上。试分别画出吊车梁 DE、构件 AC 和 BC 的受力图。

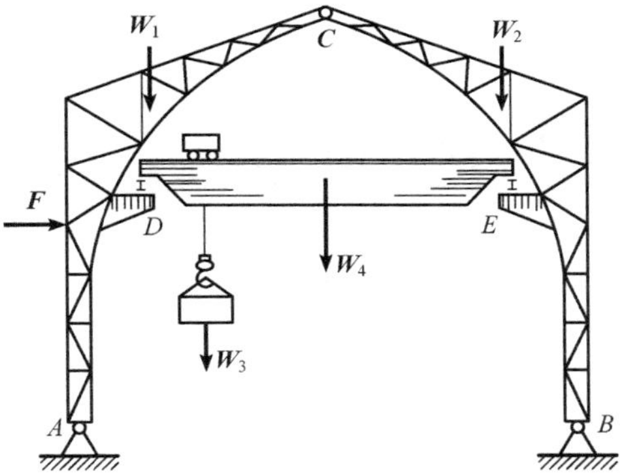

习题 2.3 图

2.4 挖掘机的简图如图所示。Ⅰ、Ⅱ、Ⅲ为液压活塞，A、B、C 处均为铰链约束。挖斗重 $\boldsymbol{W}$，构件 AB、BC 分别重 $\boldsymbol{W}_1$、$\boldsymbol{W}_2$。试分别画出挖斗、构件 AB 和 BC 的受力图。

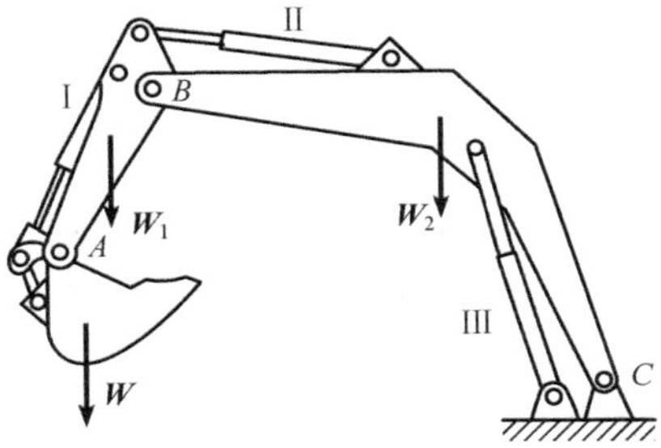

习题 2.4 图

第三章　平面力系

内容提要

本章在简单介绍平面汇交力系和平面力偶系的合成与平衡条件的基础上，着重讨论平面一般力系的简化、平衡方程及其在工程中的应用。此外，还介绍考虑摩擦时平衡问题的解法。本章是静力学的重点，掌握其基本内容和分析问题的方法既为学习后续知识打基础，又可直接用于解决许多工程实际问题。

学习要求

1. 掌握平面汇交力系的的合成结果与平衡条件。
2. 熟练掌握力在坐标轴上投影的计算。
3. 掌握平面力偶系的的合成结果与平衡条件。
4. 理解力的平移定理。
5. 了解平面一般力系的简化理论和简化结果。
6. 熟练掌握平面一般力系的平衡方程及其应用。
7. 了解考虑摩擦时的平衡问题。

各力的作用线都在同一平面内的力系称为**平面力系**，这是工程中最常见的力系。平面汇交力系和平面力偶系是平面力系的特殊情况，下面先研究它们的合成与平衡问题，然后再研究平面一般力系的合成与平衡问题。

3.1　平面汇交力系的合成与平衡

所谓**平面汇交力系**，就是各力的作用线位于同一平面内且汇交于一点的力系。例如图 3.1 (a) 所示用起重机吊装钢筋混凝土大梁，吊点 C 受到绳索拉力 $\boldsymbol{F}_{T1}$、$\boldsymbol{F}_{T2}$ 和吊钩拉力 $\boldsymbol{F}_{T}$ 的作用，这三个力的作用线都在同一铅垂平面内且汇交于一点 [图 3.1 (b)]，组成一个平面汇交力系。

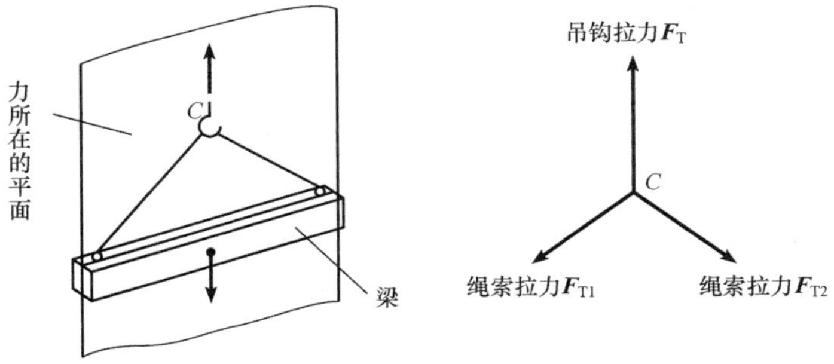

(a) (b)

图 3.1

3.1.1 平面汇交力系的合成

1. 平面汇交力系的合成结果

设有平面汇交力系 $\boldsymbol{F}_1$、$\boldsymbol{F}_2$、…、$\boldsymbol{F}_n$ 作用于物体上 A 点（图 3.2），应用力的平行四边形法则，采用两两合成的方法，最终可合成为一个合力 $\boldsymbol{F}_R$，即

$$\boldsymbol{F}_R=\boldsymbol{F}_1+\boldsymbol{F}_2+\cdots+\boldsymbol{F}_n=\sum\boldsymbol{F} \tag{3.1}$$

平面汇交力系合成的结果为一个合力 $\boldsymbol{F}_R$，合力等于力系中各力的矢量和，合力作用线通过力系的汇交点。

2. 平面汇交力系合力的计算

(1) 力在坐标轴上的投影

在力 $\boldsymbol{F}$ 作用的平面内建立直角坐标系 Oxy（图 3.3）。由力 $\boldsymbol{F}$ 的起点 A 和终点 B 分别向坐标轴作垂线，设垂足分别为 a_1、b_1 和 a_2、b_2，线段 a_1b_1、a_2b_2 冠以适当的正负号称为力 $\boldsymbol{F}$ 在 x 轴和 y 轴上的投影，分别记作 X、Y，即

$$\left.\begin{aligned}X&=\pm a_1b_1\\Y&=\pm a_2b_2\end{aligned}\right\} \tag{3.2a}$$

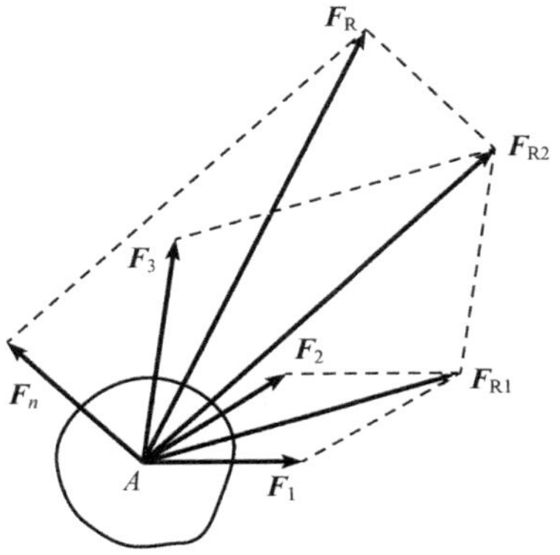

图 3.2

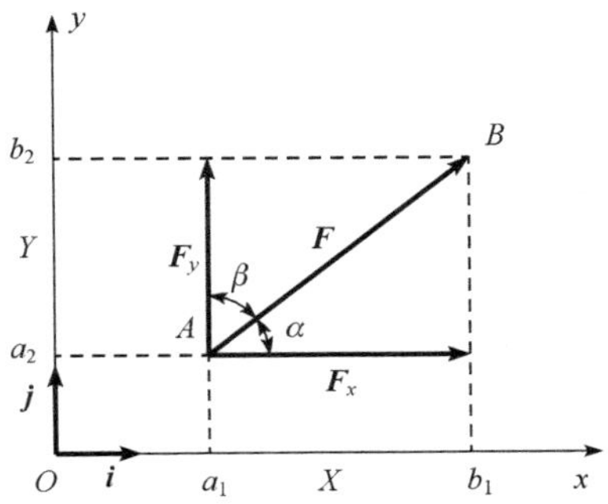

图 3.3

式中的正负号规定：从 a_1 到 b_1（或 a_2 到 b_2）的指向与坐标轴的正向相同时取正，相反时取负。

由图 3.3 可知，若已知力 $\boldsymbol{F}$ 的大小及力 $\boldsymbol{F}$ 与 x、y 轴正向间的夹角分别为 α、β，则有

$$\left.\begin{aligned} X &= F\cos\alpha \\ Y &= F\cos\beta \end{aligned}\right\} \tag{3.2b}$$

即**力在某轴上的投影等于力的大小乘以力与该轴正向间夹角的余弦**。当 α、β 为钝角时，为了计算简便，往往先根据力与某轴所夹的锐角来计算力在该轴上投影的绝对值，再由观察来确定投影的正负号。

反之，若已知力 $\boldsymbol{F}$ 在直角坐标轴上的投影 X、Y，则由图 3.3 可求出力 $\boldsymbol{F}$ 的大小及方向，即

$$\left.\begin{aligned} F &= \sqrt{X^2+Y^2} \\ \tan\alpha &= \frac{Y}{X} \end{aligned}\right\} \tag{3.3}$$

应该注意，力在坐标轴上的投影与力沿坐标轴的分力是两个不同的概念。力的投影是代数量，而力的分力是矢量。在直角坐标系中，力在轴上投影的绝对值和力沿该轴的分力的大小相等，而投影的正负号可表明该分力的指向，如图 3.3 所示。因此，力 $\boldsymbol{F}$ 沿平面直角坐标轴分解的表达式为

$$\boldsymbol{F} = \boldsymbol{F}_x + \boldsymbol{F}_y = X\boldsymbol{i} + Y\boldsymbol{j} \tag{3.4}$$

式中：$\boldsymbol{i}$、$\boldsymbol{j}$——坐标轴 x、y 正向的单位矢量。

应该指出，当 x 轴与 y 轴互不垂直时（图 3.4），则力 $\boldsymbol{F}$ 沿两轴的分力 $\boldsymbol{F}_x$、$\boldsymbol{F}_y$ 在数值上不等于力 $\boldsymbol{F}$ 在两轴上的投影 X、Y。

【例 3.1】 试计算图 3.5 所示各力在 x 轴和 y 轴上的投影。已知 $F_1=F_2=100\text{N}$，$F_3=150\text{N}$，$F_4=200\text{N}$。

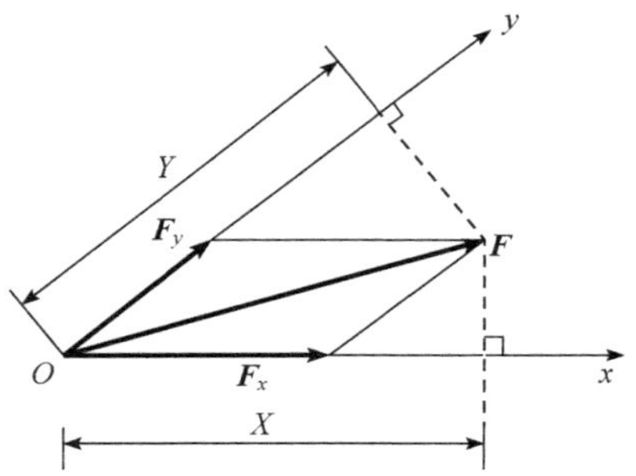

图 3.4

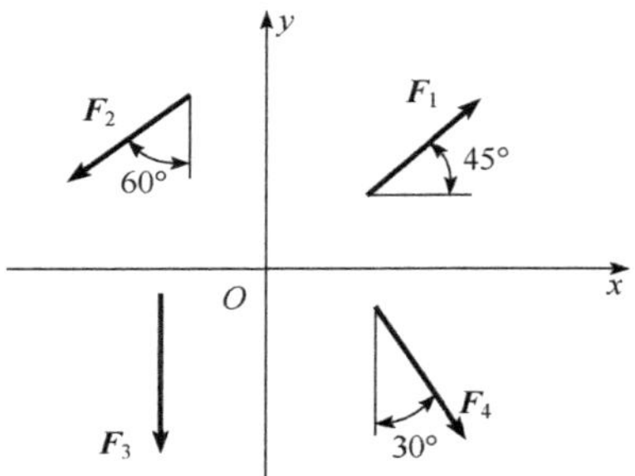

图 3.5

【解】 由式（3.2b），可算出各力在 x 轴和 y 轴上的投影分别为

$$X_1=F_1\cos45°=100\text{N}\times0.707=70.7\text{N}$$

$$Y_1=F_1\cos45°=100\text{N}\times0.707=70.7\text{N}$$

$$X_2=-F_2\cos30°=-100\text{N}\times0.866=-86.6\text{N}$$

$$Y_2=-F_2\cos60°=-100\text{N}\times0.5=-50\text{N}$$

$X_3 = F_3\cos 90° = 0$

$Y_3 = -F_3\cos 0° = -150\text{N}\times 1 = -150\text{N}$

$X_4 = F_4\cos 60° = 200\text{N}\times 0.5 = 100\text{N}$

$Y_4 = -F_4\cos 30° = -200\text{N}\times 0.866 = -173.2\text{N}$

（2）合力投影定理

设平面汇交力系 $\boldsymbol{F}_1$、$\boldsymbol{F}_2$、…、$\boldsymbol{F}_n$ 中各力在 x、y 轴上的投影分别为 X_i、Y_i，合力 $\boldsymbol{F}_R$ 在 x、y 轴上的投影分别为 X_R、Y_R，利用式（3.4），分别计算式（3.1）等号的左边和右边，可得

$$\boldsymbol{F}_R = X_R\boldsymbol{i} + Y_R\boldsymbol{j}$$

以及

$$\begin{aligned}\boldsymbol{F}_1+\boldsymbol{F}_2+\cdots+\boldsymbol{F}_n &= (X_1\boldsymbol{i}+Y_1\boldsymbol{j})+(X_2\boldsymbol{i}+Y_2\boldsymbol{j})+\cdots+(X_n\boldsymbol{i}+Y_n\boldsymbol{j})\\ &= (X_1+X_2+\cdots+X_n)\boldsymbol{i}+(Y_1+Y_2+\cdots+Y_n)\boldsymbol{j}\end{aligned}$$

比较后得到

$$\left.\begin{aligned}X_R &= X_1+X_2+\cdots+X_n = \sum X\\ Y_R &= Y_1+Y_2+\cdots+Y_n = \sum Y\end{aligned}\right\} \tag{3.5}$$

式（3.5）称为**合力投影定理**，它表明**力系的合力在某轴上的投影等于力系中各力在同轴上投影的代数和。**

（3）合力的计算公式

求得平面汇交力系的合力在直角坐标轴上的投影后，由式（3.3），可得合力的大小及方向分别为

$$\left.\begin{aligned}F_R &= \sqrt{\left(\sum X\right)^2+\left(\sum Y\right)^2}\\ \tan\alpha &= \frac{\sum Y}{\sum X}\end{aligned}\right\} \tag{3.6}$$

【例 3.2】 一固定的吊钩上作用有三个力 $\boldsymbol{F}_1$、$\boldsymbol{F}_2$、$\boldsymbol{F}_3$［图 3.6（a）］。已知 $F_1 = F_2 = 732\text{N}$，$F_3 = 2000\text{N}$，试求此三个力的合力。

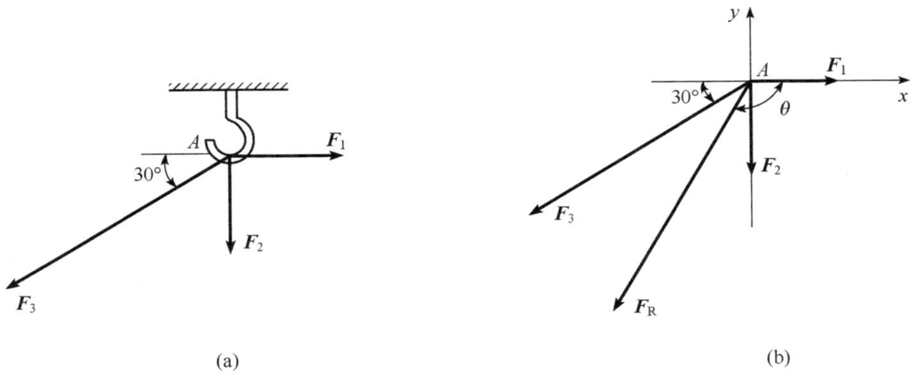

图 3.6

【解】 建立直角坐标系 Axy［图 3.6（b）］，由式（3.5），合力 $\boldsymbol{F}_R$ 在 x、y 轴上的投影分别为

$$X_R = X_1 + X_2 + X_3 = (732 + 0 - 2000\cos30^\circ)\text{N} = -1000\text{N}$$
$$Y_R = Y_1 + Y_2 + Y_3 = (0 - 732 - 2000\sin30^\circ)\text{N} = -1732\text{N}$$

由式（3.6），合力 $\boldsymbol{F}_R$ 的大小和方向分别为

$$F_R = \sqrt{\left(\sum X\right)^2 + \left(\sum Y\right)^2} = 2000\text{N}$$

$$\tan\theta = \frac{\sum Y}{\sum X} = 1.732$$

$$\theta = -120^\circ$$

由 X_R 和 Y_R 均为负值，可知合力 $\boldsymbol{F}_R$ 的作用线位于第三象限，如图 3.6（b）所示。

3.1.2 平面汇交力系的平衡

由于平面汇交力系的合成结果为一合力，故**平面汇交力系平衡的充要条件是合力等于零**，即

$$\boldsymbol{F}_R = \sum \boldsymbol{F} = \boldsymbol{0} \tag{3.7}$$

由式（3.6），上面的平衡条件可用下面的解析式表示为

$$\left.\begin{aligned}\sum X = 0\\ \sum Y = 0\end{aligned}\right\} \tag{3.8}$$

式（3.8）称为**平面汇交力系的平衡方程**。它表示**平面汇交力系中所有各力在两个坐标轴上投影的代数和分别等于零**。平衡方程式（3.8）虽然是从直角坐标系中导出的，但不一定要求坐标轴相互垂直。在解题时，坐标轴的选取以投影方便为原则。

平面汇交力系只有两个独立的平衡方程，只能求解两个未知量。解题时未知约束力的方向可根据约束的性质预先假定，若计算结果为正值，则表示力的实际方向与假定的方向相同；若为负值，则表示力的实际方向与假定的方向相反。

【例 3.3】 桁架的一个结点由四根角钢铆接在连接板上构成［图 3.7（a）］。已知杆 A 和杆 C 的受力分别为 $F_A = 4\text{kN}$、$F_C = 2\text{kN}$，方向如图 3.7（a）所示，试求杆 B 和杆 D 的受力 $\boldsymbol{F}_B$、$\boldsymbol{F}_D$。

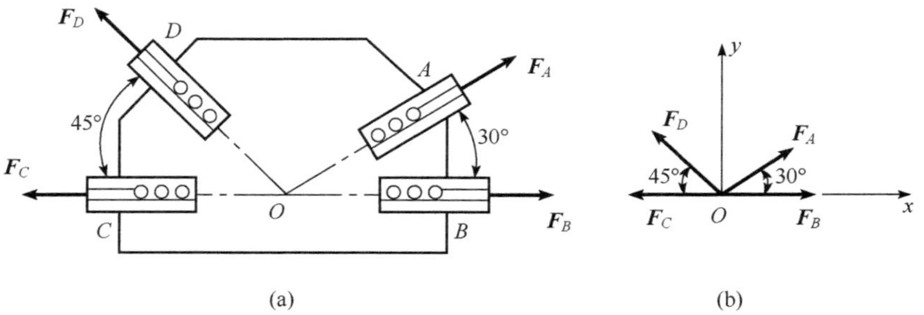

图 3.7

【解】 取连接板为研究对象，受力如图 3.7（a）所示，其中力 $\boldsymbol{F}_B$ 和 $\boldsymbol{F}_D$ 的方向为假定。连接板在平面汇交力系 $\boldsymbol{F}_A$、$\boldsymbol{F}_B$、$\boldsymbol{F}_C$、$\boldsymbol{F}_D$ 作用下平衡，建立坐标系 Oxy [图 3.7（b)]，列出平衡方程

$$\sum X = 0, -F_C - F_D\cos45° + F_A\cos30° + F_B = 0 \tag{a}$$

$$\sum Y = 0, F_D\sin45° + F_A\sin30° = 0 \tag{b}$$

由式（b）得

$$F_D = -2.83\text{kN}$$

将 F_D 值代入式（a），得

$$F_B = -3.46\text{kN}$$

计算结果均为负值，说明杆 B 和杆 D 的实际受力方向与图示假定的方向相反，即杆 B 和杆 D 均受压力。

【例 3.4】 图 3.8（a）是一个桅杆起重装置的简图。杆 BC 是铅垂的，滑轮 A 装在臂杆 AC 的上端，在滑轮轴上用钢索 AB 将杆 AC 拉住。被匀速吊起的重物重 W=20kN，不计钢索、杆 AC 的重量和滑轮的大小，试求杆 AC 和钢索 AB 所受的力。

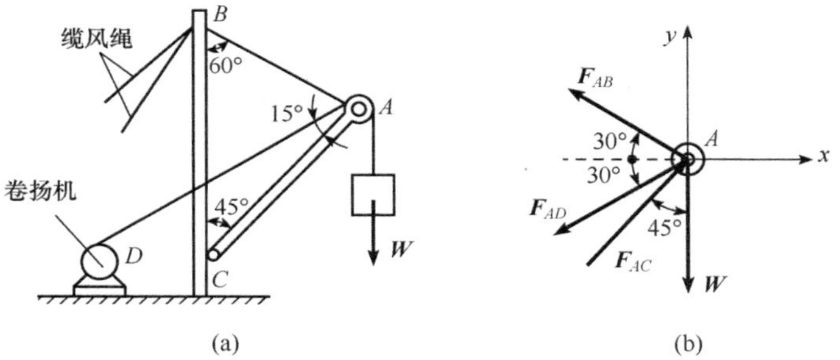

图 3.8

【解】 如将杆 AC 和钢索 AB 作用于滑轮 A 上的力 $\boldsymbol{F}_{AC}$、$\boldsymbol{F}_{AB}$ 求出，则杆 AC 和钢索 AB 所受的力即可求出（互为作用力与反作用力）。

取滑轮 A 为研究对象，作用于滑轮 A 上的力有：$\boldsymbol{F}_{AC}$、$\boldsymbol{F}_{AB}$ 和重物的重力 $\boldsymbol{W}$，以及钢索 AD 的拉力 $F_{AD}=W$=20kN。因不计滑轮 A 的大小，故诸力组成一个平面汇交力系。图 3.8（b）为滑轮 A 的受力图。

如图建立坐标系，列出平衡方程

$$\sum X = 0, F_{AC}\sin45° - F_{AD}\cos30° - F_{AB}\cos30° = 0$$

$$\sum Y = 0, -W + F_{AC}\cos45° - F_{AD}\sin30° + F_{AB}\sin30° = 0$$

将 $F_{AD}=W$=20kN 代入，解得

$$F_{AB} = 9.28\text{kN}$$

$$F_{AC} = 35.9\text{kN}$$

计算结果 F_{AB} 和 F_{AC} 都是正值，说明图 3.8（b）中所示方向为力的实际方向。滑轮 A 作用于杆上和钢索上的力 $\boldsymbol{F}'_{AC}$ 和 $\boldsymbol{F}'_{AB}$ 分别与图中所示的力 $\boldsymbol{F}_{AC}$ 和 $\boldsymbol{F}_{AB}$ 等值、反向，故杆 AC

受压力，钢索 AB 受拉力。

3.2 平面力偶系的合成与平衡

作用面都位于同一平面内的若干个力偶，称为**平面力偶系**。例如，齿轮箱的两个外伸轴上各作用一力偶（图 3.9），为保持平衡，螺栓 A、B 在铅垂方向的两个作用力也组成一力偶，这样齿轮箱受到三个在同一平面内的力偶的作用，这三个力偶组成一平面力偶系。

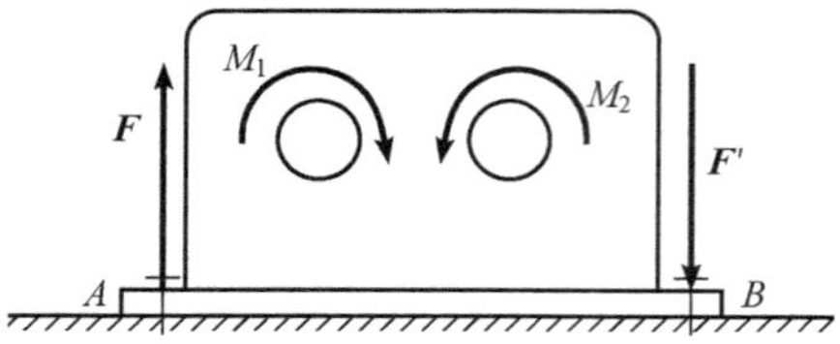

图 3.9

3.2.1 平面力偶系的合成

设在刚体某一平面内作用有两个力偶 M_1、M_2［图 3.10（a）］，根据力偶的等效性质，任取一线段 $AB=d$ 作为公共力偶臂，将力偶 M_1、M_2 搬移，并把力偶中的力分别改变为［图 3.10（b）］

$$F_1=F_1'=\frac{M_1}{d},\ F_2=F_2'=-\frac{M_2}{d}$$

于是，力偶 M_1 与 M_2 可合成为一个合力偶［图 3.10（c）］，其矩为

$$M=F_Rd=(F_1-F_2)d=M_1+M_2$$

上述结论可以推广到任意多个力偶合成的情形，即**平面力偶系可合成为一个合力偶，合力偶的矩等于力偶系中各力偶矩的代数和**，即

$$M=M_1+M_2+\cdots+M_n=\sum M \tag{3.9}$$

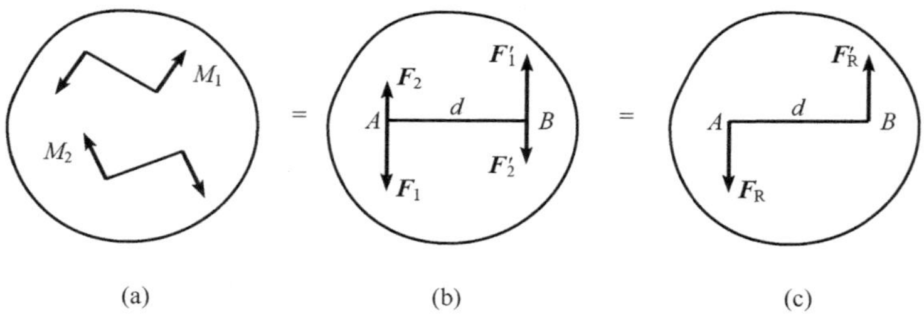

图 3.10

3.2.2 平面力偶系的平衡

若平面力偶系的合力偶的矩为零，则刚体在该力偶系作用下将不转动而处于平衡；反之，若刚体在平面力偶系作用下处于平衡，则该力偶系的合力偶的矩为零。因此，**平面力偶系平衡的充要条件是合力偶的矩等于零**，即

$$\sum M=0 \tag{3.10}$$

式（3.10）称为**平面力偶系的平衡方程**。**平面力偶系只有一个独立的平衡方程，只能求解一个未知量**。

【例 3.5】 如图 3.11（a）所示梁 AB 受一力偶的作用，力偶的矩 $M=20\text{kN}\cdot\text{m}$，梁的跨长 $l=5\text{m}$，倾角 $\alpha=30°$，试求支座 A、B 处的反力。梁的自重不计。

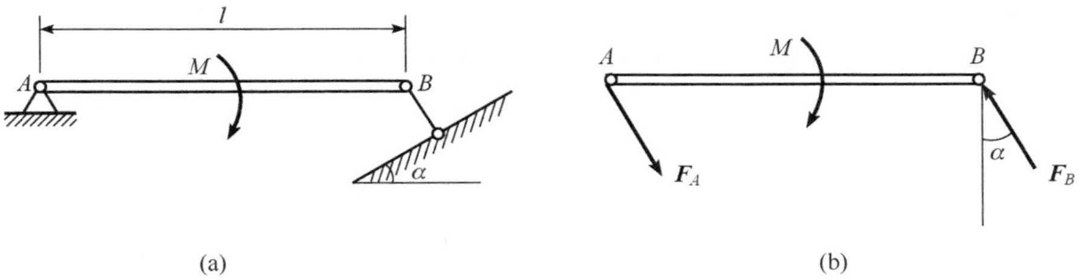

图 3.11

【解】 取梁 AB 为研究对象。梁在力偶 M 和 A、B 两处支座反力 $\boldsymbol{F}_A$、$\boldsymbol{F}_B$ 的作用下处于平衡。因力偶只能与力偶平衡，故知 $\boldsymbol{F}_A$ 与 $\boldsymbol{F}_B$ 应构成一个力偶。又 $\boldsymbol{F}_B$ 垂直于支座 B 的支承面，因而梁的受力如图 3.11（b）所示。由力偶系的平衡方程式（3.10），有

$$F_B l\cos\alpha - M = 0$$

得

$$F_B = \frac{M}{l\cos\alpha} = \frac{20\text{kN}\cdot\text{m}}{5\text{m}\times\cos 30°} = 4.62\text{kN}$$

故

$$F_A = F_B = 4.62\text{kN}$$

3.3 力的平移定理

为了得到平面一般力系的平衡条件和平衡方程，需要研究平面一般力系向一点的简化。力系向一点简化的理论基础是力的平移定理。

设在刚体上 A 点作用一个力 $\boldsymbol{F}$，现要将它平行移动到刚体内任一点 O［图 3.12（a）］，而不改变它对刚体的效应。为此，可在 O 点施加一对与 $\boldsymbol{F}$ 平行、等值的平衡力 $\boldsymbol{F}'$、$\boldsymbol{F}''$［图 3.12（b）］，力 $\boldsymbol{F}$ 与 $\boldsymbol{F}''$ 为一对等值反向不共线的平行力，组成一个力偶，其力偶矩等于原力 $\boldsymbol{F}$ 对 O 点的力矩，即

$$M = M_O(F) = Fd$$

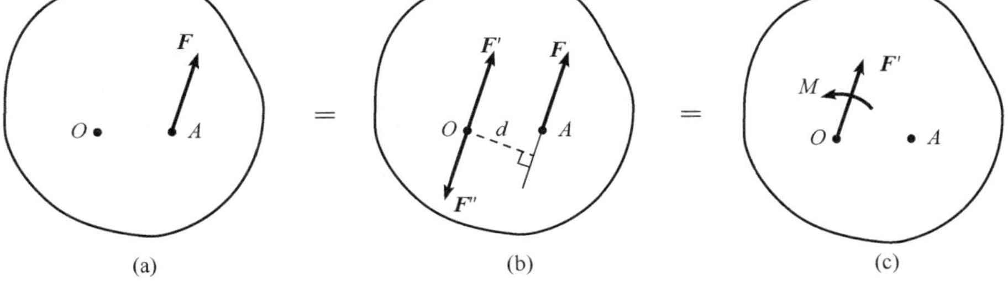

图 3.12

这样，就把作用于A点上的力$\boldsymbol{F}$平行移动到了任一点O，但同时必须附加一个相应的力偶，称为附加力偶［图 3.12（c）］。由此得到**力的平移定理：作用于刚体上的力，可平行移动到刚体内任一指定点，但必须同时在该力与指定点所决定的平面内附加一力偶，此附加力偶的矩等于原力对指定点之矩。**

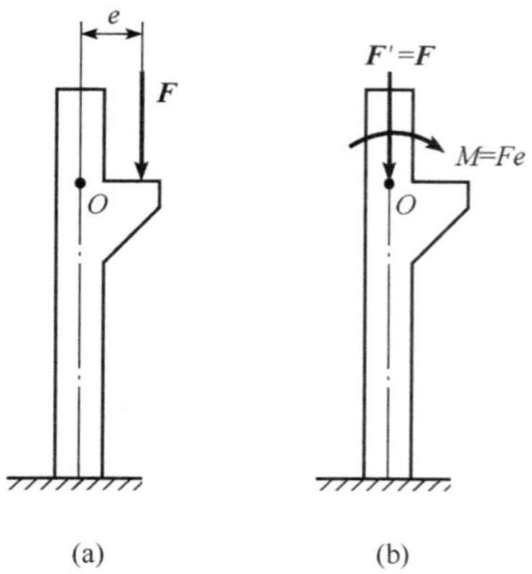

图 3.13

根据力的平移定理，也可以将同一平面内的一个力和一个力偶合成为一个力，合成的过程就是图 3.12 的逆过程。

力的平移定理是力系向一点简化的理论依据，也是分析力对物体作用效应的一个重要方法。例如，图 3.13 所示厂房柱子受偏心荷载$\boldsymbol{F}$的作用，为分析力$\boldsymbol{F}$的作用效应，可将力$\boldsymbol{F}$平移至柱的轴线上成为力$\boldsymbol{F}'$和附加力偶M，轴向力$\boldsymbol{F}'$使柱压缩，而附加力偶M将使柱弯曲。再以削乒乓球为例（图 3.14），为分析力$\boldsymbol{F}$对球的作用效应，将力$\boldsymbol{F}$平移至球心，得到力$\boldsymbol{F}'$与附加力偶M，力$\boldsymbol{F}'$使球移动，而附加力偶M则使球旋转。

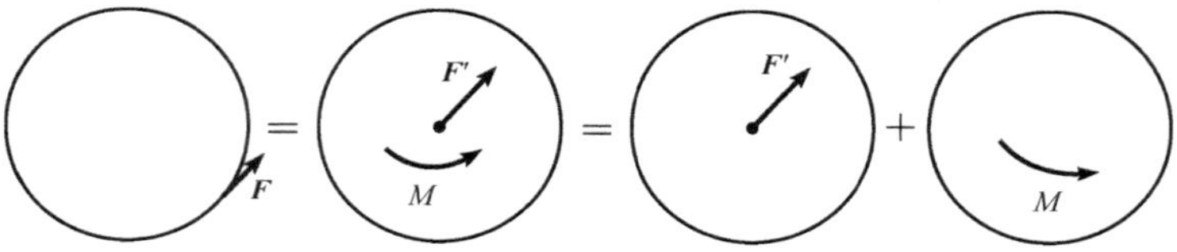

图 3.14

3.4 平面一般力系向一点的简化

如果作用于物体上各力的作用线都在同一平面内，但各力的作用线不汇交于一点，也不都组成力偶，则这种力系称为**平面一般力系**。平面一般力系是工程中最常见的力系。例如图 3.15 所示屋架，受到屋面自重和积雪等重力荷载$\boldsymbol{W}$、风力$\boldsymbol{F}$以及支座反力$\boldsymbol{F}_{Ax}$、$\boldsymbol{F}_{Ay}$、$\boldsymbol{F}_B$的作用，这些力的作用线在同一平面内，组成一个平面一般力系。有时物体本身及作用于其上的各力都对称于某一平面，则作用于物体上的力系就可简化为该对称平面内的力系。例如图 3.16（a）所示水坝，通常取单位长度的坝段进行受力分析，并将坝段所受的力简化为作用于坝段中央平面内的一个平面一般力系［图 3.16（b）］。

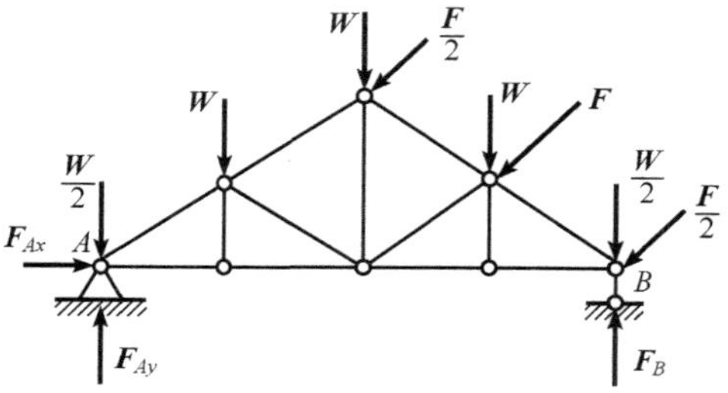

图 3.15

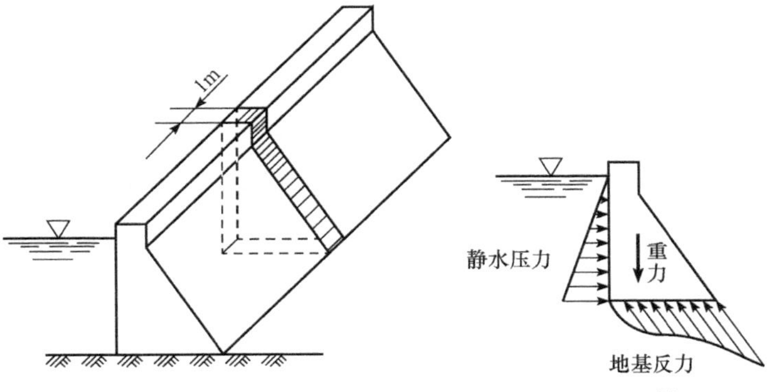

(a)　　(b)

图 3.16

3.4.1　平面一般力系向一点简化的结果

设在刚体上作用一平面一般力系 $\boldsymbol{F}_1$、$\boldsymbol{F}_2$、…、$\boldsymbol{F}_n$，各力的作用点分别为 A_1、A_2、…、A_n［图 3.17（a）］。为了分析此力系对刚体的作用效应，在刚体上力系的作用平面内任意取一点 O，称为**简化中心**。利用力的平移定理，将各力都向 O 点平移，得到一个汇交于 O 点的平面汇交力系 $\boldsymbol{F}'_1$、$\boldsymbol{F}'_2$、…、$\boldsymbol{F}'_n$和一个附加的平面力偶系 M_{O1}、M_{O2}、…、M_{On}［图 3.17（b）］。这些附加力偶的矩分别等于原力系中的各力对 O 点之矩，即

$$M_{O1}=M_O(\boldsymbol{F}_1)、M_{O2}=M_O(\boldsymbol{F}_2)、\cdots、M_{On}=M_O(\boldsymbol{F}_n)$$

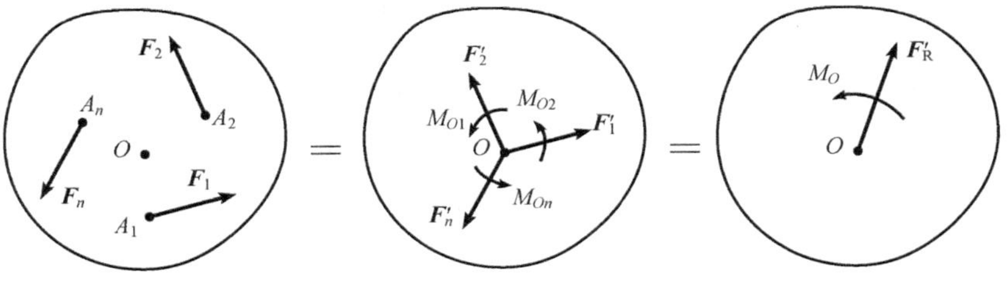

(a)　　(b)　　(c)

图 3.17

平面汇交力系 $\boldsymbol{F}'_1$、$\boldsymbol{F}'_2$、…、$\boldsymbol{F}'_n$可以合成为一个作用于 O 点的合矢量 $\boldsymbol{F}'_R$［图 3.17（c）］，即

$$\boldsymbol{F}'_{\mathrm{R}}=\sum\boldsymbol{F}'=\sum\boldsymbol{F} \tag{3.11}$$

式中：$\boldsymbol{F}'_R$——平面一般力系中所有各力的矢量和，称为该力系的主矢。它的大小和方向与简化中心的选择无关。

平面力偶系 M_{O1}、M_{O2}、…、M_{On}可以合成为一个力偶，其矩 M_O 为

$$M_O=M_{O1}+M_{O2}+\cdots+M_{On}=\sum M_O(F) \tag{3.12}$$

即 M_O 等于各附加力偶的矩的代数和，也就是等于原力系中各力对简化中心 O 之矩的代数和。M_O 称为该力系对简化中心 O 的**主矩**。它的大小和转向与简化中心的选择有关。

将式（3.11）向坐标轴投影，得

$$\left.\begin{aligned} X_R &= \sum X \\ Y_R &= \sum Y \end{aligned}\right\} \tag{3.13}$$

即主矢在某坐标轴上的投影，等于力系中各力在同一轴上投影的代数和。由式（3.3），主矢的大小和方向为

$$\left.\begin{aligned} F'_R &= \sqrt{X_R^2 + Y_R^2} = \sqrt{(\sum X)^2 + (\sum Y)^2} \\ \tan\alpha &= \frac{\sum Y}{\sum X} \end{aligned}\right\} \tag{3.14}$$

式中：α——$\boldsymbol{F}'_R$与 x 轴正向的夹角。

3.4.2 平面一般力系简化结果的讨论

1. 简化结果的讨论

平面一般力系向平面内一点的简化结果，一般可得到一个力和一个力偶，而其最终结果为以下三种可能的情况：

（1）力系可简化为一个合力偶

当 $\boldsymbol{F}'_R=\boldsymbol{0}$、$M_O\neq 0$ 时，力系与一个力偶等效，即力系可简化为一个合力偶。合力偶的矩等于主矩。此时，主矩与简化中心无关。

（2）力系可简化为一个合力

当 $\boldsymbol{F}'_R\neq\boldsymbol{0}$、$M_O=0$ 时，力系与一个力等效，即力系可简化为一个合力。合力等于主矢，合力的作用线通过简化中心。

当 $\boldsymbol{F}'_R\neq\boldsymbol{0}$、$M_O\neq 0$ 时，根据力的平移定理逆过程，可将 $\boldsymbol{F}'_R$和 M_O 进一步合成为一个合力 $\boldsymbol{F}_R$，如图 3.18 所示。合力 $\boldsymbol{F}_R$ 的作用线到简化中心 O 点的距离为

$$d = \left|\frac{M_O}{F'_R}\right| \tag{3.15}$$

（3）力系为平衡力系

当 $\boldsymbol{F}'_R=0$、$M_O=0$ 时，力系处于平衡状态。

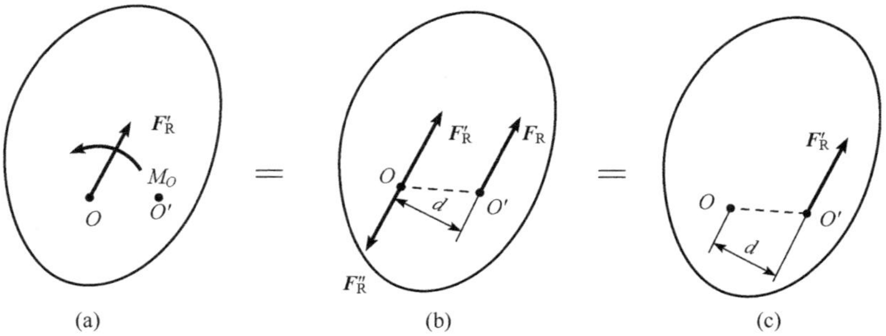

图 3.18

2. 合力矩定理的证明

由图 3.18 可知，合力对 O 点之矩为

$$M_O(\boldsymbol{F}_R)=F_Rd=M_O$$

利用式（3.12），得

$$M_O(\boldsymbol{F}_R)=\sum M_O(\boldsymbol{F}) \tag{3.16}$$

即平面一般力系的合力对作用面内任一点的矩，等于力系中各力对同一点之矩的代数和。这就是**合力矩定理**。

【例 3.6】 有一小型砌石坝，取 1m 长的坝段来考虑，将坝所受重力和静水压力简化到中央平面内，得到力 $\boldsymbol{W}_1$、$\boldsymbol{W}_2$ 和 $\boldsymbol{F}$（图 3.19）。已知 $W_1=600\text{kN}$，$W_2=300\text{kN}$，$F=350\text{kN}$，试求此力系分别向 O 点和 A 点简化的结果。如能进一步简化为一个合力，再求合力作用线的位置。

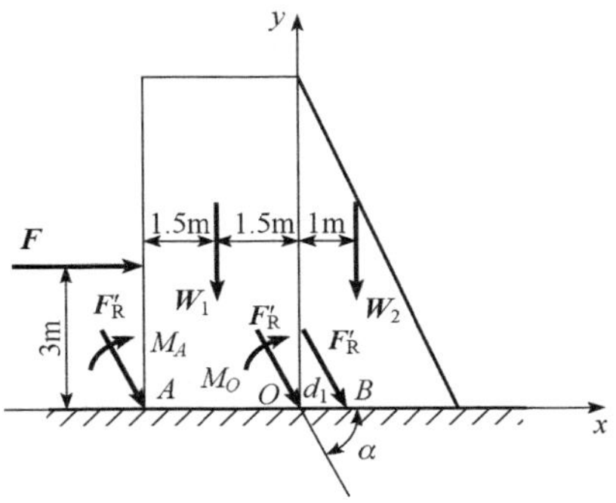

图 3.19

【解】 1）力系向 O 点简化。力系的主矢 $\boldsymbol{F}'_R$ 在 x、y 轴上的投影分别为

$$X_R=\sum X=F=350\text{kN}$$

$$Y_R=\sum Y=-W_1-W_2=-900\text{kN}$$

由式（3.14），主矢的大小和方向分别为

$$F'_R=\sqrt{\left(\sum X\right)^2+\left(\sum Y\right)^2}=965.7\text{kN}$$

$$\tan\alpha=\frac{\sum Y}{\sum X}=-2.571$$

$$\alpha=-68.75^\circ$$

因 $\sum X$ 为正，$\sum Y$ 为负，故主矢 F'_R 的指向如图 3.19 所示。

由式（3.12），力系的主矩为

$$M_O=\sum M_O(\boldsymbol{F})=-F\times 3\text{m}+W_1\times 1.5\text{m}-W_2\times 1\text{m}=-450\text{kN}\cdot\text{m}$$

负号表示主矩 M_O 顺时针转向。

根据力的平移定理，本问题中主矢 $\boldsymbol{F}'_R$ 与主矩 M_O 还可进一步简化为一个合力 $\boldsymbol{F}_R$，其大小、方向与主矢 $\boldsymbol{F}'_R$ 相同。设合力 $\boldsymbol{F}_R$ 的作用线与 x 轴的交点 B 到 O 点的距离为 d_1，由合力矩定理，有

$$|F_Rd_1\sin\alpha|=|M_O|$$

因 $|F_R\sin\alpha|=|Y_R|$，故

$$d_1=\frac{|M_O|}{|Y_R|}=0.5\text{m}$$

2）力系向 A 点简化。主矢 $\boldsymbol{F}'_R$ 与上面的计算相同。主矩为

$$M_A=\sum M_A(\boldsymbol{F})=-F\times 3\text{m}-W_1\times 1.5\text{m}-W_2\times 4\text{m}=-3150\text{kN}\cdot\text{m}$$

其转向如图所示。最后可简化为一个合力，合力作用线与 x 轴的交点到 A 点的距离为

$$d_2 = \frac{|M_A|}{|Y_R|} = 3.5\text{m}$$

显然，合力作用线仍通过 B 点。

由上面的例题可见，力系无论向哪一点简化，其最终简化结果总是相同的。这是因为一个给定的力系对物体的效应是唯一的，不会因计算途径的不同而改变。

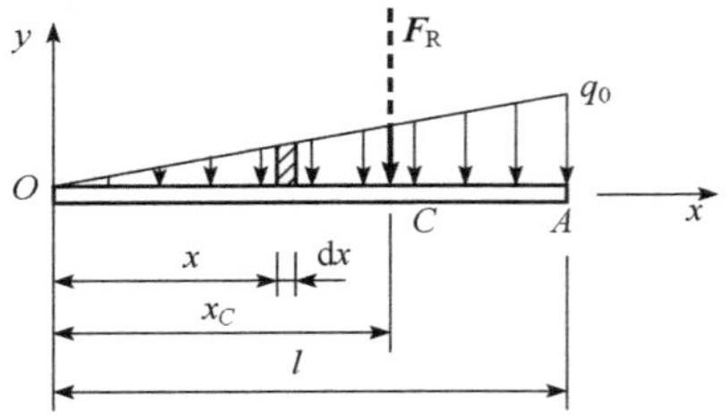

图 3.20

【例 3.7】 试求图 3.20 所示线性分布荷载的合力及其作用线的位置。

【解】 建立图示坐标系，离左端点 O 为 x 处的集度为

$$q(x) = \frac{q_0}{l}x$$

作用于微段 $\mathrm{d}x$ 上的力为 $\mathrm{d}F = q(x)\mathrm{d}x$。合力 $\boldsymbol{F}_R$ 的大小可由积分得到，即

$$F_R = \int_l \mathrm{d}F = \int_0^l q(x)\mathrm{d}x = \int_0^l \frac{q_0}{l}x\,\mathrm{d}x = \frac{q_0 l}{2}$$

应用合力矩定理，有

$$M_O(\boldsymbol{F}_R) = F_R x_C = \int_0^l x\mathrm{d}F = \int_0^l x \cdot \frac{q_0}{l}x\,\mathrm{d}x = \frac{q_0 l^2}{3}$$

故合力 $\boldsymbol{F}_R$ 的作用线离 O 点距离为

$$x_C = \frac{q_0 l^2}{3F_R} = \frac{q_0 l^2}{3 \times \frac{q_0 l}{2}} = \frac{2l}{3}$$

合力 $\boldsymbol{F}_R$ 的方向与分布荷载的方向相同。

表示分布荷载分布情况的图形称为**荷载图**。上面的计算结果表明，**线分布荷载合力的大小等于荷载图的面积，合力的作用线通过荷载图的形心，合力的指向与分布力的指向相同。**

在求解平衡问题时，线分布荷载可以用其合力来替换。

3.5 平面一般力系的平衡方程及其应用

3.5.1 平面一般力系的平衡方程

1. 基本形式

如果平面一般力系的主矢和对平面内任一点的主矩均为零，则力系平衡。反之，若平面一般力系平衡，则其主矢、主矩必同时为零（假如主矢、主矩有一个不等于零，则平面一般力系就可以简化为合力或合力偶，力系就不平衡）。因此，**平面一般力系平衡的充分必要条件是力系的主矢和对任一点的主矩都等于零**，即

$$\left.\begin{aligned} \boldsymbol{F}'_R &= \boldsymbol{0} \\ M_O &= 0 \end{aligned}\right\} \tag{3.17}$$

由式（3.12）和式（3.14），上面的平衡条件可用下面的解析式表示为

$$\left.\begin{aligned}\sum X = 0 \\ \sum Y = 0 \\ \sum M_O = 0\end{aligned}\right\} \tag{3.18}$$

式中 $\sum M_O$ 是 $\sum M_O(\boldsymbol{F})$ 的简写。式（3.18）称为平面一般力系平衡方程的基本形式，其中前两式称为**投影方程**，它表示**力系中所有各力在两个坐标轴上投影的代数和分别等于零**；后一式称为**力矩方程**，它表示**力系中所有各力对任一点之矩的代数和等于零**。

平面一般力系的平衡方程除了式（3.18）所示的基本形式外，还有其他两种形式：二力矩式和三力矩式，说明如下。

2. 二力矩式

由一个投影方程和两个力矩方程组成，其形式为

$$\left.\begin{aligned}&\sum X = 0\,(\text{或}\sum Y = 0) \\ &\sum M_A = 0 \\ &\sum M_B = 0\end{aligned}\right\} \tag{3.19}$$

式中 A、B 两点的连线不能与 x 轴（或 y 轴）垂直。请读者自行证明。

3. 三力矩式

由三个力矩方程组成，其形式为

$$\left.\begin{aligned}\sum M_A = 0 \\ \sum M_B = 0 \\ \sum M_C = 0\end{aligned}\right\} \tag{3.20}$$

式中 A、B、C 三点不能共线。请读者自行证明。

平面一般力系有三种不同形式的平衡方程，在解题时可以根据具体情况选取某一种形式。**平面一般力系只有三个独立的平衡方程，只能求解三个未知量。任何第四个方程都不会是独立的，但可以利用这个方程来校核计算的结果。**

3.5.2 平面一般力系平衡方程的应用

应用平面一般力系的平衡方程求解平衡问题的步骤如下：

1）**取研究对象**。根据问题的已知条件和待求量，选取合适的研究对象。

2）**画受力图**。画出所有作用于研究对象上的外力。

3）**列平衡方程**。适当选取投影轴和矩心，列出平衡方程。

4）**解方程**。解平衡方程，求出未知力。

在列平衡方程时，为使计算简单，通常尽可能选取与力系中多数未知力的作用线平行或垂直的投影轴，矩心选在两个未知力的交点上；尽可能多的用力矩方程，并使一个方程只含一个未知数。

【例 3.8】 悬臂吊车如图 3.21（a）所示。已知梁 AB 重 $W_1=4\text{kN}$，吊重 $W=20\text{kN}$，梁长 $l=2\text{m}$，重物到铰链 A 的距离 $x=1.5\text{m}$，拉杆 CD 的倾角 $\theta=30°$，试求拉杆 CD 所受的力和支座 A 处的反力。

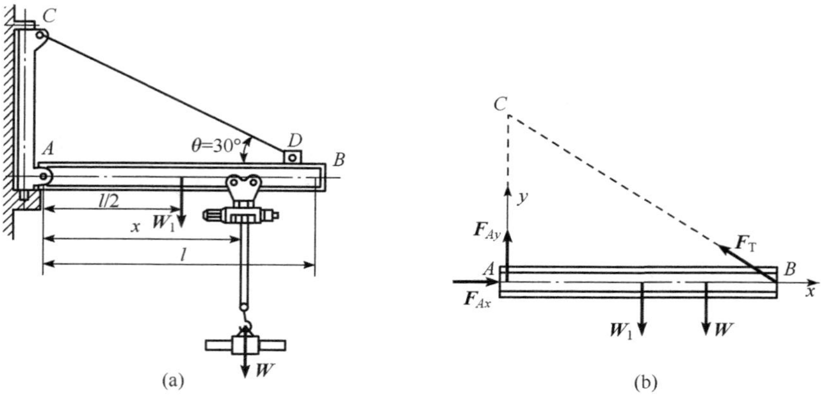

图 3.21

【解】 1）取研究对象。因已知力和未知力都作用于梁 AB 上，故取梁 AB 为研究对象。

2）画受力图。作用于梁 AB 上的力有：重力 $\boldsymbol{W}_1$、$\boldsymbol{W}$，拉杆 CD 的拉力 $\boldsymbol{F}_\text{T}$ 和支座 A 处的反力 $\boldsymbol{F}_{Ax}$、$\boldsymbol{F}_{Ay}$（指向假定）。这些力组成一个平面一般力系［图 3.21（b)］。

3）列平衡方程并求解。图中 A、B、C 三点各为两个未知力的汇交点。比较 A、B、C 三点，取 B 点为矩心，列出力矩方程计算较简单。

$$\sum M_B=0, W_1\times\frac{l}{2}+W(l-x)-F_{Ay}l=0$$

得

$$F_{Ay}=7\text{kN}$$

再取 y 轴为投影轴，列投影方程

$$\sum Y=0, F_{Ay}-W_1-W+F_\text{T}\sin\theta=0$$

得

$$F_\text{T}=34\text{kN}$$

最后取 x 轴为投影轴，列出投影方程

$$\sum X=0, F_{Ax}-F_\text{T}\cos\theta=0$$

得

$$F_{Ax}=F_\text{T}\cos\theta=29.44\text{kN}$$

F_{Ax}、F_{Ay} 的计算结果均为正值，说明力的实际方向与假定的方向相同。

4）讨论。本题若列出对 A、B 两点的力矩方程和在 x 轴上的投影方程，即

$$\sum M_A=0, -W_1\times\frac{l}{2}-Wx+F_\text{T}l\sin\theta=0$$

$$\sum M_B=0, -F_{Ay}l+W_1\times\frac{l}{2}+W(l-x)=0$$

$$\sum X = 0, F_{Ax} - F_{T}\cos\theta = 0$$

则同样可求解。

本题也可列出对 A、B、C 三点的三个力矩方程求解，即

$$\sum M_A = 0, -W_1 \times \frac{l}{2} - Wx + F_{T} l \sin\theta = 0$$

$$\sum M_B = 0, -F_{Ay} l + W_1 \times \frac{l}{2} + W(l - x) = 0$$

$$\sum M_C = 0, F_{Ax} l \tan\theta - W_1 \times \frac{l}{2} - Wx = 0$$

请读者自行完成计算，并比较三种解法的优缺点。

【例 3.9】 梁 AB 如图 3.22（a）所示。已知 $F=2\text{kN}$，$q=1\text{kN/m}$，$M=4\text{kN}$，$a=1\text{m}$，试求固定端 A 处的反力。

【解】 1）取研究对象。选取梁 AB 为研究对象。

2）画受力图。梁 AB 除受主动力 $\boldsymbol{F}$、M、q 作用外，在固定端 A 处还受到反力 $\boldsymbol{F}_{Ax}$、$\boldsymbol{F}_{Ay}$ 和反力偶 M_A 的作用，指向假定，如图 3.22（b）所示。

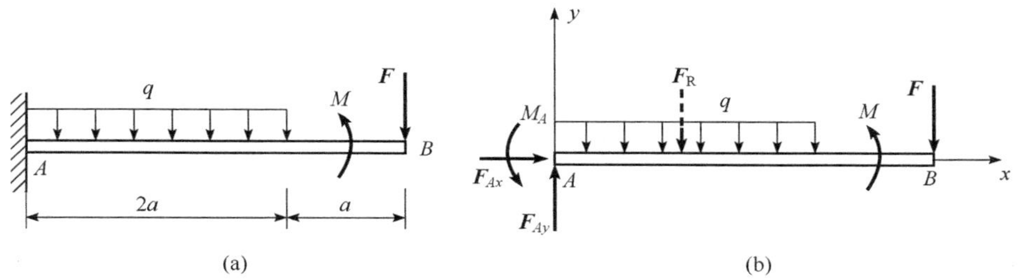

图 3.22

3）列平衡方程并求解。建立坐标系［图 3.22（b）］，列出平衡方程

$$\sum M_A = 0, M_A - q \times 2a \times a + M - F \times 3a = 0$$

得

$$M_A = 4\text{kN} \cdot \text{m}$$

$$\sum X = 0, F_{Ax} = 0$$

$$\sum Y = 0, F_{Ay} - q \times 2a - F = 0$$

得

$$F_{Ay} = 4\text{kN}$$

计算结果均为正值，说明 A 处反力的实际方向与假定的方向相同。

应该指出，在列平衡方程时，均布荷载 q 用其合力 $\boldsymbol{F}_{R}$ 代替；由于力偶中的两个力在同一轴上投影的代数和等于零，故在列投影方程时不必考虑力偶。

【例 3.10】 图 3.23（a）表示一楼梯板，设已将板上恒载（包括水磨石面层、板自重和粉刷）与活载简化为沿斜面长度方向的均布荷载 $q=6.8\text{kN/m}$，试求楼梯板两端的约束力。

【解】 1）取研究对象。根据楼梯板两端约束的特点，楼梯板 A 端可简化为固定铰支座，B 端为活动铰支座。楼梯板用轴线 AB 表示，楼梯板的计算简图如图 3.23（b）所示。选取斜简支梁 AB 为研究对象。

2）画受力图。梁上均布荷载 q 用它的合力 $F=3.5q=(3.5\times6.8)\text{kN}=23.8\text{kN}$ 代替，作用在跨中。$\boldsymbol{F}_{Ax}$、$\boldsymbol{F}_{Ay}$ 为固定铰支座 A 处的反力，$\boldsymbol{F}_B$ 为活动铰支座 B 处的反力。这些力组成一个平面一般力系［图 3.23（c）］。

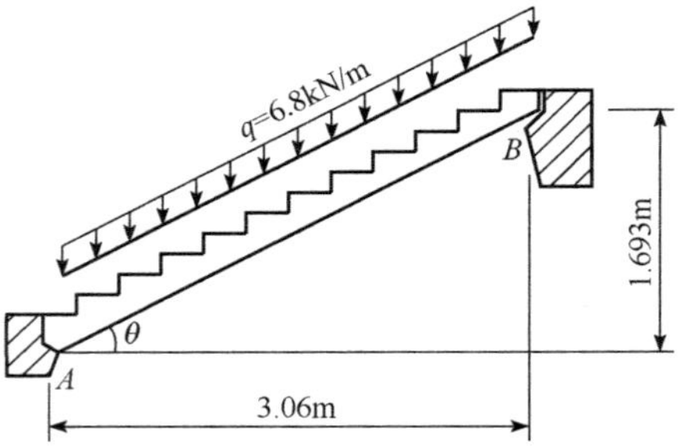

(a)

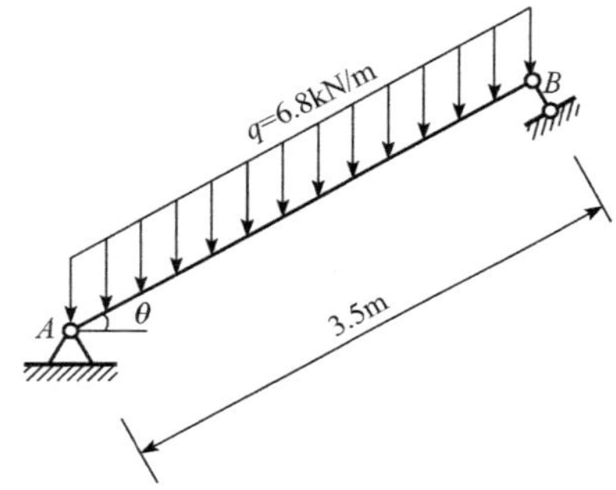

(b)

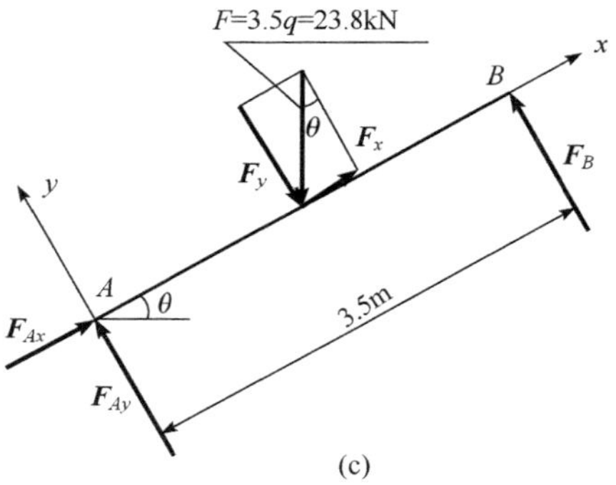

(c)

图 3.23

3）列平衡方程并求解。由图 3.23（a），有

$$\sin\theta=\frac{1.693}{3.5}=0.484$$

$$\cos\theta=\frac{3.06}{3.5}=0.874$$

建立坐标系 Axy [图 3.23 (c)]，列出平衡方程

$$\sum X = 0, F_{Ax} - F\sin\theta = 0$$

得

$$F_{Ax} = F\sin\theta = 23.8\text{kN} \times 0.484 = 11.5\text{kN}$$

$$\sum M_A = 0, F_B \times 3.5\text{m} - F\cos\theta \times \frac{1}{2} \times 3.5\text{m} = 0$$

得

$$F_B = \frac{1}{2}F\cos\theta = \frac{1}{2} \times 23.8\text{kN} \times 0.874 = 10.4\text{kN}$$

$$\sum M_B = 0, -F_{Ay} \times 3.5\text{m} + F\cos\theta \times \frac{1}{2} \times 3.5\text{m} = 0$$

得

$$F_{Ay} = \frac{1}{2}F\cos\theta = F_B = 10.4\text{kN}$$

计算结果均为正值，说明约束力的实际方向与假定的方向相同。

3.5.3　平面一般力系的特殊情况

1. 平面平行力系

若平面力系中各力作用线全部平行，称为**平面平行力系**。若取 y 轴平行于各力作用线，x 轴垂直于各力作用线（图 3.24），显然式（3.18）中 $\sum X = 0$ 自然满足，因此其独立的平衡方程只有两个，即

$$\left.\begin{aligned}\sum Y &= 0\\ \sum M_O &= 0\end{aligned}\right\} \quad (3.21)$$

平面平行力系平衡方程的二力矩形式为

$$\left.\begin{aligned}\sum M_A &= 0\\ \sum M_B &= 0\end{aligned}\right\} \quad (3.22)$$

式中 A、B 两点的连线不能平行于各力作用线。请读者自行证明。

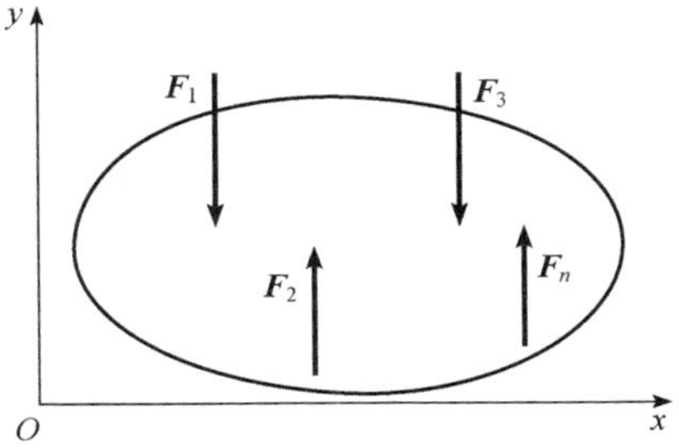

图 3.24

平面平行力系只有两个独立的平衡方程，只能求解两个未知量。

2. 平面汇交力系和平面力偶系

平面汇交力系和平面力偶系也是平面一般力系的特殊情况。它们的平衡方程也可由平面一般力系的平衡方程导出，请读者自行分析。

【例 3.11】 塔式起重机如图 3.25 (a) 所示，机架自重为 $\boldsymbol{W}$，最大起重荷载 $\boldsymbol{F}$，平衡锤重 $\boldsymbol{W}_1$，已知 W、F、a、b、e、l，欲使起重机满载和空载时均不致翻倒，试求 W_1 的范围。

【解】 1）考虑满载时的情况。取起重机为研究对象。作用于起重机上的力有机架重力 $\boldsymbol{W}$，起吊荷载 $\boldsymbol{F}$，平衡锤重力 $\boldsymbol{W}_1$ 以及轨道对轮子的反力 $\boldsymbol{F}_A$、$\boldsymbol{F}_B$，这些力组成一个平面平行力系。满载时起重翻倒，将绕 B 点转动。在平衡的临界状态，$F_A=0$，平衡锤重达到允

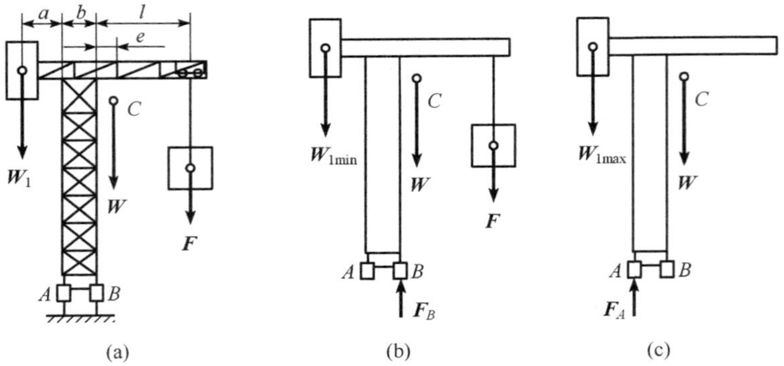

图 3.25

许的最小值 W_{1min} ［图 3.25（b）］。列出平衡方程

$$\sum M_B = 0, W_{1min}(a+b) - We - Fl = 0$$

得

$$W_{1min} = \frac{We + Fl}{a+b}$$

2）考虑空载的情况。此时，应使起重机不绕 A 点翻倒。在临界平衡状态，$F_B=0$，平衡锤重达到允许的最大值 W_{1max} ［图 3.25（c）］。列出平衡方程

$$\sum M_A = 0, W_{Qmax}a - W(e+b) = 0$$

得

$$W_{1max} = \frac{W(e+b)}{a}$$

因此，要保证起重机在满载和空载时均不致翻倒，平衡锤重 W_1 的范围为

$$\frac{We + Fl}{a+b} \leqslant W_1 \leqslant \frac{W(e+b)}{a}$$

3.6 物体系统的平衡问题

3.6.1 静定与超静定的概念

由于每一种力系独立平衡方程的数目都是一定的，因此对每一种力系来说，能求解的未知量的数目也是一定的。如果所研究的平衡问题的未知量的数目与独立平衡方程的数目相等，则未知量就可全部由平衡方程求得。这类问题称为**静定问题**。如果所研究的平衡问题的未知量的数目多于独立平衡方程的数目，仅用平衡方程就不能全部求出这些未知量，这类问题称为**超静定问题**或**静不定问题**。未知量的数目与独立平衡方程数目的差称为**超静定次数**。例如图 3.26（a）中，当考虑结点 A 平衡时，各力组成一个平面汇交力系，未知量有三个，而对应的独立的平衡方程只有二个，因而是一次超静定问题。又当考虑梁 AB ［图 3.26（b）］平衡时，未知量有四个，而对应的独立平衡方程只有三个，故也是一次超静定问题。

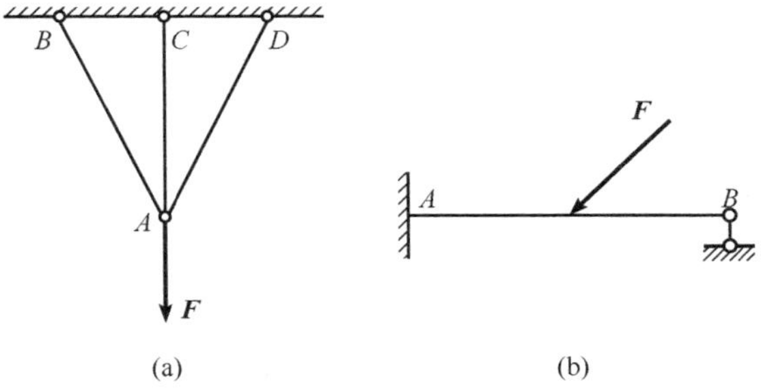

图 3.26

超静定问题虽然用刚体静力学的平衡方程不能求出全部未知量，但若再考虑到物体受力后的变形，找出变形与作用力之间的关系，列出足够多的补充方程，超静定问题是可以解决的。这类问题将在以后的课程中研究。

3.6.2 物体系统平衡问题的解法

所谓**物体系统**是指由若干个物体通过约束按一定方式连接而成的系统。在求解物体系统的平衡问题时，首先需要判断系统是否静定。判断的方法是先计算系统的独立平衡方程的数目。当系统平衡时，组成该系统的每个物体也都处于平衡状态。如果每个物体都受到一个平面一般力系的作用，则对每个物体均可列出三个独立的平衡方程。设系统由 n 个物体组成，则可列出 $3n$ 个独立的平衡方程。若系统中有的物体受平面汇交力系、平面力偶系或平面平行力系的作用，则系统的独立平衡方程的总数应相应地减少。然后，计算系统的未知量数目，如果总的未知量数目不超过独立平衡方程的数目，则系统是静定的。

求解静定物体系统的平衡问题，通常有以下两种方法：

1）先取整个物体系统为研究对象，列出平衡方程，解得部分未知量，然后再取系统中某个部分（可以由一个或几个物体组成）为研究对象，列出平衡方程，直至解出所有未知量为止。有时也可先取某个部分为研究对象，解得部分未知量，然后再取整体为研究对象，解出所有未知量。

2）逐个取物体系统中每个物体为研究对象，列出平衡方程，解出全部未知量。

至于采用何种方法求解，应根据问题的具体情况，恰当地选取研究对象，列出较少的方程，解出所求未知量。并且尽量使每一个方程中只包含一个未知量，以避免求解联立方程。

【例 3.12】 组合梁的荷载及尺寸如图 3.27（a）所示，试求支座 A、C 处的反力及铰链 B 处的约束力。

【解】 1）取 BC 部分为研究对象，受力如图 3.27（b）所示。列出平衡方程

$$\sum MB = 0, F_C\cos30^\circ \times 6\mathrm{m} - (20 \times 6 \times 3)\mathrm{kN \cdot m} = 0$$

得

$$F_C = 69.28\mathrm{kN}$$

$$\sum X = 0, F_{Bx} - F_C\sin30^\circ = 0$$

得

$$F_{Bx}=34.64\text{kN}$$

$$\sum Y=0, F_{By}+F_C\cos30°-(20\times6)\text{kN}\cdot\text{m}=0$$

得

$$F_{By}=60\text{kN}$$

2）取 AB 部分为研究对象，受力如图 3.27（c）所示。列出平衡方程

$$\sum X=0, F_{Ax}-F'_{Bx}=0$$

得

$$F_{Ax}=F'_{Bx}=F_{Bx}=34.64\text{kN}$$

$$\sum Y=0, F_{Ay}-F'_{By}=0$$

得

$$F_{Ay}=F'_{By}=F_{By}=60\text{kN}$$

$$\sum M_A=0, -F'_{By}\times3\text{m}-40\text{kN}\cdot\text{m}-M_A=0$$

得

$$M_A=-220\text{kN}\cdot\text{m}$$

计算结果为负值，说明 A 处反力偶 M_A 的实际转向与假定的转向相反。

请读者思考：本题若只求支座 A、C 处的反力，怎样求解最简便？

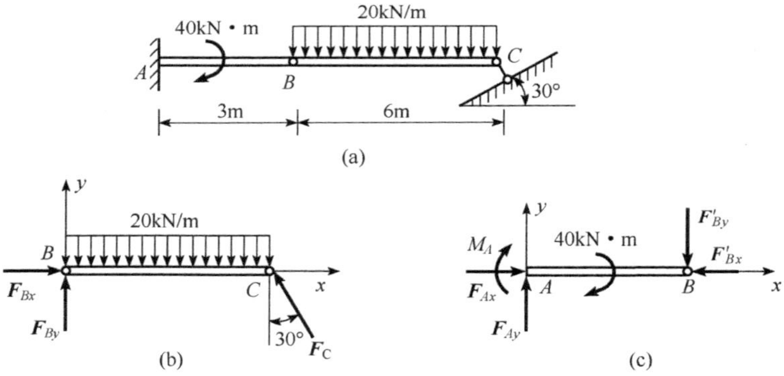

图 3.27

【例 3.13】 在图 3.28（a）所示结构中，已知 $F=6\text{kN}$，$q=1\text{kN/m}$，试求链杆 1，2 的受力。

【解】 1）取整体为研究对象，受力如图 3.28（b）所示。列出平衡方程

$$\sum M_A=0, F_{By}\times12\text{m}-F\times10\text{m}-q\times12\text{m}\times6\text{m}=0$$

得

$$F_{By}=\frac{1}{12}(10F+6\times12\times q)\text{kN}=\frac{1}{12}(10\times6+6\times12\times1)\text{kN}=11\text{kN}$$

2）取 CBE 部分为研究对象，受力如图 3.28（c）所示，$\boldsymbol{F}_1$ 为链杆 1 的受力（假定为拉力）。列出平衡方程

$$\sum M_C = 0, -F_1 \times 3\text{m} + F_{By} \times 6\text{m} - F \times 4\text{m} - q \times 6\text{m} \times 3\text{m} = 0$$

得

$$F_1 = 8\text{kN}(拉力)$$

3）取结点 D 为研究对象，受力如图 3.28（d）所示，$\boldsymbol{F}_2$ 为链杆 2 的受力（假定为拉力）。列出平衡方程

$$\sum X = 0, F_2\cos\theta + F_1\sin\theta = 0$$

得

$$F_2 = -F_1\tan\theta = -6\text{kN}(压力)$$

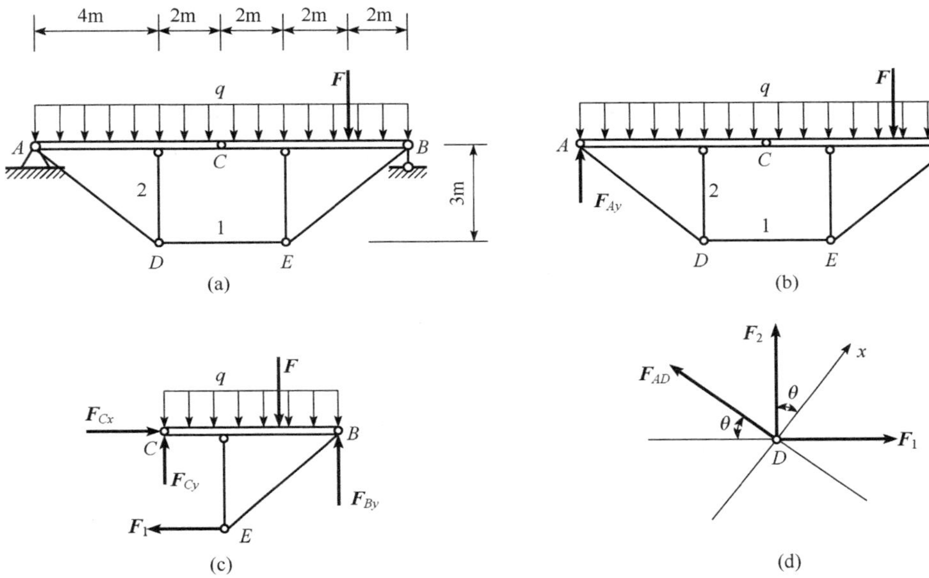

图 3.28

【例 3.14】 在如图 3.29（a）所示刚架中，荷载 $q_1 = 4\text{kN/m}$，$q_2 = 1\text{kN/m}$，试求支座 A、B、E 处的反力。

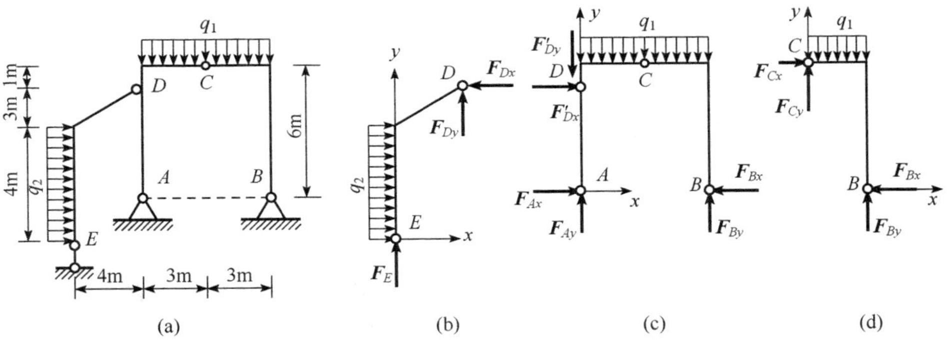

图 3.29

【解】 1）取 DE 部分为研究对象，受力如图 3.29（b）所示。列出平衡方程

$$\sum M_D = 0, -F_E \times 4\text{m} + q_2 \times 4\text{m} \times 5\text{m} = 0$$

得

$$F_E = 5\text{kN}$$

$$\sum X = 0, -F_{Dx} + q_2 \times 4\text{m} = 0$$

得

$$F_{Dx} = 4\text{kN}$$

$$\sum Y = 0, F_E + F_{Dy} = 0$$

得

$$F_{Dy} = -5\text{kN}$$

2）取 AB 部分为研究对象，受力如图 3.29（c）所示。列出平衡方程

$$\sum M_A = 0, F_{By} \times 6\text{m} - q_1 \times 6\text{m} \times 3\text{m} - F'_{Dx} \times 5\text{m} = 0$$

其中 $F'_{Dx} = F_{Dx}$。解得

$$F_{By} = \frac{46}{3}\text{kN} = 15.33\text{kN}$$

$$\sum Y = 0, F_{Ay} + F_{By} - F'_{Dy} - q_1 \times 6\text{m} = 0$$

其中 $F'_{Dy} = F_{Dy}$。解得

$$F_{Ay} = \frac{11}{3}\text{kN} = 3.67\text{kN}$$

$$\sum X = 0, F_{Ax} - F_{Bx} + F'_{Dx} = 0 \tag{a}$$

3）取 CB 部分为研究对象，受力如图 3.29（d）所示。列出平衡方程

$$\sum M_C = 0, F_{By} \times 3\text{m} - F_{Bx} \times 6\text{m} - q_1 \times 3\text{m} \times 1.5\text{m} = 0$$

得

$$F_{Bx} = \frac{14}{3}\text{kN} = 4.67\text{kN}$$

代入式（a），得

$$F_{Ax} = \frac{2}{3}\text{kN} = 0.67\text{kN} \tag{b}$$

3.7 考虑摩擦时的平衡问题

3.7.1 摩擦的概念

前面研究物体的平衡问题时，都假定两物体间的接触面是完全光滑的。实际上，这种完全光滑的接触面是不存在的，当两个相互接触的物体产生相对运动或具有相对运动的趋势时，在接触部位会产生一种阻碍对方相对运动的作用，这种现象称为**摩擦**，这种阻碍作用，称为摩擦阻力。物体之间的这种相互阻碍有两种基本形式：一种是阻碍相互接触物体

沿接触面公切线方向的相对滑动或相对滑动趋势的作用，这种摩擦现象称为**滑动摩擦**，相应的摩擦阻力称为**滑动摩擦力**，简称**摩擦力**；另一种是当两个相互接触的物体产生相对滚动或具有相对滚动的趋势时，在接触部位将产生阻碍对方相对滚动的作用，这种摩擦称为**滚动摩擦**，相应的摩擦阻力是一个力偶，称为**滚动摩擦阻力偶**，简称**滚阻力偶**。本节只考虑滑动摩擦的情况。

摩擦是自然界最普遍的一种现象，不过在有些问题中，接触面确实比较光滑或有良好的润滑条件，以致摩擦力与物体所受的其他力相比小得多，属于次要因素，可以忽略不计。然而在另一些问题中，摩擦起着主要作用，必须加以考虑。例如，胶带轮靠摩擦实现运动的传递，车辆的起动与制动都要靠摩擦等等。另外，摩擦阻力会消耗能量，产生热、噪声、振动、磨损，特别是在高速运转的机械中，摩擦往往表现得更为突出。

3.7.2　滑动摩擦

1. *静滑动摩擦*

将重 $\boldsymbol{W}$ 的物块放在水平面上，并施加一水平力 $\boldsymbol{F}$（图 3.30）。当力 $\boldsymbol{F}$ 较小时，物块虽有沿水平面滑动的趋势，但仍保持静止状态，这是因为接触面间存在一个阻碍物块滑动的力 $\boldsymbol{F}_f$，它的大小由平衡方程求得，即 $F_f=F$，方向与相对滑动趋势的方向相反（图 3.30），这个力就是水平面施加给物块的**静滑动摩擦力**，简称**静摩擦力**。若 $F=0$，则 $F_f=0$，即物块没有相对滑动趋势时，也就没有摩擦力；当 $\boldsymbol{F}$ 增大时，静摩擦力 $\boldsymbol{F}_f$ 也随着增大。当 $\boldsymbol{F}$ 增大到某一数值时，物块处于将动而未动的临界平衡状态，这时静摩擦力达到最大值，称为**最大静摩擦力**，用 $\boldsymbol{F}_{fmax}$ 表示。

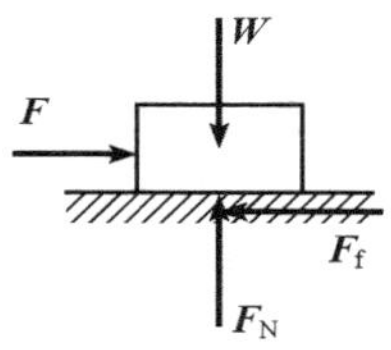

图 3.30

由上可知，**静摩擦力的方向与相对滑动趋势的方向相反，大小随主动力的变化而变化，变化范围在零与最大值之间**，即

$$0 \leqslant F_f \leqslant F_{fmax}$$

大量的试验证明，**最大静摩擦力的大小与接触面间的正压力（即法向反力）F_N 成正比**，即

$$F_{fmax}=f_s F_N \tag{3.23}$$

这就是**静滑动摩擦定律**（又称**库仑静摩擦定律**）。式中的比例系数 f_s 称为**静摩擦因数**，它的大小与两物体接触表面的材料性质和物理状态（光滑度、温度、湿度）有关，但与接触面积无关。各种材料在不同表面情况下的静摩擦因数是由试验测定的，这些值可在工程手册中查到。表 3.1 列出了几种常用材料的静摩擦因数，以供参考。

表 3.1　常用材料的静摩擦因数的约值

材料	静摩擦因数	材料	静摩擦因数
钢-钢	0.1～0.2	混凝土-岩石	0.5～0.8
钢-铸铁	0.2～0.3	混凝土-砖	0.7～0.8
木材-木材	0.4～0.6	混凝土-土	0.3～0.4

2. 动滑动摩擦

在图 3.30 中，当作用于物块上的主动力大于最大静摩擦力 F_{fmax}时，物块将滑动。滑动时接触面间将产生阻碍相对滑动的力，这种阻力称为**动滑动摩擦力**，简称**动摩擦力**，以$\boldsymbol{F}'_f$表示。大量的试验证明，动摩擦力的方向与物体接触部位相对滑动的方向相反，大小与接触面之间的正压力（即法向反力）F_N 成正比，即

$$F'_f = fF_N \tag{3.24}$$

这就是**动滑动摩擦定律**，简称**动摩擦定律**。式中的比例常数 f 称为**动摩擦因数**，它的大小除了与接触面的材料性质和物理状态等有关外，还与物体相对滑动的速度有关。通常不考虑速度变化对 f 的影响，而将 f 看作常量。一般情况下，动摩擦因数 f 略小于静摩擦因数 f_s。在精度要求不高时，可近似认为 $f \approx f_s$。

3.7.3 摩擦角与自锁

1. 摩擦角

当物块与接触面之间存在摩擦并处于平衡状态时，接触面对物块的约束反力包含法向反力 $\boldsymbol{F}_N$ 和切向反力 $\boldsymbol{F}_f$（即静摩擦力），两者的合力 $\boldsymbol{F}_R$ 称为全约束反力，它的作用线与接触面的公法线之间的夹角用 φ 表示［图 3.31（a）］。

当物块处于临界平衡状态时，静摩擦力 $\boldsymbol{F}_f$ 达到最大值 F_{fmax}，角 φ 也达到最大值 φ_f，角 φ_f 称为**摩擦角**。由图 3.31（b）可得

$$\tan\varphi_f = \frac{F_{fmax}}{F_N} = \frac{f_s F_N}{F_N} = f_s \tag{3.25}$$

即**摩擦角的正切等于静摩擦因数**。

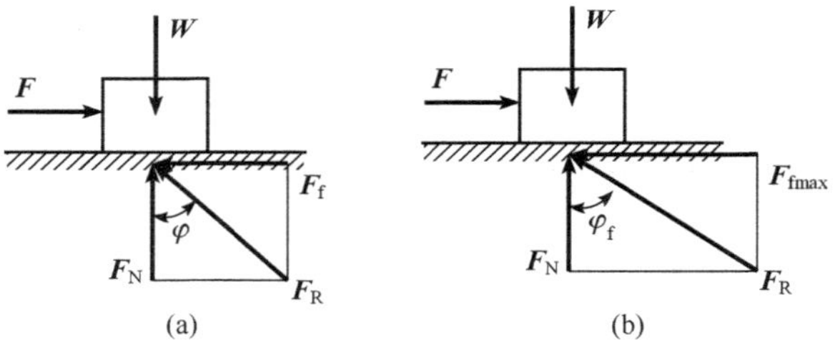

图 3.31

2. 自锁现象

当物体处于临界平衡状态时，若改变滑动趋势的方向，则全约束反力作用线的方位也随之改变。如果通过全约束反力作用点在不同的方位画出全约束反力的作用线，那末这些直线将形成一个锥面，称为**摩擦锥**。设沿接触面的各个方向的摩擦因数都相同，摩擦锥就是一个顶角为 $2\varphi_f$ 的圆锥。

由于静摩擦力可在零与 F_{fmax}之间变化，所以角 φ 也在零与摩擦角 φ_f 之间变化，即

$$0 \leqslant \varphi \leqslant \varphi_f \tag{3.26}$$

因此，全约束反力的作用线必在摩擦锥之内。如果作用于物体上的全部主动力的合力 $\boldsymbol{F}$ 的作用线在摩擦锥之内［图 3.32（a）］，则无论这个力多大，接触面总会产生一个全约束反力

$\boldsymbol{F}_R$ 与之平衡，使物体保持静止。反之，如果全部主动力的合力 $\boldsymbol{F}$ 的作用线在摩擦锥之外[图 3.32 (b)]，则无论这个力多小，物体将发生运动。这种与力的大小无关，而与摩擦角（或摩擦因数）有关的平衡现象称为**自锁**。

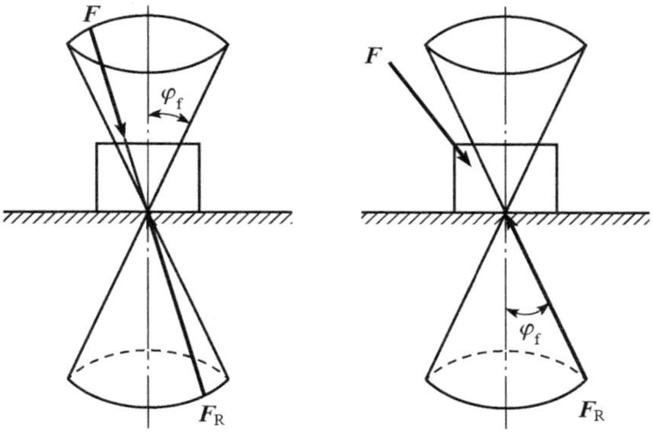

图 3.32

自锁在工程中有广泛的应用。例如螺旋千斤顶举起重物后不会自动下落就是一种自锁现象。而在另一些问题中，则要设法避免产生自锁现象，例如工作台在导轨中要求能顺利滑动，不允许发生卡死现象（即自锁）。

3.7.4 考虑摩擦时物体平衡问题的解法

考虑有摩擦的平衡问题，在加上静摩擦力之后，就和求解没有摩擦的平衡问题一样。不过应注意，静摩擦力的方向总是与相对滑动趋势的方向相反，不能假定。另外，静摩擦力的大小有个变化范围，相应地平衡问题的解答也具有一个变化范围。因此，解决这类问题要分清两种情况：一种是临界平衡分析，此时物体处于临界平衡状态，可列出 $F_{fmax}=f_sF_N$ 作为补充方程；另一种是平衡范围分析，此时摩擦力 $\boldsymbol{F}_f$ 还未达到最大值，可列出 $0\leqslant F_f\leqslant F_{fmax}$ 作为补充方程。

【例 3.15】 重 $\boldsymbol{W}$ 的物块放在斜面上[图 3.33 (a)]，由经验得知，当斜面的倾角 θ 大于某一值时，物块将向下滑动。此时在物块上加一水平力 $\boldsymbol{F}$，使物块保持静止。设静摩擦因数为 f_s，试求力 $\boldsymbol{F}$ 的最小值和最大值。

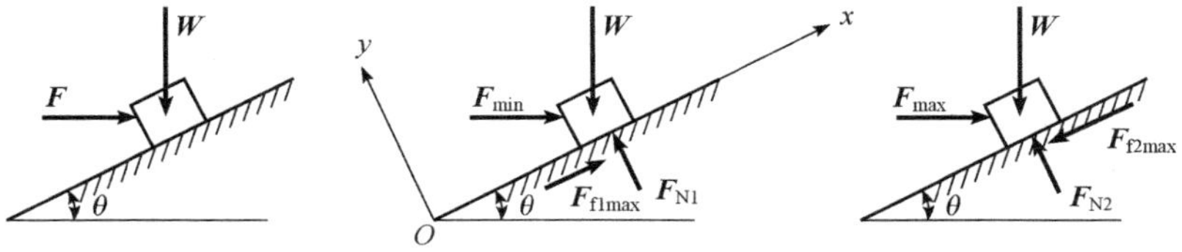

图 3.33

【解】 根据经验，如果力 $\boldsymbol{F}$ 太小，物块将向下滑动，但如力 $\boldsymbol{F}$ 太大，物块又将向上滑动。

1）求使物块不致下滑所需力的最小值 $F_{\min}$。考虑临界平衡状态，画出物块的受力图［图 3.33（b）］。由于物块有向下滑动的趋势，所以摩擦力 $\boldsymbol{F}_{\text{f1max}}$应沿斜面向上。建立坐标系 Oxy，列出平衡方程

$$\sum X=0, F_{\min}\cos\theta+F_{\text{f1max}}-W\sin\theta=0$$

$$\sum Y=0, -F_{\min}\sin\theta+F_{\text{N1}}-W\cos\theta=0$$

以及补充方程

$$F_{\text{f1max}}=f_{\text{s}}F_{\text{N1}}$$

联立解得

$$F_{\min}=\frac{\sin\theta-f_{\text{s}}\cos\theta}{\cos\theta+f_{\text{s}}\sin\theta}W$$

2）求使物块不致上滑所需力的最大值 $F_{\max}$。这时摩擦力应沿斜面向下，画出物块的受力图［图 3.33（c）］，列出平衡方程和补充方程

$$\sum X=0, F_{\max}\cos\theta-F_{\text{f2max}}-W\sin\theta=0$$

$$\sum Y=0, -F_{\max}\sin\theta+F_{\text{N2}}-W\cos\theta=0$$

$$F_{\text{f2max}}=f_{\text{s}}F_{\text{N2}}$$

联立解得

$$F_{\max}=\frac{\sin\theta+f_{\text{s}}\cos\theta}{\cos\theta-f_{\text{s}}\sin\theta}W$$

可见，欲使物块在斜面上保持静止，力 $\boldsymbol{F}$ 应满足如下条件：

$$\frac{\sin\theta-f_{\text{s}}\cos\theta}{\cos\theta+f_{\text{s}}\sin\theta}W\leqslant F\leqslant\frac{\sin\theta+f_{\text{s}}\cos\theta}{\cos\theta-f_{\text{s}}\sin\theta}W$$

【例 3.16】 电工攀登电线杆用的套钩［图 3.34（a）］与杆之间的静摩擦因数为 f_{s}，人重 $\boldsymbol{W}$，电线杆直径为 d，A、B 两点间铅垂距离为 b。试求欲使人站在套钩上不至下滑的最小距离 $l_{\min}$。

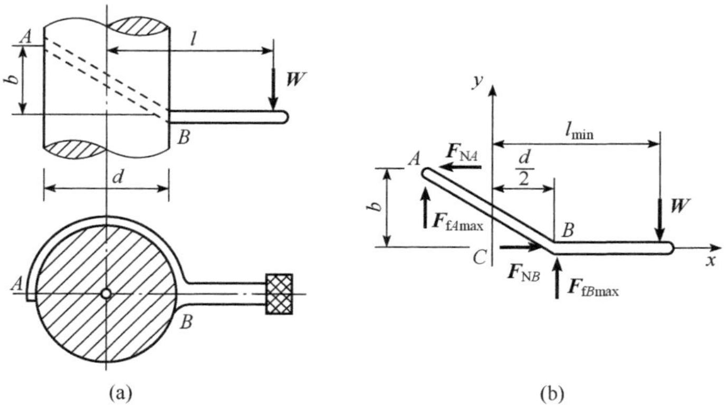

图 3.34

【解】 取套钩为研究对象，考虑其处于有向下滑动趋势的临界平衡状态，画出受力［图 3.34（b）］。建立坐标系 Cxy，列出平衡方程

$$\sum X = 0, F_N B - F_N A = 0$$

$$\sum Y = 0, F_f\ A\max + F_{fB\max} - W = 0$$

$$\sum M_A = 0, F_{fB\max} d + F_{NB} b - W\left(l_{\min} + \frac{d}{2}\right) = 0$$

以及补充方程

$$F_{fA\max} = f_s F_{NA}$$

$$F_{fB\max} = f_s F_{NB}$$

联立解得

$$l_{\min} = \frac{b}{2f_s}$$

只要 $l \geqslant \frac{b}{2f_s}$，无论人的重力有多大，套钩都不会下滑，这也是自锁现象一个例子。

【例 3.17】 摩擦制动器［图 3.35（a）］的摩擦块与轮之间的静摩擦因数为 f_s，作用于轮上的转动力矩为 M。在制动杆 AB 上作用一力 $\boldsymbol{F}$，摩擦块的厚度为 δ，试求制动轮子所需的力 $\boldsymbol{F}$ 的最小值。

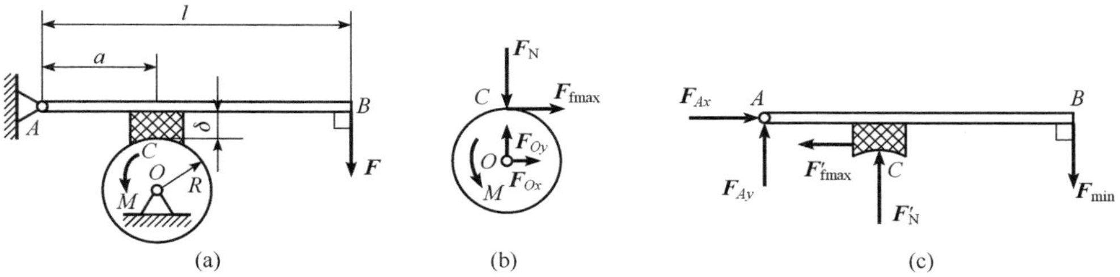

图 3.35

【解】 先取轮子为研究对象。当轮子刚能停止转动时，力 $\boldsymbol{F}$ 的值最小。此时轮子处于临界平衡状态，摩擦力达到最大值，方向向右。画出轮子的受力图［图 3.35（b）］，列出平衡方程

$$\sum M_O = 0, M - F_{f\max} R = 0$$

以及补充方程

$$F_{f\max} = f_s F_N$$

解得

$$F_{f\max} = \frac{M}{R}, F_N = \frac{M}{f_s R}$$

再取制动杆 AB 为研究对象。画出其受力图［图 3.35（c）］，列出平衡方程

$$\sum M_A = 0, F'_N a - F'_{f\max}\delta - F_{\min} l = 0$$

将 $F'_{f\max} = F_{f\max} = \frac{M}{R}$、$F'_N = F_N = \frac{M}{f_s R}$代入上式，得

$$F_{\min} = \frac{M(a - f_s\delta)}{f_s R l}$$

思考题

3.1 力在坐标轴上的投影与力沿相应轴向的分力有什么区别和联系？

3.2 平面汇交力系的平衡方程中，两个投影轴是否一定要相互垂直？为什么？

3.3 试分别说明力系的主矢、主矩与合力、合力偶的区别和联系。

3.4 力系如图所示，且 $F_1=F_2=F_3=F_4$。试问力系向 A 点和 B 点简化的结果分别是什么？两种结果是否等效？

3.5 试用力系向已知点简化的方法说明图示的力 $\boldsymbol{F}$ 和力偶（$\boldsymbol{F}_1$，$\boldsymbol{F}_2$）对于轮的作用有何不同？在轮轴支承 A 和 B 处的反力有何不同？设 $F_1=F_2=F/2$，轮的半径为 r。

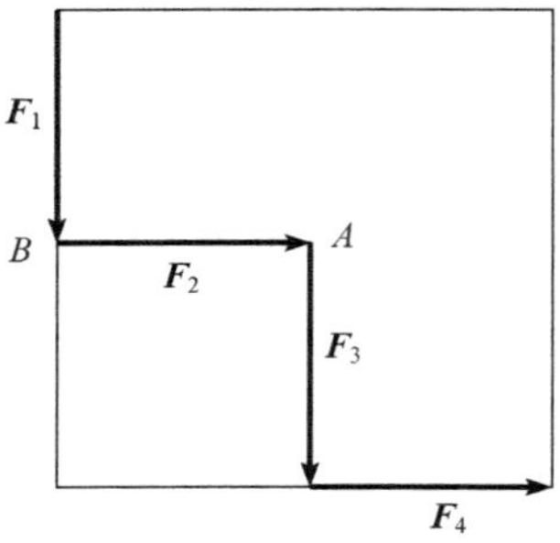

思考题 3.4 图

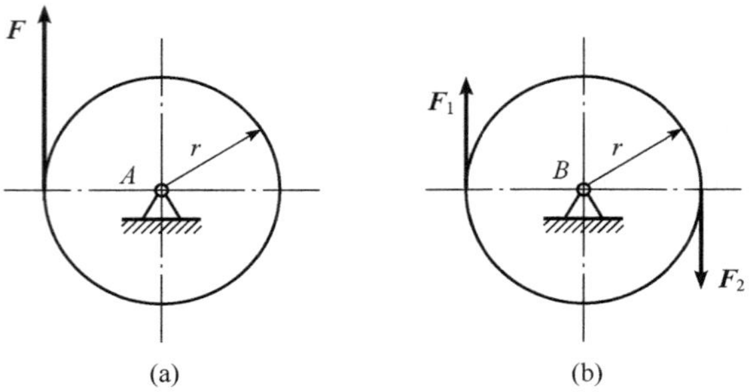

思考题 3.5 图

3.6 平面汇交力系的平衡方程中，可否取两个力矩方程，或一个力矩方程和一个投影方程？这时，其矩心和投影轴的选择有什么限制？

3.7 刚体受力如图所示，当力系满足方程 $\sum Y=0$、$\sum M_A=0$、$\sum M_B=0$ 或满足方程 $\sum M_O=0$、$\sum M_A=0$、$\sum M_B=0$ 时，刚体肯定平衡吗？

3.8 均质刚体 AB 重 $\boldsymbol{W}$，由不计自重的三根杆支承在图示位置上平衡，若需求 A、B 处所受的约束力，试讨论在列平衡方程时应如何选取投影轴和矩心最好。

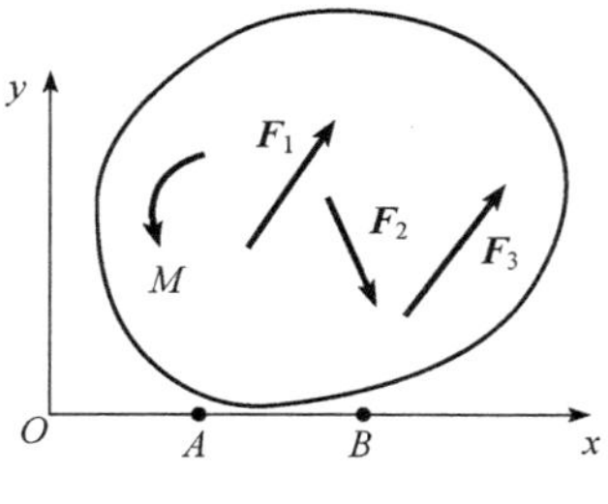

思考题 3.7 图

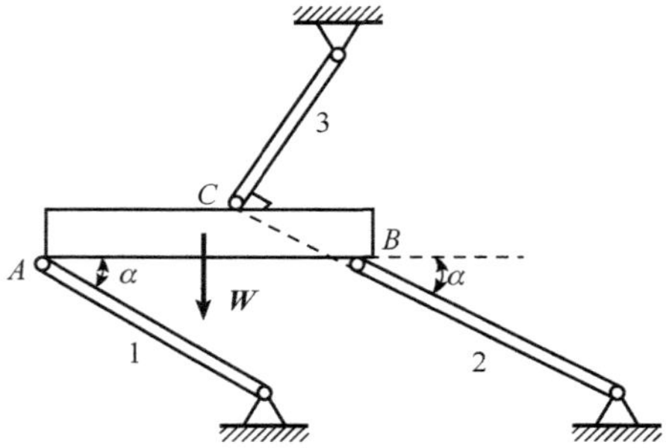

思考题 3.8 图

3.9 图示各平衡问题是静定的还是超静定的？

3.10 在粗糙的斜板上放置重物，当重物不下滑时，可敲打斜板，重物就会滑下。试解释其原因。

3.11 图示重 $\boldsymbol{W}$ 的物块放置在斜面上，已知静摩擦因数为 f_s，且 $\tan\theta<f_s$，试问物块是否下滑？若增加物块的重量，能否达到下滑的目的？为什么？

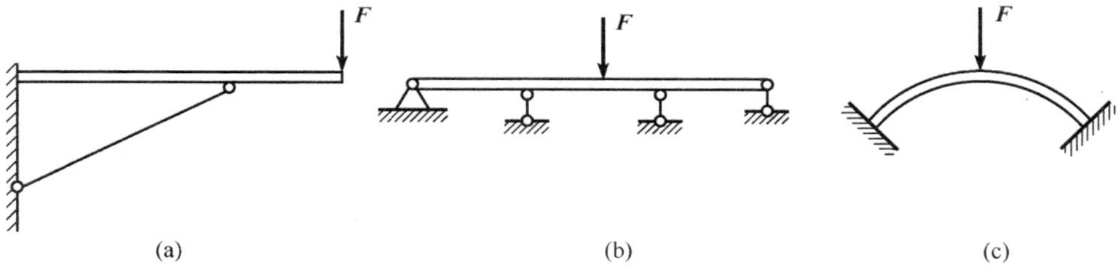

思考题 3.9 图

3.12　平胶带与三角胶带传动如图所示。设两种胶带用同样材料制作，粗糙度相同，所受压力相同，试分析比较哪种情况的摩擦力大，为什么？

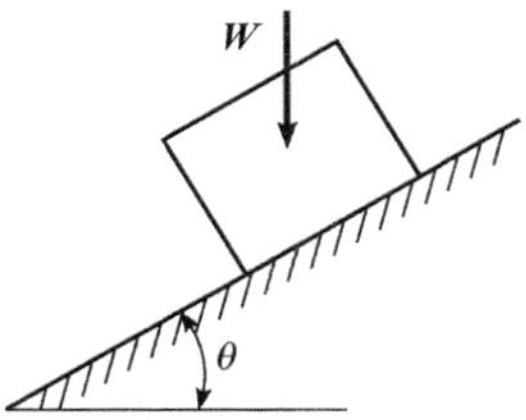

思考题 3.11 图

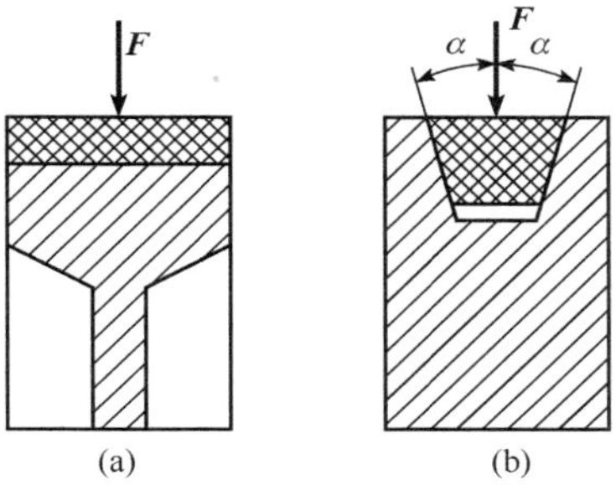

思考题 3.12 图

习题

3.1　已知 $F_1=200\text{N}$，$F_2=150\text{N}$，$F_3=200\text{N}$，$F_4=200\text{N}$，各力的方向如图所示。试分别求各力在 x 轴和 y 轴上的投影。

3.2　吊钩上作用三个力，已知 $F_1=10\text{kN}$，$F_2=10\text{kN}$，$F_3=10\sqrt{3}\text{kN}$，各力方向如图所示。试求此力系的合力。

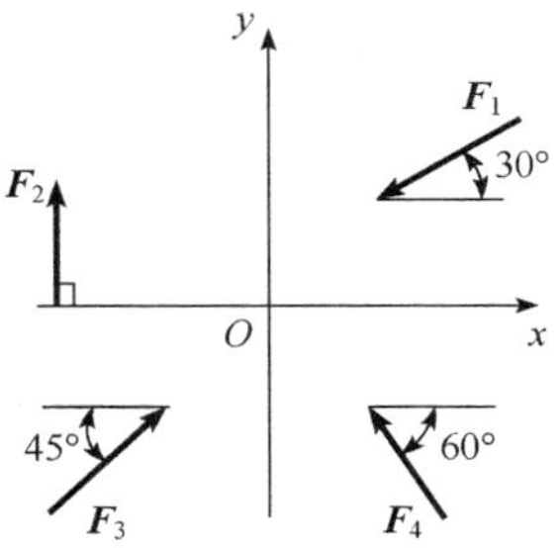

习题 3.1 图

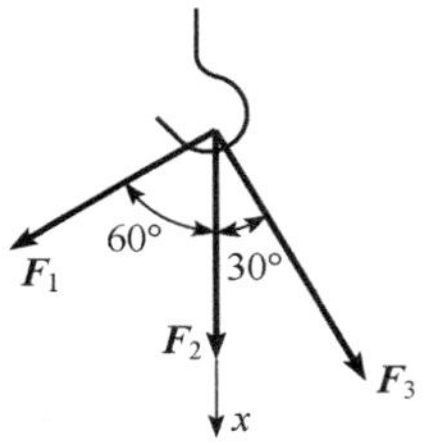

习题 3.2 图

3.3　图示铆接钢板在孔 A、B 和 C 处受三个力作用，已知 $F_1=100\text{N}$，沿铅垂方向；$F_2=50\text{N}$，沿 AB 方向；$F_3=50\text{N}$，沿水平方向。试求此力系的合力。

3.4　支架由杆 AB 与 AC 组成，A、B、C 各点均为铰接，在铰 A 上受一力 $\boldsymbol{F}$ 的作用。试求图（a）、图（b）两种情形下杆 AB 和杆 AC 所受的力，并说明是拉力还是压力。

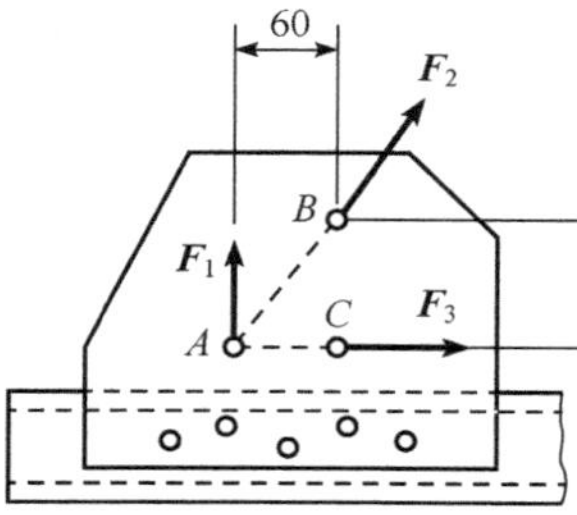

习题 3.3 图

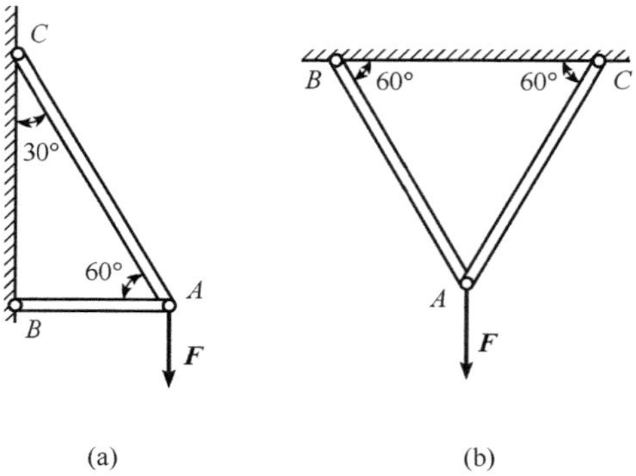

习题 3.4 图

3.5　简支梁如图所示，试求支座 A、B 处的反力。

3.6　试求图示力系的合成结果。

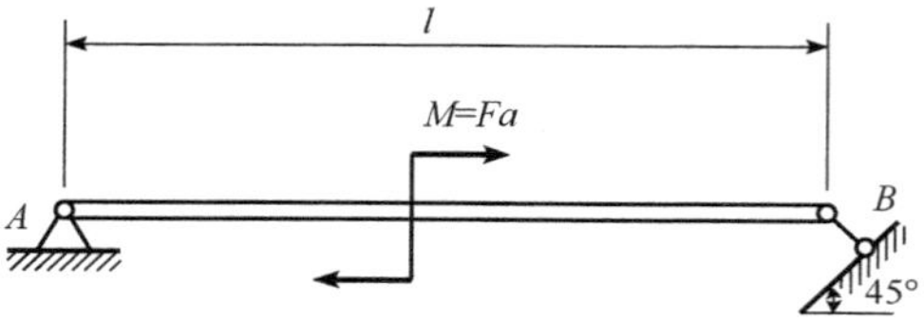

习题 3.5 图

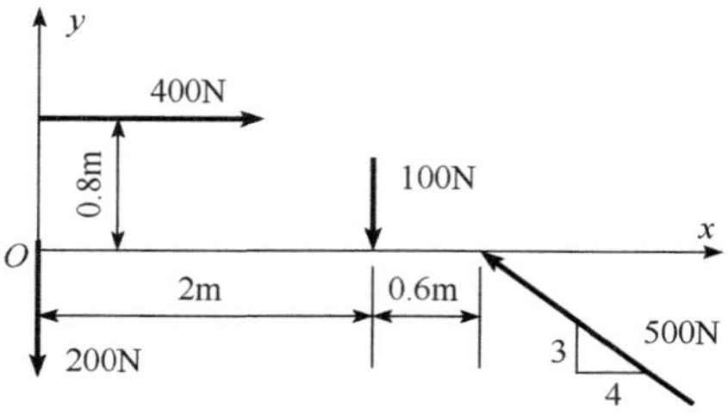

习题 3.6 图

3.7　重力坝受力情况如图所示，设 $W_1=450\text{kN}$，$W_2=200\text{kN}$，$F_1=300\text{kN}$，$F_2=70\text{kN}$，长度单位为 m。试求合力的大小、方向及与基底 AB 的交点至 A 点的距离 x。已知 $AB=5.7\text{m}$。

3.8　某桥墩顶部受到两边桥面传来的铅垂力 $F_1=1940\text{kN}$，$F_2=800\text{kN}$，以及制动力 $F_3=193\text{kN}$ 的作用，桥墩自重 $W=5280\text{kN}$，风力 $F_4=140\text{kN}$，各力作用线位置如图所示。试求将这些力向基底截面中心 O 简化的结果。如能简化为一合力，再求合力作用线的位置。

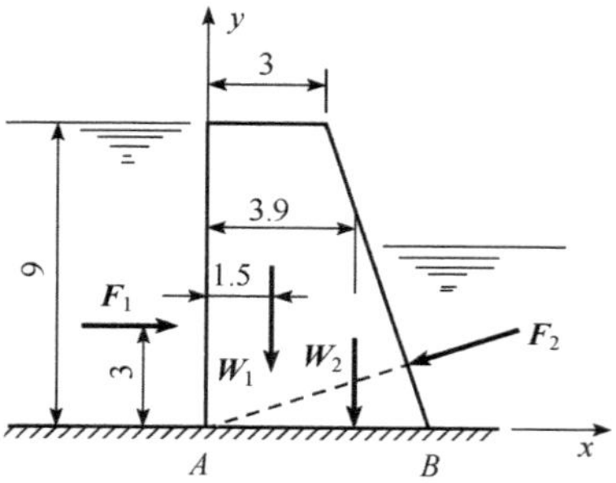

习题 3.7 图

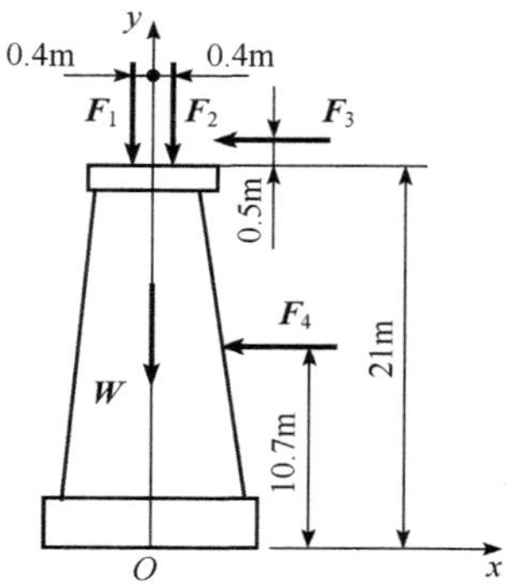

习题 3.8 图

3.9　简支梁的中点作用一力 $F=20\text{kN}$，力和梁的轴线成 45°角。试求图 (a) 和图 (b) 两种情形下支座 A、B 处的反力。

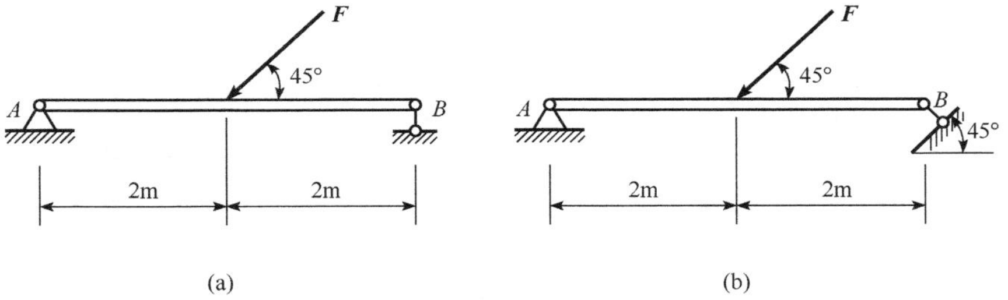

习题 3.9 图

3.10　试求图示各梁的支座反力。

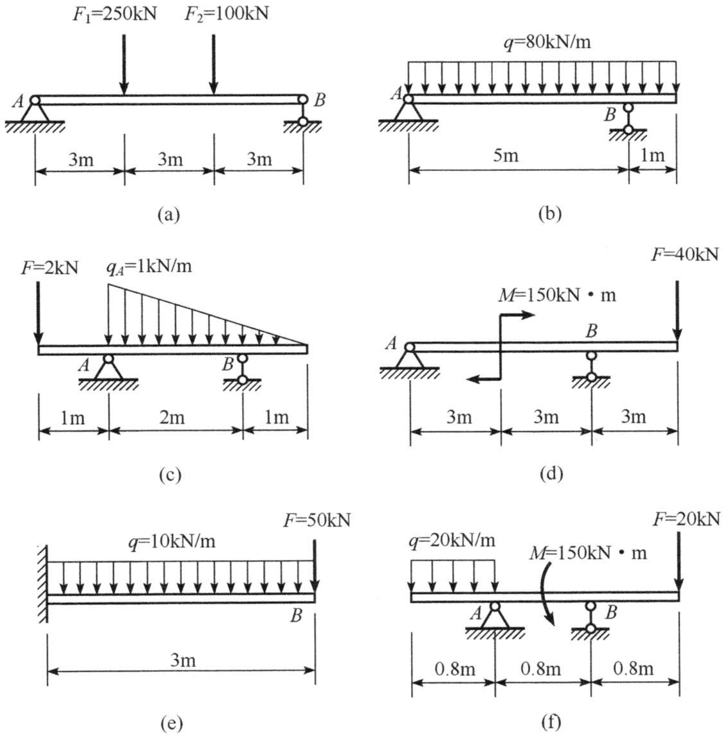

习题 3.10 图

3.11　某厂房立柱上段 BC 重 $W_1=8\text{kN}$，下段 CA 重 $W_2=37\text{kN}$，风力 $q=2\text{kN/m}$，柱顶水平力 $F=6\text{kN}$。试求固定端 A 处的反力（提示：A 处的反力作用在立柱底面中心）。

3.12　在大型水工试验设备中采用尾门控制下游水位，如图所示。尾门 AB 在 A 端用铰链支承，B 端系以钢索 BE，铰车 E 可以调节尾门 AB 与水平线的夹角 θ，因而也就可以调节下游的水位。已知 $\theta=60°$，$\varphi=15°$，设尾门 AB 的长度为 $l=1.2\text{m}$，宽度 $b=1.0\text{m}$，重 $F=800\text{N}$，试求支座 A 处的反力和钢索拉力。

3.13　重物悬挂如图所示，已知 $W=1.8\text{kN}$，其他构件的自重不计，试求支座 A 处的反力和杆 BC 所受的力。

3.14　试求图示刚架的支座 A、B 处的反力。

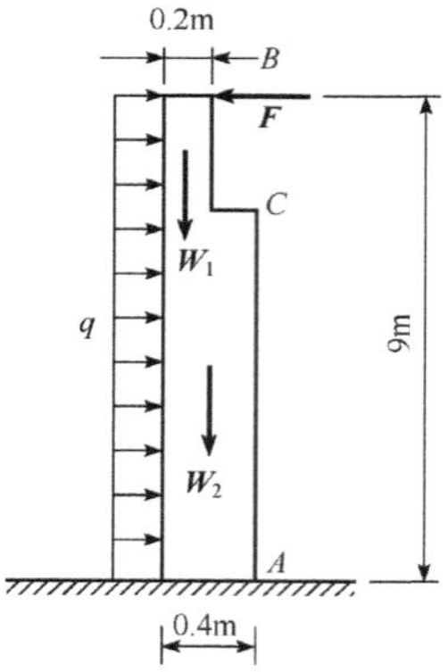

习题 3.11 图

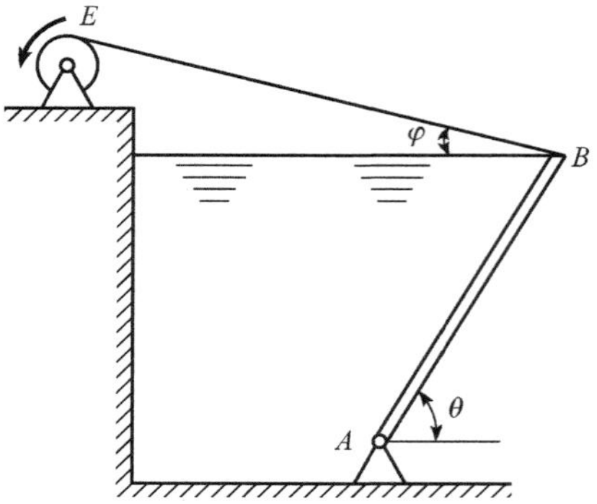

习题 3.12 图

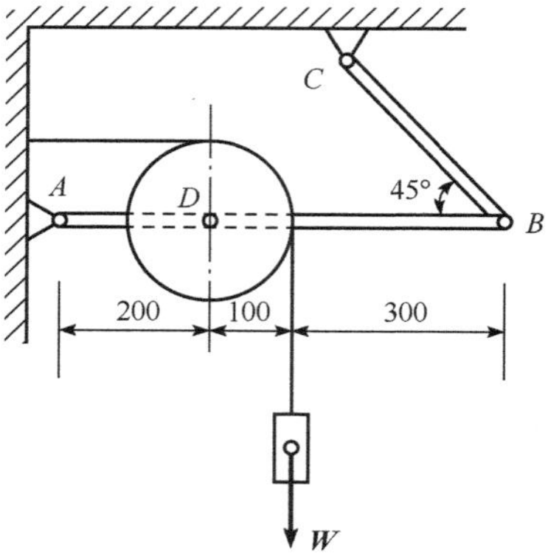

习题 3.13 图

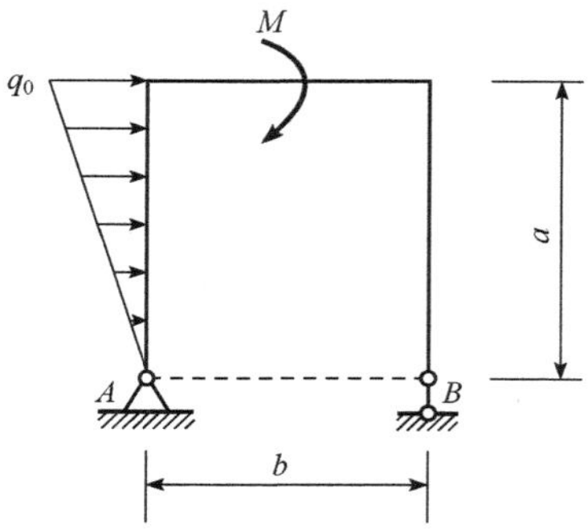

习题 3.14 图

3.15 试求图示刚架的支座 A 处的反力。

3.16 静定梁的荷载和尺寸如图所示，试求支座反力和中间铰的约束力。

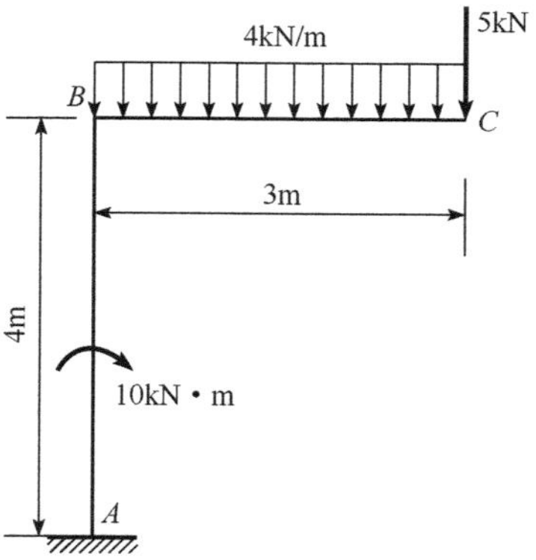

习题 3.15 图

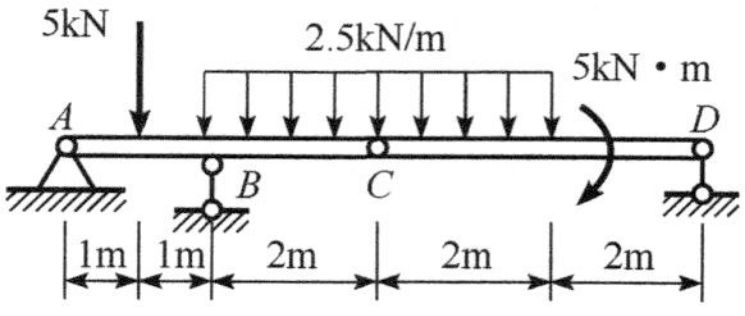

习题 3.16 图

3.17 试求图示静定梁支座 A、B、C、D 处的反力。

3.18 静定刚架荷载及尺寸如图所示，试求支座 A、B 处的反力和中间铰 C 的约束力。

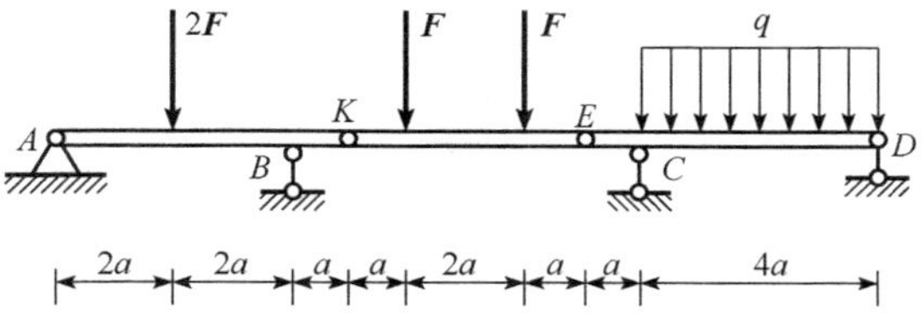

习题 3.17 图

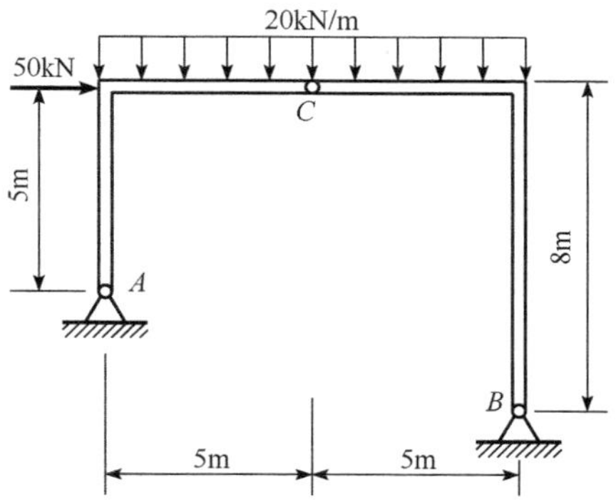

习题 3.18 图

3.19　图示结构上作用有力 $F=60\text{kN}$ 及 $q=10\text{kN/m}$ 的均布荷载，试求支座 A、C 处的反力。

3.20　刚架 BCD 通过铰 C 与 AC 连接，如图所示。已知 $F=50\text{kN}$，$q=10\text{kN/m}$，试求支座 A、B、D 处的反力。

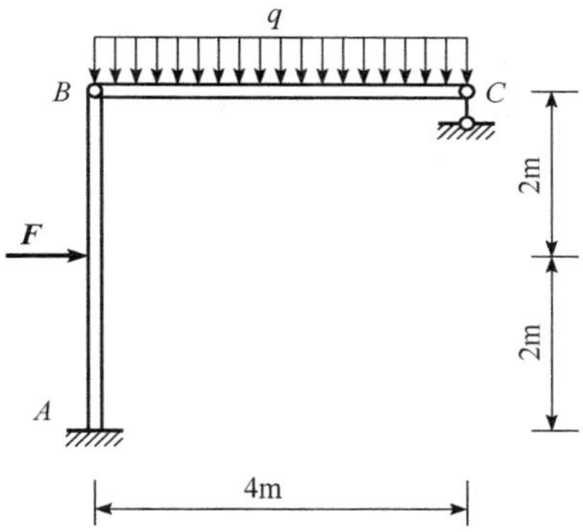

习题 3.19 图

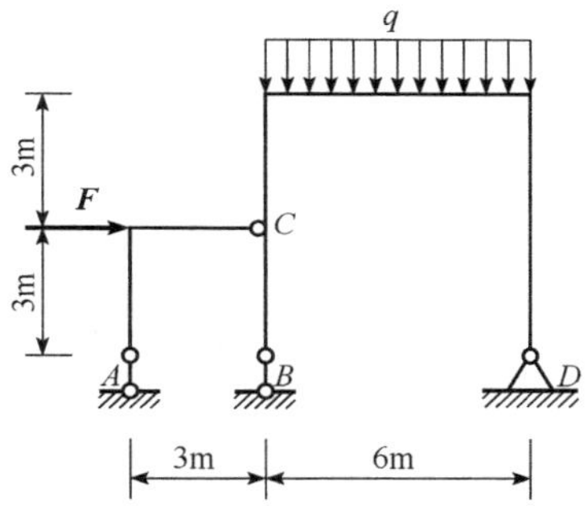

习题 3.20 图

3.21　试求图示三铰拱的支座 A、B 处的反力。（提示：可将梯形分布荷载分解为均布荷载和三角形分布荷载。）

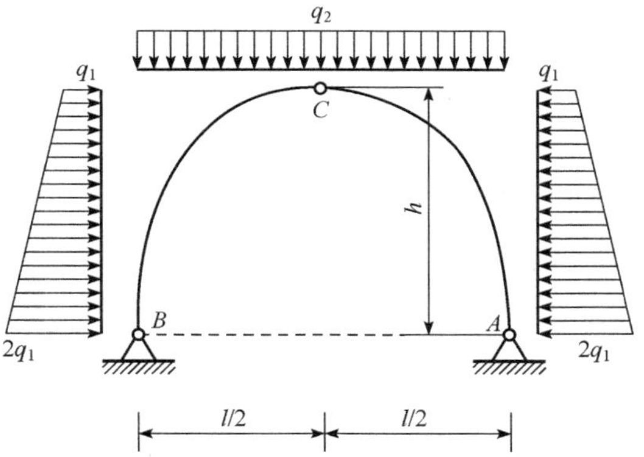

习题 3.21 图

3.22　在图示结构中 A、E 为固定铰支座，B 为活动铰支座，C、D 为中间铰。已知 F 及 q，试求支座 A、B、E 处的反力。

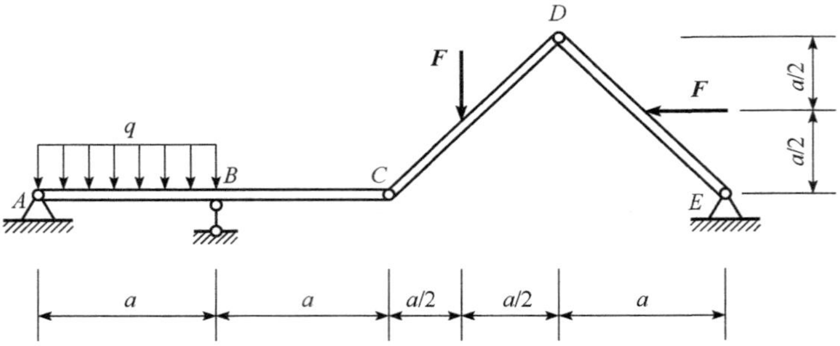

习题 3.22 图

3.23　构架的尺寸及荷载如图所示，试求支座 G 处反力。

3.24　在如图所示平面构架的 AB 杆上作用均布荷载 q，在 ED 杆上作用力偶矩 $M=3qa$。已知 q、a，试求支座 A、E 处的反力。

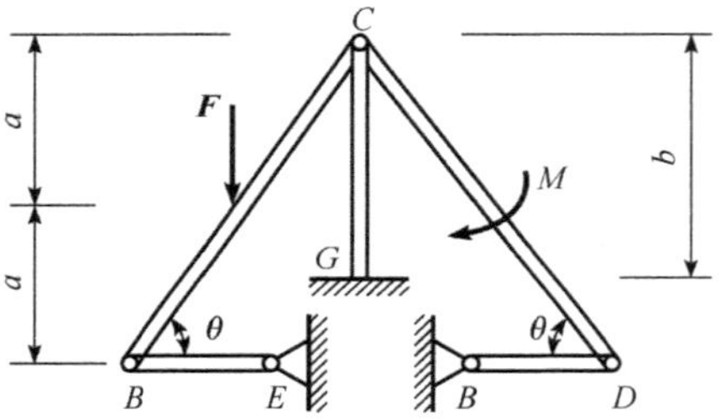

习题 3.23 图

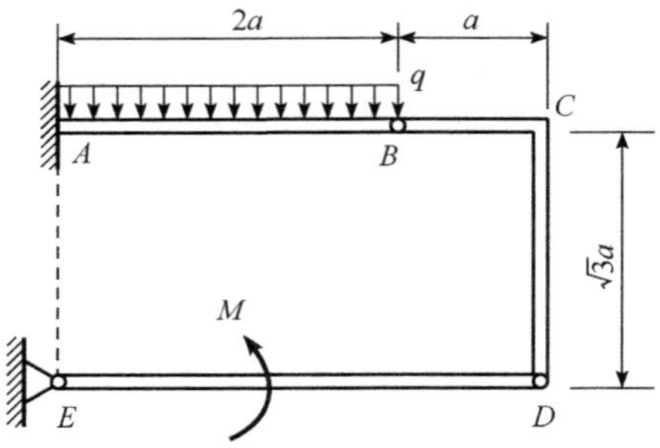

习题 3.24 图

3.25　在图示的平面结构中，A、B、C、D、E、F、G 处均为铰链，力偶矩 $M=250\text{N}\cdot\text{m}$，试求支座 C、D 处的反力。

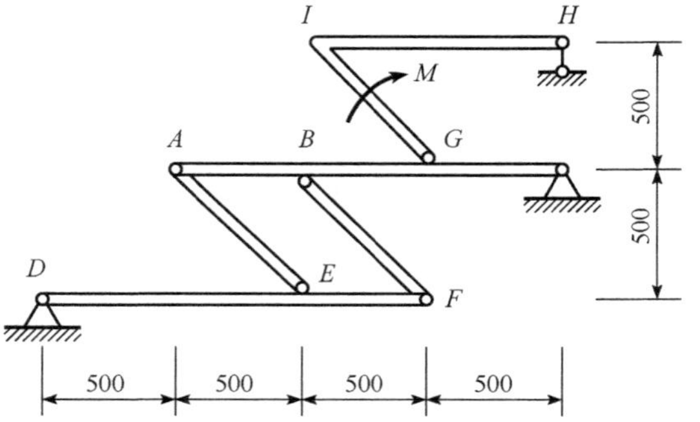

习题 3.25 图

3.26　图示为运送混凝土的装置，混凝土与吊桶共重 25kN，吊桶与轨道间的动摩擦因数为 0.3，轨道与水平面夹角为 70°，试分别求吊桶匀速上升和匀速下降时绳子的拉力。

3.27　混凝土坝横断面如图所示，坝高 50m，底宽 44m，水深 45m，混凝土的密度 $\rho=2.15\times10^3\text{kg/m}^3$，坝与地面间的静摩擦因数 $f_s=0.6$。取单位长度的坝体为研究对象，研究此水坝是否会产生滑动。

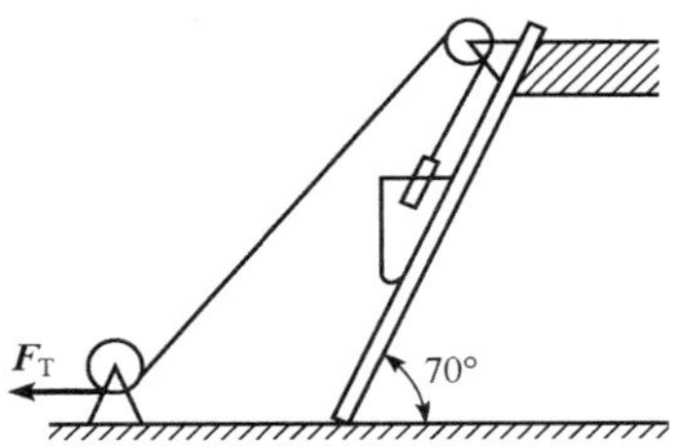

习题 3.26 图

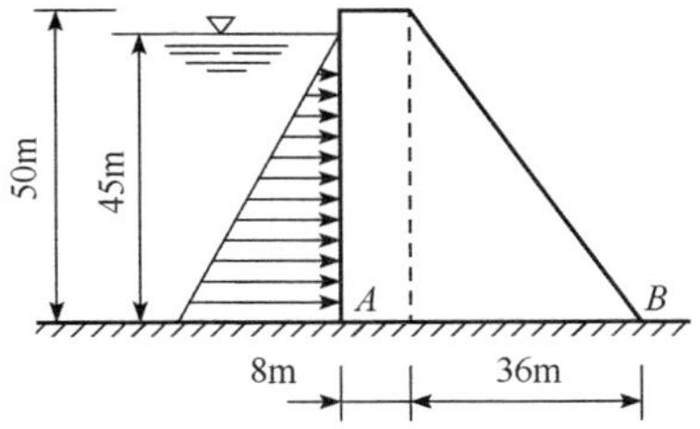

习题 3.27 图

3.28　制动轮与闸块装置如图所示，已知静摩擦因数 $f_s=0.25$，轮上作用有力偶矩 $M=1\text{kN}\cdot\text{m}$，轮半径 $R=250\text{mm}$，试求制动时的最小正压力。

3.29　如图所示梯子重 $\boldsymbol{W}_1$、长为 l，上端靠在光滑的墙上，底端与水平面间的静摩擦因数为 f_s。试求：

1）已知梯子倾角 θ，为使梯子保持静止，问重 $\boldsymbol{W}_2$ 的人之活动范围多大？

2）倾角 θ 多大时，才能保证不论人在什么位置梯子都保持静止。

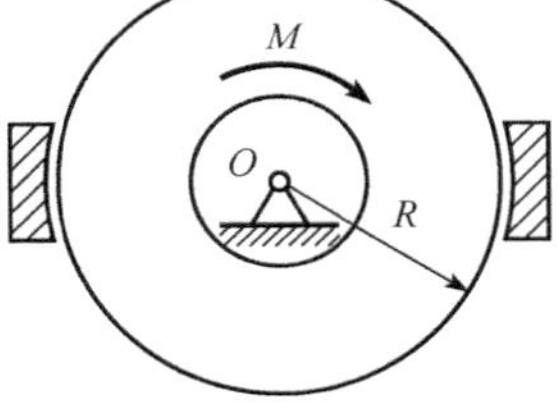

习题 3.28 图

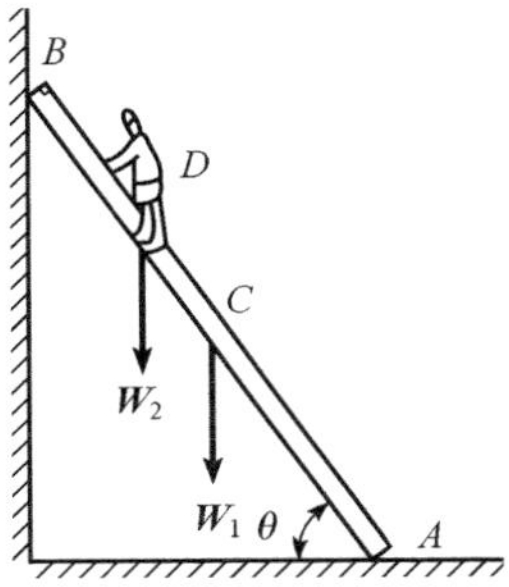

习题 3.29 图

3.30　尖劈顶重装置如图所示，尖劈 A 的顶角为 θ，被顶举的重物 B 的重力为 $\boldsymbol{W}$，A、B 间的静摩擦因数为 f_s（其它有滚珠处表示光滑）。试求：

1）顶举重物所需力 $\boldsymbol{F}$ 值。

2）撤去力 $\boldsymbol{F}$ 后能保证自锁的顶角 θ 之值。

3.31　砖夹的宽度为 250mm，曲杆 AGB 与 $GCED$ 在 G 点铰接，尺寸如图所示。设砖重 $W=120\text{N}$，提起砖的力 $\boldsymbol{F}$ 作用在砖夹的中心线上，砖夹与砖间的静摩擦因数 $f_s=0.5$，试求距离 b 为多大才能把砖夹起。

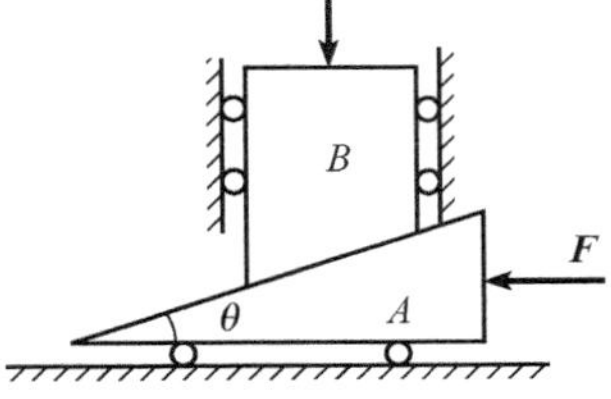

习题 3.30 图

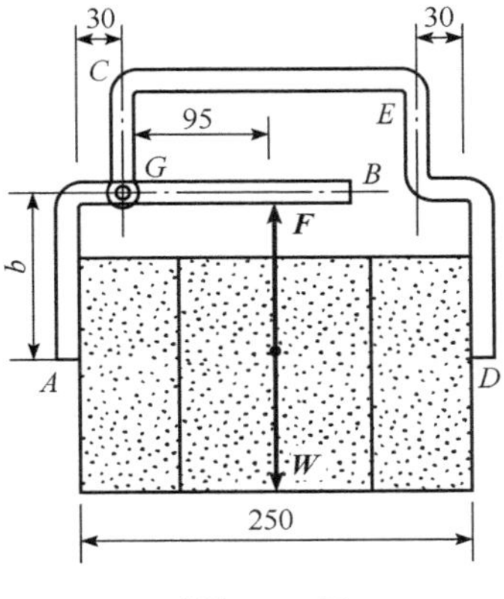

习题 3.31 图

3.32 如图所示为手动钢筋剪床，用来剪断直径为 d 的钢筋。设钢筋与剪刀间的静摩擦因数为 f_s，操作时为省力应使钢筋位于 l 较小的位置，但 l 过小又会使钢筋向左滑出，试求使钢筋不打滑的 l 的最小值。

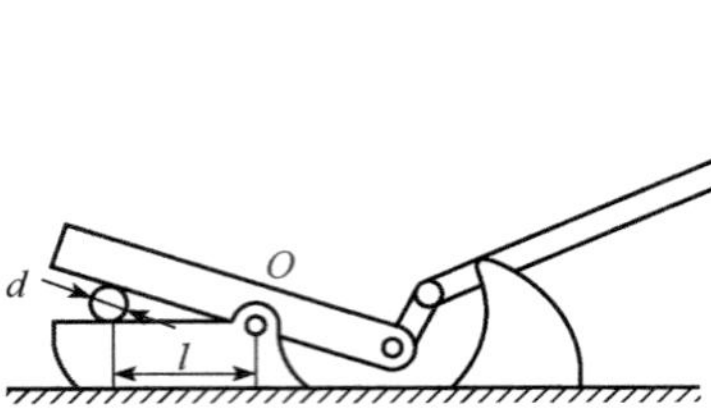

习题 3.32 图

第四章　空间力系

内容提要

本章在介绍力在空间直角坐标轴上的投影以及力对轴之矩的概念和计算的基础上，直接给出空间力系的平衡方程，着重于应用平衡方程求解空间力系的平衡问题。最后介绍物体重心的概念以及确定重心位置和均质物体形心的方法。

学习要求

1. 掌握力在空间直角坐标轴上投影的计算和力对轴之矩的计算。

2. 了解空间约束和约束力，能应用空间力系的平衡方程求解平衡问题。

3. 理解物体的重心与形心的概念，会确定简单均质物体的重心和形心。

各力的作用线不在同一个平面内的力系称为**空间力系**。例如，图 4.1 所示用钢绳起吊一块矩形混凝土预制板，板的重力 $\boldsymbol{W}$ 和绳的拉力 $\boldsymbol{F}_1$、$\boldsymbol{F}_2$、$\boldsymbol{F}_3$、$\boldsymbol{F}_4$ 组成一空间力系。又如作用于传动轴（图 4.2）的带轮 C 上的拉力 $\boldsymbol{F}_{T1}$、$\boldsymbol{F}_{T2}$，斜齿轮 D 上的力 $\boldsymbol{F}_t$、$\boldsymbol{F}_r$、$\boldsymbol{F}_a$，轴承 A、B 处的反力 $\boldsymbol{F}_{Ax}$、$\boldsymbol{F}_{Ay}$、$\boldsymbol{F}_{Az}$ 和 $\boldsymbol{F}_{Bx}$、$\boldsymbol{F}_{Bz}$，这些力组成空间力系。

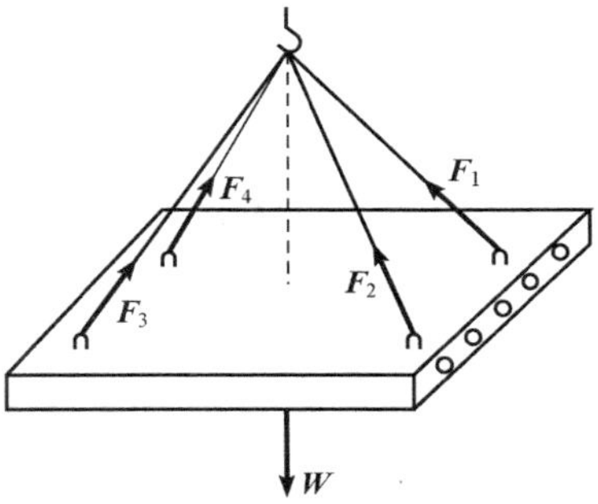

图 4.1

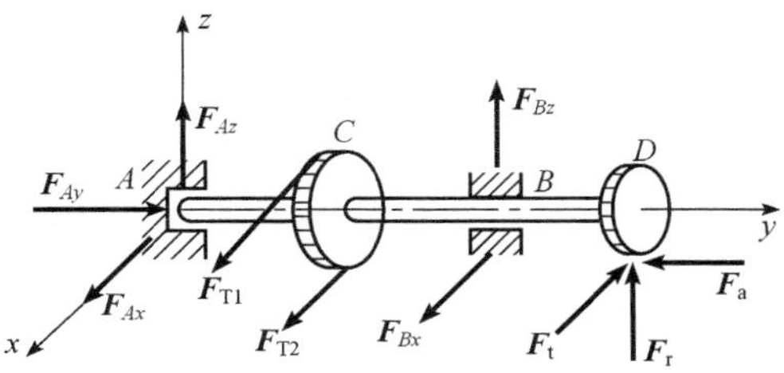

图 4.2

4.1 力在空间直角坐标轴上的投影及其计算

根据力在坐标轴上投影的定义，力在空间直角坐标轴上的投影有以下两种计算方法。

（1）一次投影法

若已知力 $\boldsymbol{F}$ 与空间直角坐标轴 x、y、z 正向的夹角 α、β、γ（图 4.3），则力 $\boldsymbol{F}$ 在三个坐标轴上的投影 X、Y、Z 分别为

$$\left.\begin{aligned} X &= F\cos\alpha \\ Y &= F\cos\beta \\ Z &= F\cos\gamma \end{aligned}\right\} \tag{4.1}$$

（2）二次投影法

若已知角 γ 和 φ（图 4.4），则可先将力 $\boldsymbol{F}$ 投影到 z 轴和 xy 坐标平面上，分别得到投影 Z 和矢量 $\boldsymbol{F}_{xy}$，然后再将 $\boldsymbol{F}_{xy}$ 向 x、y 轴投影，得

$$\left.\begin{aligned} X &= F\sin\gamma\cos\varphi \\ Y &= F\sin\gamma\sin\varphi \\ Z &= F\cos\gamma \end{aligned}\right\} \tag{4.2}$$

式中：γ——力 $\boldsymbol{F}$ 与 z 轴正向的夹角；

φ——力 $\boldsymbol{F}$ 在 xy 坐标平面上的投影 $\boldsymbol{F}_{xy}$ 与 x 轴正向的夹角。

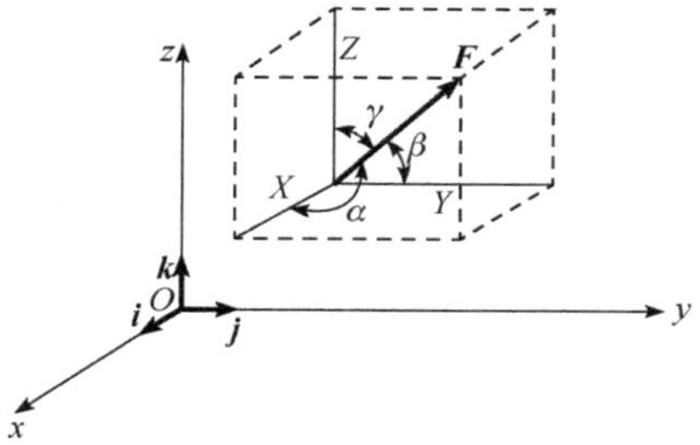

图 4.3

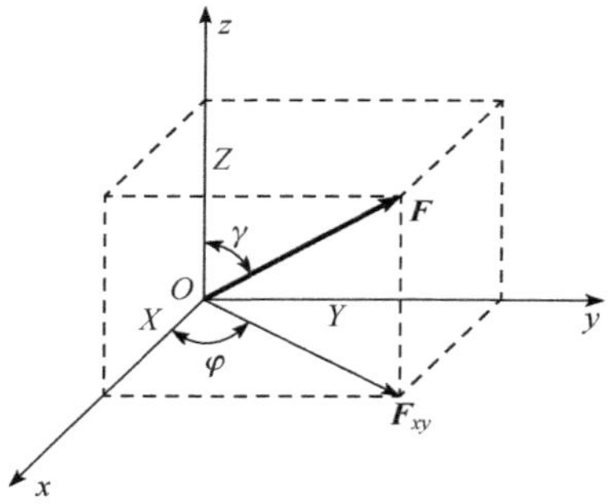

图 4.4

应当指出，力在轴上的投影是代数量，而力在平面上的投影是矢量。这是因为力在平面上的投影有方向问题，故须用矢量来表示。

以上讨论的是已知力求投影。反之，若已知力 $\boldsymbol{F}$ 在直角坐标轴上的投影 X、Y、Z，则可将其表示为

$$\boldsymbol{F} = X\boldsymbol{i} + Y\boldsymbol{j} + Z\boldsymbol{k} \tag{4.3}$$

式中：$\boldsymbol{i}$、$\boldsymbol{j}$、$\boldsymbol{k}$——x、y、z 轴的单位矢量。

因此，力 $\boldsymbol{F}$ 的大小和方向余弦分别为

$$\left.\begin{aligned} &F = \sqrt{X^2 + Y^2 + Z^2} \\ &\cos\alpha = \frac{X}{F}, \cos\beta = \frac{Y}{F}, \cos\gamma = \frac{Z}{F} \end{aligned}\right\} \tag{4.4}$$

4.2 力对轴之矩及其计算

4.2.1 力对轴之矩的概念

在生产和生活实际中，有些物体（如门、窗等）在力的作用下能绕某轴转动。本节讨论如何表示力使物体绕某轴转动的效应。

以图 4.5 所示的门为例。设力 $\boldsymbol{F}$ 作用于门上的 A 点，为了研究力 $\boldsymbol{F}$ 使门绕 z 轴转动的效应，可将它分解为与转轴 z 平行的分力 $\boldsymbol{F}_z$ 和位于通过 A 点且垂直于 z 轴的 xy 平面上的分力 $\boldsymbol{F}_{xy}$。由经验可知，无论分力 $\boldsymbol{F}_z$ 的大小如何，均不能使门绕 z 轴转动；而能使门转动的只是分力 $\boldsymbol{F}_{xy}$，故力 $\boldsymbol{F}$ 使门绕 z 轴转动的效应等于其分力 $\boldsymbol{F}_{xy}$ 使门绕 z 轴转动的效应。而分力 $\boldsymbol{F}_{xy}$ 使门绕 z 轴转动的效应可用分力 $\boldsymbol{F}_{xy}$ 对 O 点之矩来表示（O 点是分力 $\boldsymbol{F}_{xy}$ 所在的 xy 平面与 z 轴的交点）。

由此可见，**力使物体绕某轴转动的效应可用此力在垂直于该轴的平面上的分力对此平面与该轴的交点之矩来度量**。我们将该力矩称为**力对轴之矩**。如将力 $\boldsymbol{F}$ 对 z 轴之矩表示为 $M_z(\boldsymbol{F})$（或简记为 M_z），则有

$$M_z(F)=\pm F_{xy}d \tag{4.5}$$

式中：d——分力 $\boldsymbol{F}_{xy}$ 所在的 xy 平面与 z 轴的交点 O 到力 $\boldsymbol{F}_{xy}$ 作用线的垂直距离。

式（4.5）中的正负号表示力使物体绕 z 轴转动的方向，按右手螺旋法则确定，即将右手四指的弯曲方向表示力 $\boldsymbol{F}$ 使物体绕 z 轴转动的方向，大拇指的指向如与 z 轴的正向相同时取正，反之取负（图 4.6）。

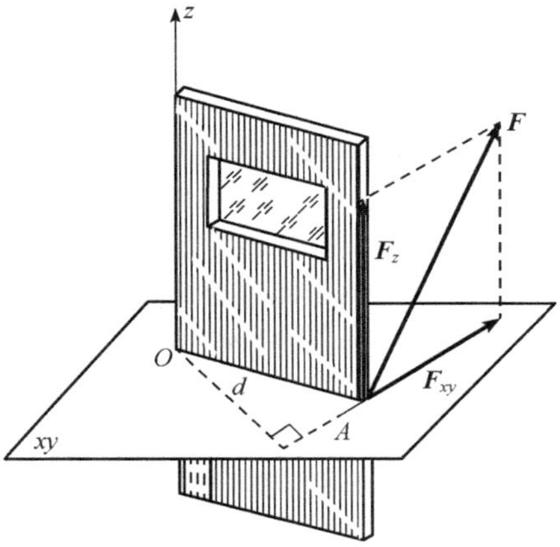

图 4.5

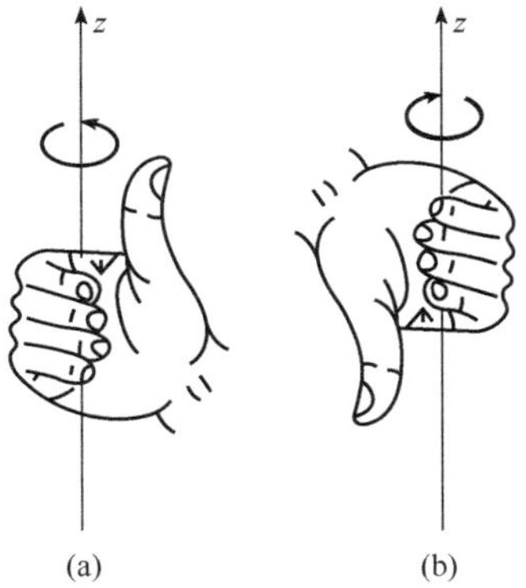

图 4.6

显然，当力 $\boldsymbol{F}$ 与 z 轴平行（此时 $F_{xy}=0$）或者相交（此时 $d=0$）时，力 $\boldsymbol{F}$ 对 z 轴之矩为零。

力对轴之矩的单位为 N·m 或 kN·m。

4.2.2 合力矩定理

空间力系的合力对某一轴之矩等于力系中各力对同一轴之矩的代数和，即

$$M_z(\boldsymbol{F}_{\mathrm{R}}) = M_z(\boldsymbol{F}_1) + M_z(\boldsymbol{F}_2) + \cdots + M_z(\boldsymbol{F}_n) = \sum M_z(\boldsymbol{F}_i) \tag{4.6}$$

这就是空间力系的合力矩定理（证明从略）。

力对轴之矩除利用定义进行计算外，还常常利用合力矩定理进行计算。

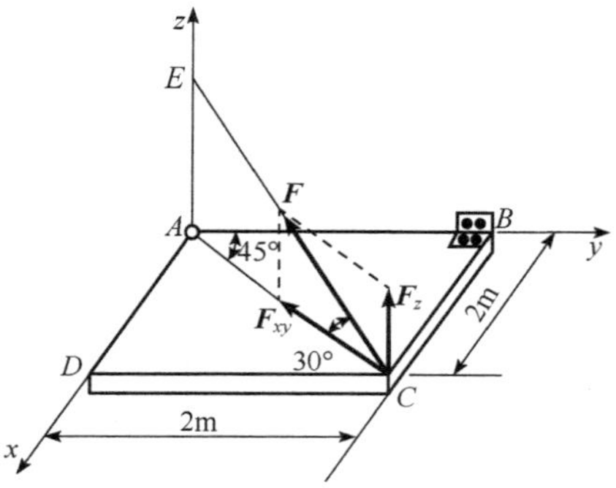

图 4.7

【例 4.1】 正方形板 $ABCD$ 用球铰 A 和铰链 B 与墙壁连接，并用绳索 CE 拉住使其维持水平位置（图 4.7）。已知绳索的拉力 $F=200\mathrm{N}$，试求力 $\boldsymbol{F}$ 在 x、y、z 轴上的投影及对 x、y、z 轴之矩。

【解】 1）计算力 $\boldsymbol{F}$ 在 x、y、z 轴上的投影。利用二次投影法进行计算。力 $\boldsymbol{F}$ 在 Oxy 平面上的投影的大小为

$$F_{xy} = F\cos30°$$

再将 $\boldsymbol{F}_{xy}$ 向 x、y 轴上投影，得

$$F_x = -F_{xy}\cos45° = -F\cos30°\cos45° = -122.5\mathrm{N}$$

$$F_y = -F_{xy}\cos45° = -F\cos30°\cos45° = -122.5\mathrm{N}$$

力 $\boldsymbol{F}$ 在 z 轴上的投影为

$$F_z = F\sin30° = 100\mathrm{N}$$

2）计算力 $\boldsymbol{F}$ 对 x、y、z 轴之矩。力 $\boldsymbol{F}$ 与 z 轴相交，它对 z 轴之矩等于零

$$M_z(\boldsymbol{F}) = 0$$

在计算力 $\boldsymbol{F}$ 对 x、y 轴之矩时利用合力矩定理。将力 $\boldsymbol{F}$ 分解为两个分力 $\boldsymbol{F}_{xy}$ 和 $\boldsymbol{F}_z$，因分力 $\boldsymbol{F}_{xy}$ 与 x、y 轴都相交，它对 x、y 轴之矩都为零，故

$$\begin{aligned} M_x(\boldsymbol{F}) &= M_x(\boldsymbol{F}_{xy}) + M_x(\boldsymbol{F}_z) = M_x(\boldsymbol{F}_z) \\ &= F_z \times 2\mathrm{m} = 200\mathrm{N\cdot m} \end{aligned}$$

$$\begin{aligned} M_y(\boldsymbol{F}) &= M_y(\boldsymbol{F}_{xy}) + M_y(\boldsymbol{F}_z) = M_y(\boldsymbol{F}_z) \\ &= -F_z \times 2\mathrm{m} = -200\mathrm{N\cdot m} \end{aligned}$$

4.3 空间力系的平衡方程及其应用

与平面力系相同，空间力系的平衡条件也是通过力系简化得出的。由于推导空间力系平衡条件的过程较复杂，这里不作介绍，仅定性分析如下。

空间任一物体的运动，一般地既有沿空间直角坐标系三个坐标轴方向的移动，又有绕三个坐标轴的转动。若物体在空间力系作用下保持平衡，则物体既不能沿三个坐标轴方向移动，也不能绕三个坐标轴转动。因此，**空间一般力系平衡的充分必要条件是各力在三个坐标轴上投影的代数和以及各力对三个坐标轴之矩的代数和均应等于零**。空间力系的平衡方程为

$$\left.\begin{aligned} &\sum X = 0, \sum Y = 0, \sum Z = 0 \\ &\sum M_x = 0, \sum M_y = 0, \sum M_z = 0 \end{aligned}\right\} \tag{4.7}$$

空间一般力系有六个独立的平衡方程，可以求解六个未知量。

若空间力系中所有各力的作用线均汇交于一点，则称为**空间汇交力系**（图 4.8）。如果以汇交点 O 为坐标原点，建立空间直角坐标系，则因各力对 x、y、z 轴的矩都为零，因此式（4.7）中的三个力矩方程均为恒等式，所以空间汇交力系的平衡方程为

$$\left.\begin{aligned}\sum X = 0\\ \sum Y = 0\\ \sum Z = 0\end{aligned}\right\} \tag{4.8}$$

空间汇交力系有三个独立的平衡方程，可求解三个未知量。

若空间力系中所有各力的作用线互相平行，则称为**空间平行力系**（图 4.9）。如果选 z 轴与各力平行，那末各力在 x 轴和 y 轴上的投影必为零，且各力对 z 轴之矩也必为零，因而式（4.7）中的 $\sum X=0$、$\sum Y=0$、$\sum M_z=0$ 三式均为恒等式，所以空间平行力系的平衡方程为

$$\left.\begin{aligned}\sum Z = 0\\ \sum M_x = 0\\ \sum M_y = 0\end{aligned}\right\} \tag{4.9}$$

空间平行力系有三个独立的平衡方程，可求解三个未知量。

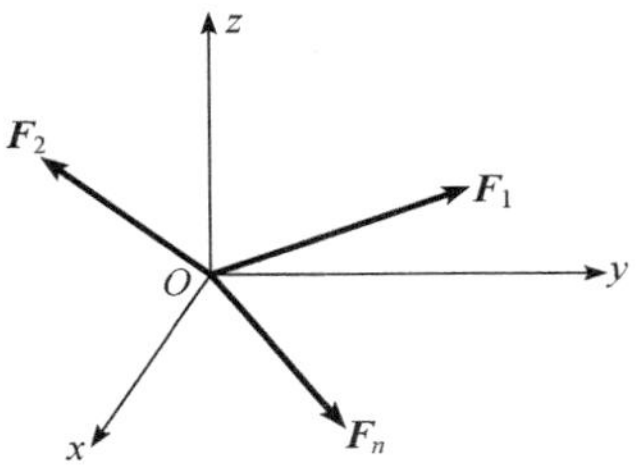

图 4.8

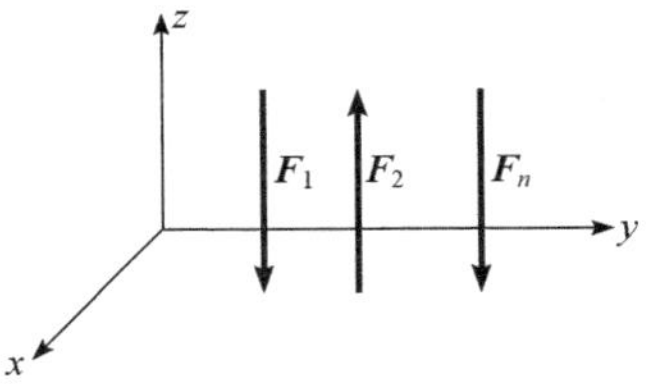

图 4.9

求解空间力系平衡问题的步骤与平面力系相同，即有选取研究对象、画受力图、列平衡方程和解方程等四步。

在画受力图时涉及约束力，现将空间常见约束和它们的约束力列成表 4.1，以供参考。

表 4.1　常见空间约束的类型及约束力

约束类型	简化表示	约束力
球铰		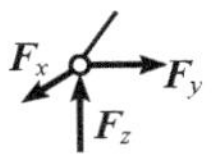
径向轴承		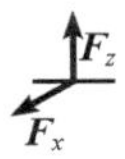

续表

约束类型	简化表示	约束力
正推轴承		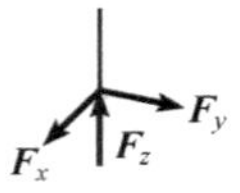
固定端		

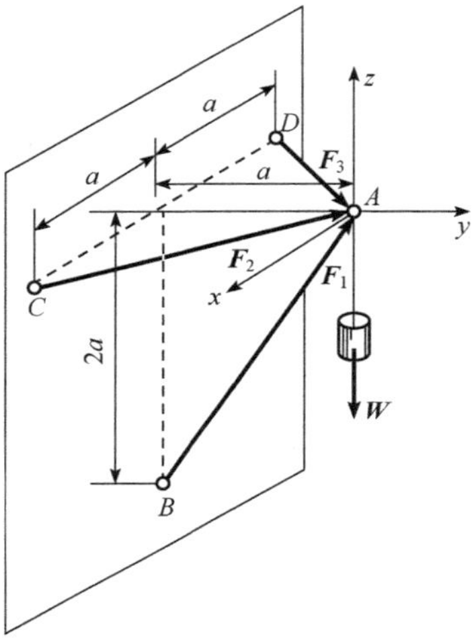

图 4.10

【例 4.2】 用三根连杆支承一重 $\boldsymbol{W}$ 的物体（图 4.10），试求每根连杆所受的力。

【解】 取 A 点为研究对象，汇交于 A 点的力有悬挂重物的绳索拉力（等于重力 W）和三根连杆作用于 A 点的力 $\boldsymbol{F}_1$、$\boldsymbol{F}_2$、$\boldsymbol{F}_3$（相反方向的力就是连杆所受的力）。假设 $\boldsymbol{F}_1$、$\boldsymbol{F}_2$、$\boldsymbol{F}_3$ 都是压力。建立坐标系如图 4.10 所示。在这里 $\boldsymbol{F}_1$、$\boldsymbol{F}_2$、$\boldsymbol{F}_3$ 与各坐标轴的夹角（锐角）的余弦，可由各有关边长的比例求得，因而各力在坐标轴上的投影也可按边长比例计算，而投影的符号可根据判断决定。列出平衡方程

$$\sum Z = 0, F_1 \times \frac{2}{\sqrt{5}} - W = 0$$

得

$$F_1 = \frac{\sqrt{5}}{2}W = 1.12W$$

$$\sum X = 0, -F_2 \times \frac{1}{\sqrt{2}} + F_3 \times \frac{1}{\sqrt{2}} = 0$$

得

$$F_2 = F_3$$

$$\sum Y = 0, F_3 \times \frac{1}{\sqrt{2}} + F_2 \times \frac{1}{\sqrt{2}} + F_1 \times \frac{1}{\sqrt{5}} = 0$$

得

$$F_3 = F_2 = -\frac{F_1}{\sqrt{5}} \times \frac{\sqrt{2}}{2} = -\frac{W}{2\sqrt{2}} = -0.35W$$

负号表示 F_2、F_3 实际是拉力。

【例 4.3】 图 4.11 为一起重机简图，机身重 W=100kN，重力作用线通过 E 点；三个轮子 A、B、C 与地面接触点之间的连线构成一等边三角形；CD=BD，DE=AD/3；起重臂 FGD 可绕铅垂轴 GD 转动。已知 a=5m，l=3.5m，载重 F=30kN 位于起重臂的铅垂平

面 GDF 内，当该平面与起重机机身的对称铅垂面（即图中的 Dyz 平面）的夹角 $\theta=30°$时，试求三个轮子 A、B、C 对地面的压力。

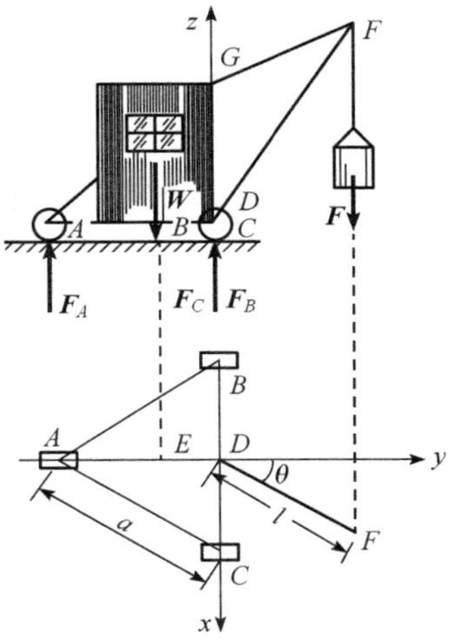

图 4.11

【解】 取起重机连同重物为研究对象，作用于其上的力有起重机的重力 $\boldsymbol{W}$ 和重物的重力 $\boldsymbol{F}$，以及地面对三个轮子的反力 $\boldsymbol{F}_A$、$\boldsymbol{F}_B$ 和 $\boldsymbol{F}_C$，这五个力组成一个空间平行力系。建立图 4.11 所示坐标系，列出平衡方程

$$\sum M_x = 0,$$

$$-F_A a\sin60° + W\times\frac{a}{3}\times\sin60° - Fl\cos30° = 0$$

得

$$F_A = 12.3\text{kN}$$

$$\sum M_y = 0, F_B\times\frac{a}{2} - F_C\times\frac{a}{2} + Fl\sin30° = 0$$

$$\sum Z = 0, F_B + F_C + F_A - W - F = 0$$

联立求解上两式，并将 $F_A=12.3\text{kN}$ 代入，得

$$F_B = 48.3\text{kN}, F_C = 69.4\text{kN}$$

轮子对地面的压力与地面对轮子的反力是一对作用力与反作用力，故 A、B、C 三个轮子对地面的压力分别为 12.3kN、48.3kN、69.4kN。

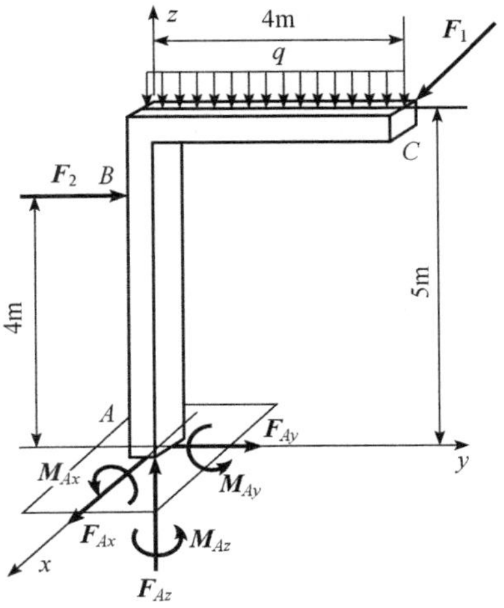

图 4.12

【例 4.4】 悬臂刚架上作用有 $q=2\text{kN/m}$ 的均布荷载，以及作用线分别平行于 x 轴、y 轴的集中力 $\boldsymbol{F}_1$、$\boldsymbol{F}_2$（图 4.12）。已知 $F_1=5\text{kN}$，$F_2=4\text{kN}$，试求固定端 A 处的反力。

【解】 取悬臂刚架为研究对象，画出受力图（图 4.12）。作用于刚架上的力有荷载 q、$\boldsymbol{F}_1$、$\boldsymbol{F}_2$，A 处的反力 $\boldsymbol{F}_{Ax}$、$\boldsymbol{F}_{Ay}$、$\boldsymbol{F}_{Az}$ 及 $\boldsymbol{M}_{Ax}$、$\boldsymbol{M}_{Ay}$、$\boldsymbol{M}_{Az}$。列出平衡方程

$$\sum X = 0, F_{Ax} + F_1 = 0$$

$$\sum Y = 0, F_{Ay} + F_2 = 0$$

$$\sum Z = 0, F_{Az} - q\times 4\text{m} = 0$$

$$\sum M_x = 0, M_{Ax} - F_2\times 4\text{m} - q\times 4\text{m}\times 2\text{m} = 0$$

$$\sum M_y = 0, M_{Ay} + F_1\times 5\text{m} = 0$$

$$\sum M_z = 0, M_{Az} - F_1\times 4\text{m} = 0$$

解得

$$F_{Ax} = -5\text{kN}, F_{Ay} = -4\text{kN}, F_{Az} = 8\text{kN}$$

$$M_{Ax} = 32\text{kN}\cdot\text{m}, M_{Ay} = -25\text{kN}\cdot\text{m}, M_{Az} = 20\text{kN}\cdot\text{m}$$

4.4 重心和形心

4.4.1 重心的概念及计算公式

任何物体都可认为是由许多微小部分组成的。在地面及其附近的物体，它的微小部分都受到重力的作用。这些重力汇交于地心，但因地球的半径远大于物体的尺寸，因此可以足够精确的认为这些重力组成一个空间平行力系。此平行力系的合力称为物体的**重力**，合力的作用点称为物体的**重心**，合力的大小称为物体的**重量**。

重心是力学中一个很重要的概念。在许多力学问题中，物体重心的位置对物体的平衡或运动状态有重要影响。例如，重力坝或起重机重心的位置若超出某一范围，受载后就不能保证坝或起重机的平衡；传动轴及其上部件的重心若不在传动轴的轴线上，转动起来就会引起轴的振动和轴承的动压力；汽车或飞机重心的位置对他们运动的平稳性和操纵性也有很大影响。因此，在工程中经常需要计算或测定物体重心的位置。

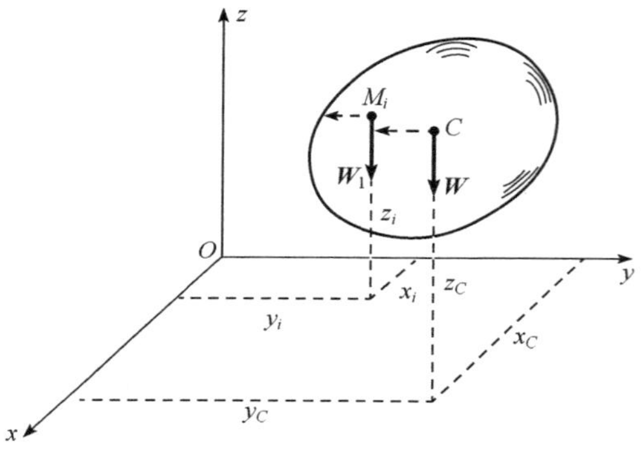

图 4.13

为了确定物体重心的位置，可将它分为许多微小部分（设为 n 个），设任一微小部分 M_i 的重力为 $\boldsymbol{W}_i$，物体的重力为 $\boldsymbol{W}$。建立直角坐标系 $Oxyz$（图 4.13），设物体重心 C 的坐标为 x_C、y_C、z_C，各微小部分重心的坐标为 x_i、y_i、z_i。根据合力矩定理可知，物体的重力 $\boldsymbol{W}$ 对某轴之矩等于各微小部分的重力对同轴之矩的代数和。先对 x 轴求矩，有

$$Wy_C = W_1y_1 + W_2y_2 + \cdots + W_ny_n = \sum W_iy_i$$

再对 y 轴求矩，有

$$Wx_C = W_1x_1 + W_2x_2 + \cdots + W_nx_n = \sum W_ix_i$$

若将 Oxz 坐标面作为地面，则各 $\boldsymbol{W}_i$ 及 $\boldsymbol{W}$ 的方向如图 4.13 中虚线段的箭头所示，这时再对 x 轴求矩，有

$$Wz_C = W_1z_1 + W_2z_2 + \cdots + W_nz_n = \sum W_iz_i$$

由以上三式可得计算物体重心坐标的公式，即

$$x_C = \frac{\sum W_ix_i}{W}, y_C = \frac{\sum W_iy_i}{W}, z_C = \frac{\sum W_iz_i}{W} \tag{4.10}$$

4.4.2 质心的概念

若设物体各微小部分和整个物体的质量分别为 m_i、m，重力加速度为 g，则将 $W_i = m_ig$、$W = mg$ 代入式（4.10），可得

$$x_C = \frac{\sum m_ix_i}{m}, y_C = \frac{\sum m_iy_i}{m}, z_C = \frac{\sum m_iz_i}{m} \tag{4.11}$$

由上式确定的 C 点称为物体的**质心**。在均匀重力场内，物体的质心与重心的位置相重合。在重力场之外，物体的重心消失，而质心依然存在。质心的概念将在动力学中用到。

4.4.3　形心的概念及计算公式

对于均质物体，若用 γ 表示物体每单位容积的重量，V_i 表示各微小部分的体积，V 表示整个物体的体积，则 $W_i=\gamma V_i$ 以及 $W=\sum W_i=\gamma\sum V_i=\gamma V$ 代入式（4.10），得

$$x_C=\frac{\sum x_iV_i}{V},y_C=\frac{\sum y_iV_i}{V},z_C=\frac{\sum z_iV_i}{V} \tag{4.12}$$

如令各微小部分的体积趋近于零，则有

$$x_C=\frac{\int_V x\,\mathrm{d}V}{V},y_C=\frac{\int_V y\,\mathrm{d}V}{V},z_C=\frac{\int_V z\,\mathrm{d}V}{V} \tag{4.13}$$

由此可见，均质物体的重心位置完全取决于物体的几何形状而与物体的重量无关。因此，均质物体的重心也称**形心**。

工程实际中常采用薄壳结构，例如厂房的双曲顶壳、薄壁容器、飞机机翼等。由于薄壳的厚度相等，并较其他二个方向的尺寸小得多，若材料是均质的，可以把它看成是均质曲面，如图 4.14 所示，则其形心坐标公式为

$$x_C=\frac{\sum x_iA_i}{A},y_C=\frac{\sum y_iA_i}{A},z_C=\frac{\sum z_iA_i}{A} \tag{4.14}$$

或

$$x_C=\frac{\int_A x\,\mathrm{d}A}{A},y_C=\frac{\int_A y\,\mathrm{d}A}{A},z_C=\frac{\int_A z\,\mathrm{d}A}{A} \tag{4.15}$$

式中：A_i——各微小部分的面积；

$\mathrm{d}A$——微元的面积；

A——薄壳中心曲面的面积。

对于均质等厚薄板（或平面图形），如取沿平板厚度方向的中间平面（或平面图形所在的平面）为 Oxy 坐标面，如图 4.15 所示，则 $z_C=0$，x_C 和 y_C 分别由式（4.14）或式（4.15）的前两式确定，即

$$x_C=\frac{\sum x_iA_i}{A},y_C=\frac{\sum y_iA_i}{A} \tag{4.16}$$

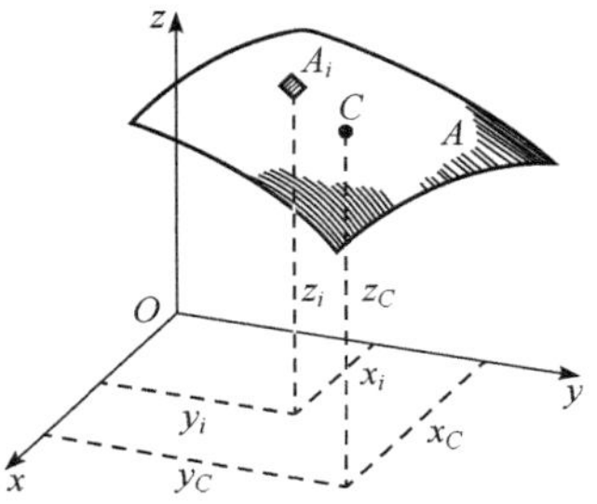

图 4.14

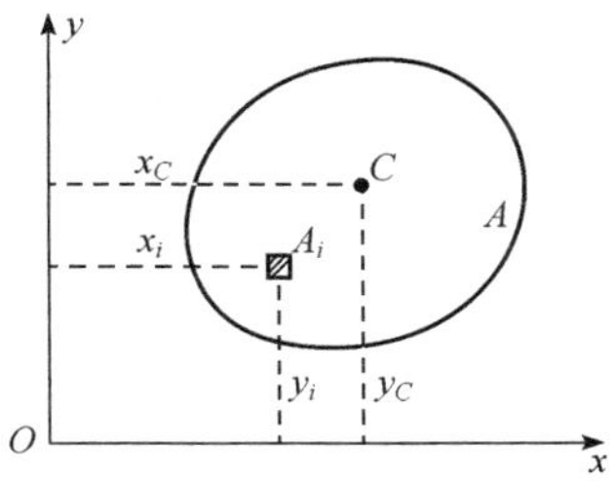

图 4.15

或

$$x_C = \frac{\int_A x\,\mathrm{d}A}{A}, y_C = \frac{\int_A y\,\mathrm{d}A}{A} \tag{4.17}$$

若物体为均质等截面细杆（图 4.16）或曲线，则其形心的坐标公式为

$$x_C = \frac{\sum x_i l_i}{l}, y_C = \frac{\sum y_i l_i}{l}, z_C = \frac{\sum z_i l_i}{l} \tag{4.18}$$

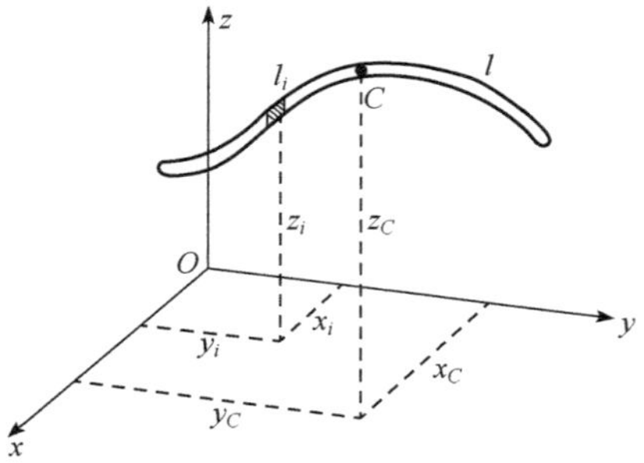

图 4.16

或

$$x_C = \frac{\int_l x\,\mathrm{d}l}{l}, y_C = \frac{\int_l y\,\mathrm{d}l}{l},$$

$$z_C = \frac{\int_l z\,\mathrm{d}l}{l} \tag{4.19}$$

式中：l_i——各微小部分的弧长；

$\mathrm{d}l$——微元的弧长；

l——杆的长度。

4.4.4 静矩的概念

在式（4.17）中，积分 $\int_A y\,\mathrm{d}A$ 和 $\int_A x\,\mathrm{d}A$ 分别称为平面图形（图 4.15）对 x、y 轴的**静矩**，分别用 S_x、S_y 表示。显然，静矩与平面图形的形心坐标之间有如下的关系：

$$S_x = y_C A, S_y = x_C A \tag{4.20}$$

由上式可以得到下面的重要结论：**若某轴通过平面图形的形心，则平面图形对该轴的静矩必为零；反之，若平面图形对某轴的静矩为零，则该轴必通过平面图形的形心。**

4.4.5 确定重心和形心位置的方法

1. 利用对称性

凡对称的均质物体，其重心（形心）必在它们的对称面、对称轴或对称中心上。例如，均质圆球的重心在其对称中心（球心）上；均质矩形薄板和工字形薄板的重心在其两对称轴的交点上；均质 T 形薄板和槽形薄板的重心在其对称轴上（图 4.17）。又如图 4.18 所示均质管道，其重心位于它的中心对称轴与管子中心横截面（对称面）的交点 C 处。

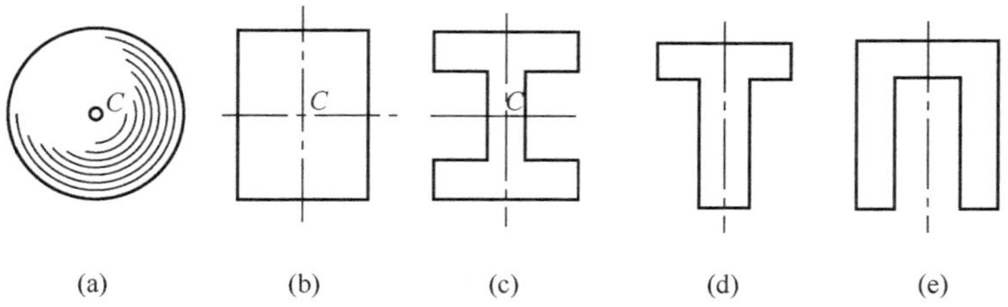

图 4.17

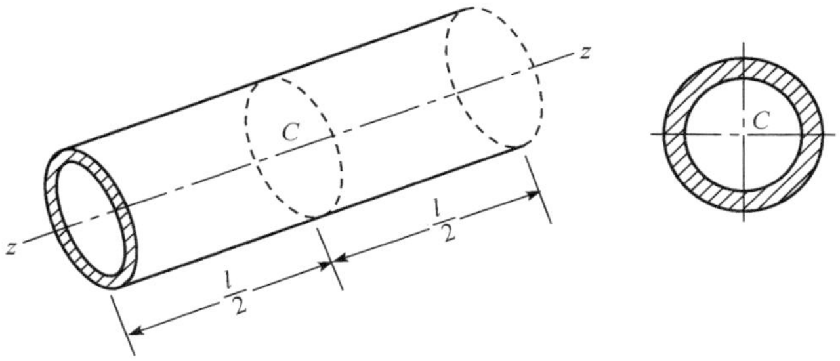

图 4.18

2. 积分法

对于简单形状的均质物体的重心（形心），可用积分公式（4.13）、式（4.15）、式（4.17）及式（4.19）计算。在有关工程手册中，可查得用此法求出的一些简单形状均质物体的重心位置。几种常用的情况列成表 4.2，以备查用。

【例 4.5】 圆弧的半径为 R，其所对的圆心角为 2α（图 4.19），试求圆弧的重心位置。

【解】 取圆弧的对称轴为 x 轴，并以圆心 O 为原点建立坐标系，由对称性知

$$y_C=0$$

如以 $\mathrm{d}\theta$ 表示圆弧的微元弧长 $\mathrm{d}l$ 所对之圆心角，则由式（4.19），得

$$x_C=\frac{\int_l x\,\mathrm{d}l}{l}=\frac{2\int_0^\alpha R\cos\theta\cdot R\mathrm{d}\theta}{2\int_0^\alpha R\mathrm{d}\theta}=R\,\frac{\sin\alpha}{\alpha}$$

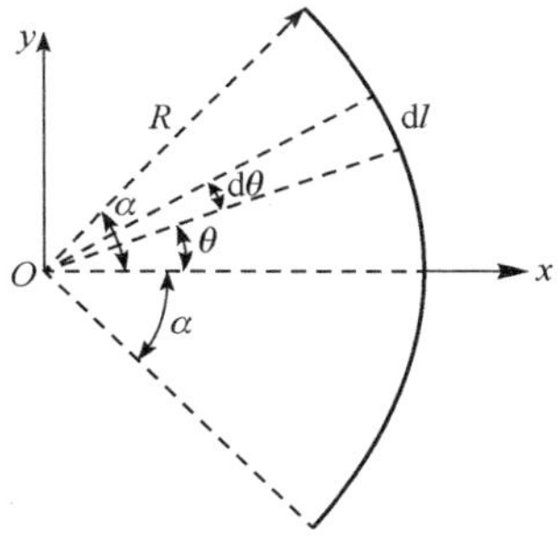

图 4.19

当 $\alpha=\pi/2$（半圆弧）时，有

$$x_C=2R/\pi=0.637R$$

表 4.2　简单形状均质物体重心的位置

图形	重心位置	图形	重心位置
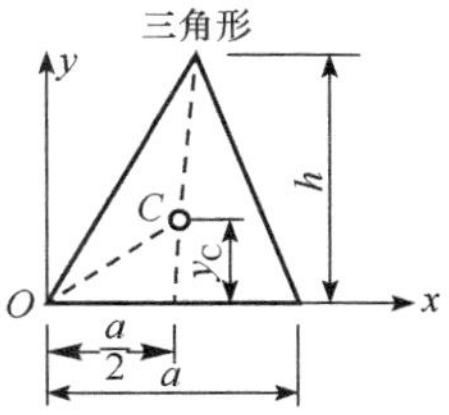	在三中线的交点上 $y_C=\frac{1}{3}h$	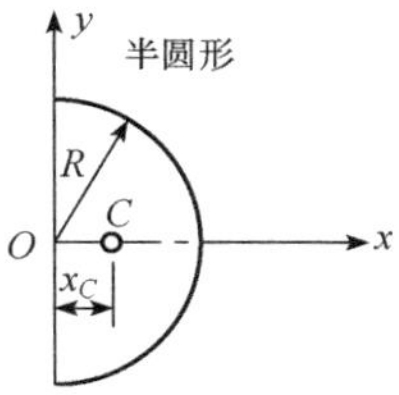	$x_C=\frac{4R}{3\pi}$ $y_C=0$

续表

图形	重心位置	图形	重心位置
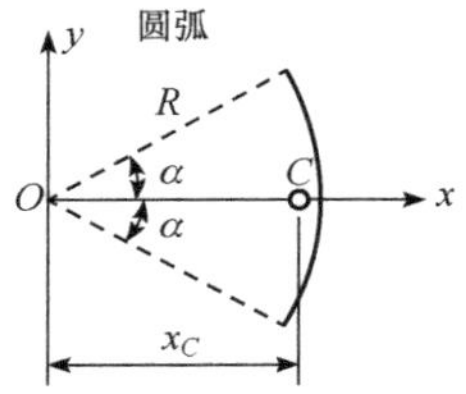	$x_C=\frac{R\sin\alpha}{\alpha}$ $y_C=0$	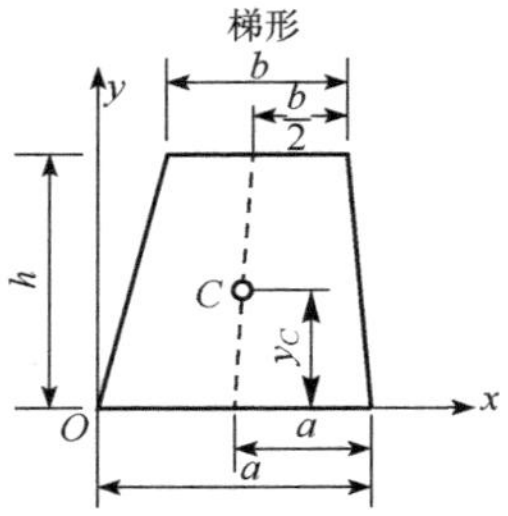	$y_C=\frac{h(a+2b)}{3(a+b)}$
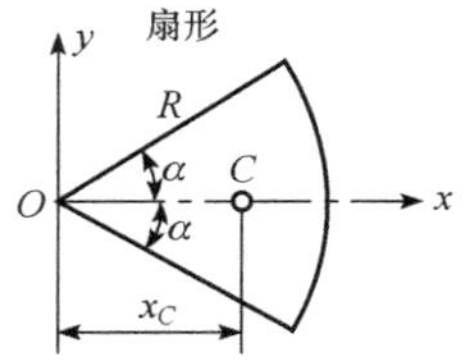	$x_C=\frac{2R\sin\alpha}{3\alpha}$ $y_C=0$	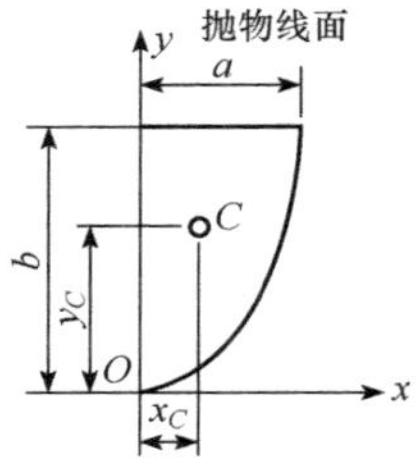	$x_C=\frac{3}{8}a$ $y_C=\frac{3}{5}b$
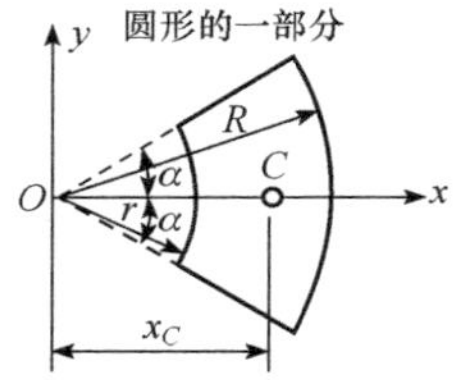	$x_C=\frac{2\ (R^3-r^3)\ \sin\alpha}{3\ (R^2-r^2)\ \alpha}$ $y_C=0$	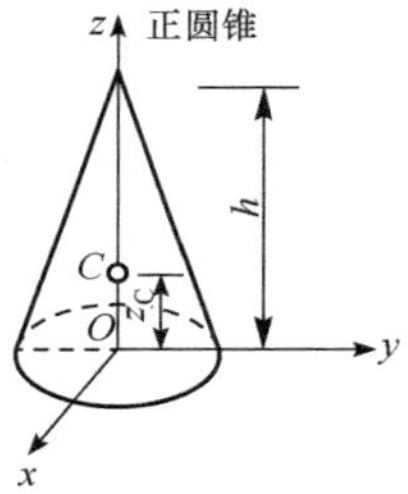	$x_C=0$ $y_C=0$ $z_C=\frac{h}{4}$

3. 分割法

某些形状较为复杂的均质物体常可看成为几个简单形体的组合，这些简单形体的重心（形心）位置均为已知，于是可利用重心（形心）坐标公式（4.12）、式（4.14）、式（4.16）及式（4.18）求得该物体重心（形心）的位置。

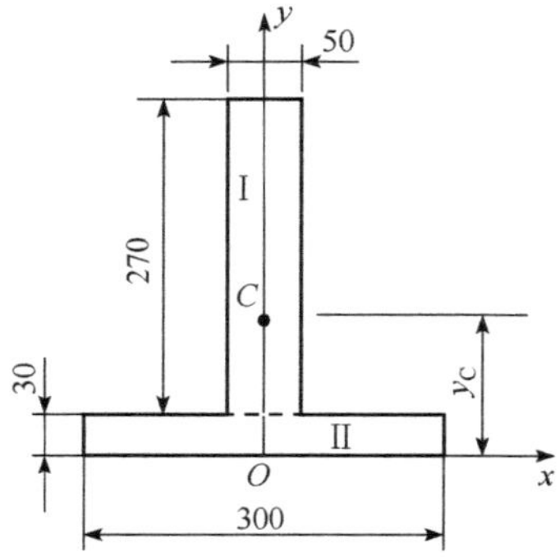

图 4.20

【例 4.6】 试求图 4.20 所示 T 形截面的形心位置。

【解】 建立坐标系 Oxy，由于截面关于 y 轴对称，形心 C 必在 y 轴上，故 $x_C=0$。为了求出 y_C，将 T 形截面分割为Ⅰ、Ⅱ两个矩形，它们的面积和形心坐标分别为

矩形Ⅰ：$A_1=13\ 500\text{mm}^2$，$y_1=165\text{mm}$

矩形Ⅱ：$A_2=9000\text{mm}^2$，$y_2=15\text{mm}$

由式（4.16），得

$$y_C=\frac{\sum y_iA_i}{A}=\frac{y_1A_1+y_2A_2}{A_1+A_2}$$

$$=\frac{165\times 13\ 500+15\times 9000}{13\ 500+9000}\text{mm}=105\text{mm}$$

【例 4.7】 试求偏心块（图 4.21）的重心位置。已知 $R=100\text{mm}$、$r=13\text{mm}$、$b=17\text{mm}$。

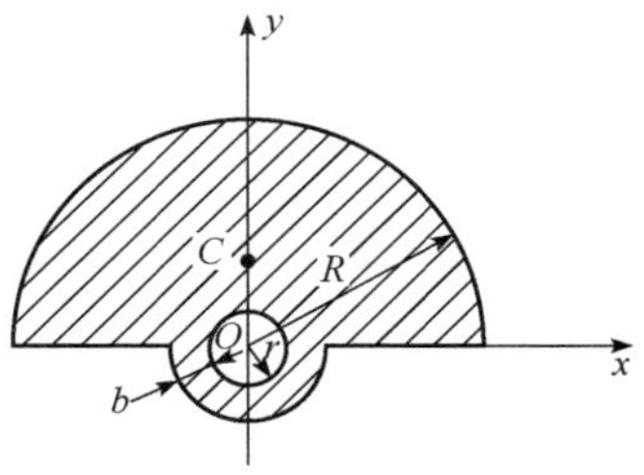

图 4.21

【解】 建立坐标系 Oxy，因为 y 轴为对称轴，重心 C 的坐标 $x_C=0$，只需求 y_C。将偏心块分割成三部分：半径为 R 的半圆，半径为 $(r+b)$ 的半圆以及半径为 r 的小圆。**其中小圆是被挖去的部分，它的面积取负值**。各部分的面积和重心的坐标分别为

$$A_1=\frac{\pi R^2}{2}=5000\pi,\quad y_1=\frac{4R}{3\pi}=\frac{400}{3\pi}$$

$$A_2=\frac{\pi(r+b)^2}{2}=450\pi,\quad y_2=-\frac{4(r+b)}{3\pi}=-\frac{40}{\pi}$$

$$A_3=-\pi r^2=-169\pi,\quad y_3=0$$

由式（4.16）得

$$y_C=\frac{\sum y_iA_i}{A}=\frac{y_1A_1+y_2A_2+y_3A_3}{A_1+A_2+A_3}=39\text{mm}$$

4. 实验法

形状复杂或质量分布不均匀的物体，要通过计算来确定它们重心的位置是比较困难的，这时可采用实验的方法测定其重心的位置。常用的方法有：

（1）**悬挂法**

对于平板形物体或具有对称面的薄零件，可将该物体（或取一均质板按一定比例做成模拟用的截面）用线悬挂在任一点 A，根据二力平衡条件，重心必在过悬挂点 A 的铅垂线上，标出此线如图 4.22（a）所示。然后再将它悬挂在任意点 B，标出另一铅垂线如图 4.22（b）所示。这两条铅垂线的交点就是该物体的重心。有时可再作第三次悬挂用来校验。

（2）**称重法**

对于形状复杂或体积较大的物体常用称重法测定其重心。例如，连杆具有对称轴，所以只要确定重心在此轴上的位置 h。先称得连杆的重量 W，并测得连杆两端轴心 A、B 之间距离 l。将连杆的 B 端放在台秤上，A 端搁置在水平面或刀口上，使中心线 AB 处于水平位置，测得 B 端反力 $\boldsymbol{F}_B$ 的大小，如图 4.23 所示。由力矩方程

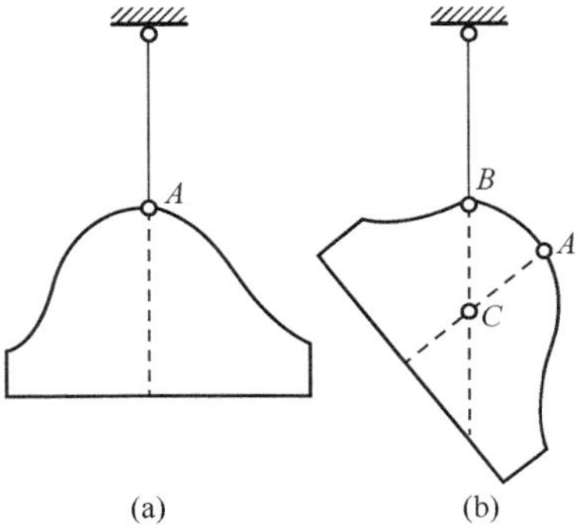

图 4.22

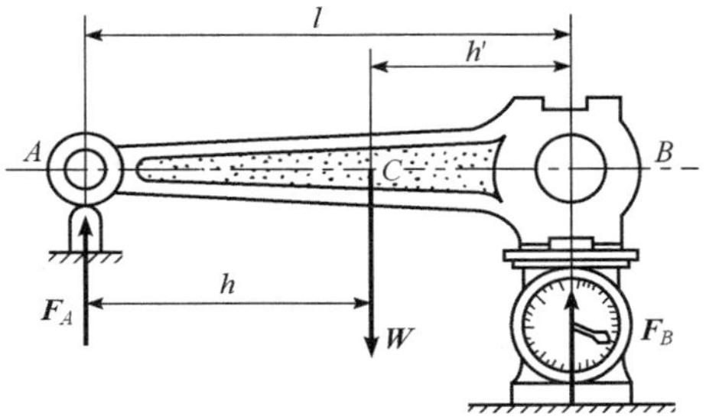

图 4.23

$$\sum M_A = 0, F_B l - Wh = 0$$

得

$$h = F_B l / W$$

若测得 A 端反力 $\boldsymbol{F}_A$ 的大小，则可得

$$h' = F_A l / W$$

可用于校验。

思考题

4.1 计算空间的力在坐标轴上的投影有几种方法？在什么情况下用一次投影法？什么情况下用二次投影法？怎样确定投影的正负？

4.2 力在平面上的投影是标量还是矢量？为什么？

4.3 怎样计算力对轴之矩？

4.4 设有一力 $\boldsymbol{F}$，试问在什么情况下有：

1）$X=0$，$M_x(\boldsymbol{F})=0$；

2）$X=0$，$M_x(\boldsymbol{F})\neq 0$；

3）$X\neq 0$，$M_x(\boldsymbol{F})\neq 0$。

4.5 什么是物体的重心？确定物体重心位置有哪些方法？

4.6 计算物体重心的位置时，如果选取的坐标系不同，重心的坐标是否改变？重心相对于物体的位置是否改变？

4.7 物体重心的位置是否一定在物体上？试举例说明。

4.8 什么是物体的质心？质心与重心有何异同？

4.9 均质物体的重心和形心有什么关系？

4.10 如果平面图形对某轴的静矩等于零，那末该轴一定通过平面图形的形心吗？试说明理由。

习题

4.1 已知 $F_1=3\text{kN}$，$F_2=2\text{kN}$，$F_3=1\text{kN}$。$\boldsymbol{F}_1$ 位于由边长为 3、4、5 的正六面体的前棱边，$\boldsymbol{F}_2$ 在此六面体顶面的对角线上，$\boldsymbol{F}_3$ 则位于正六面体的斜对角线上，如图所示。试计算 $\boldsymbol{F}_1$、$\boldsymbol{F}_2$、$\boldsymbol{F}_3$ 三力分别在 x、y、z 轴上的投影。

4.2 图示为一圆柱斜齿轮，传动时受到力 $\boldsymbol{F}$ 的作用，$\boldsymbol{F}$ 作用于与齿向垂直的平面（法面）内，且与过接触点的切面成 α 角，轮齿与轴线成 β 角。试求力 $\boldsymbol{F}$ 在轮齿的圆周方向的分力 $\boldsymbol{F}_x$、半径方向的分力 $\boldsymbol{F}_z$ 和轴线方向的分力 $\boldsymbol{F}_y$ 的大小。

4.3 图示曲臂的一端套在 $O-O$ 轴上，另一端受到 1200N 的力的作用，试计算此力对 $O-O$ 轴的力矩。

4.4 图示架空电缆的角柱 AB 由两根绳索 AC 和 AD 所支持，两电缆水平且互成直角，其拉力 $F_1=F_2=F$。设一根电缆与 CBA 平面所成的角为 φ，试求角柱和绳索 AC 与 AD 所受的力，并讨论角 φ 的适用范围。

4.5 用图示三脚架 $ABCD$ 和绞车 E 从矿井中吊起重 $W=30\text{kN}$ 的重物，$\triangle ABC$ 为等边三角形，三脚架的三支脚及绳索 DE 均与水平面成 60°角，不计架重，试求当重物被匀速吊起时各脚所受的力。

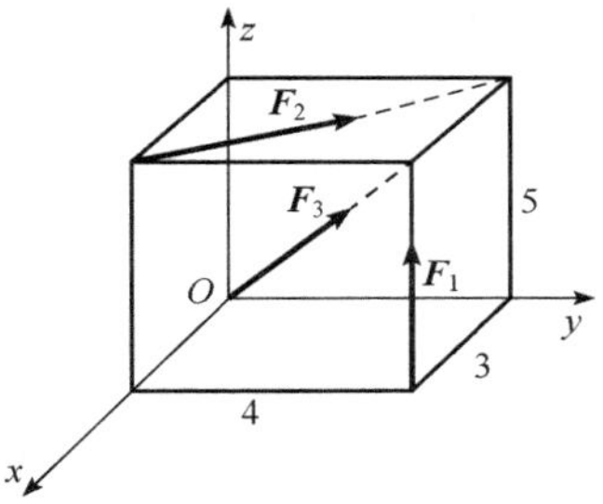

习题 4.1 图

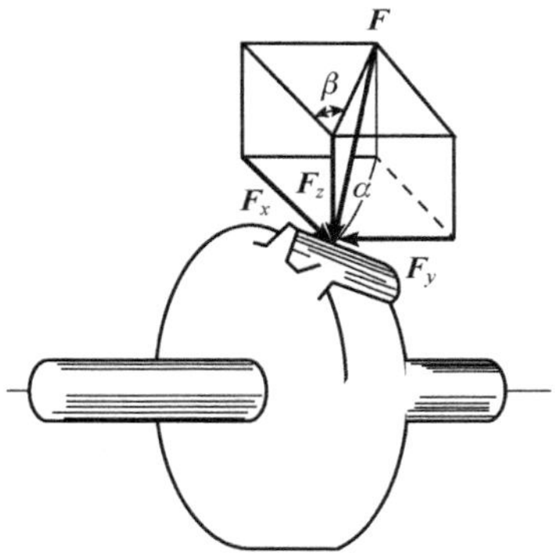

习题 4.2 图

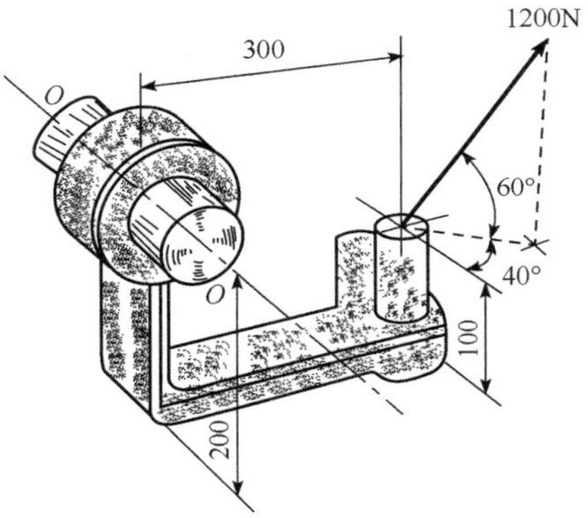

习题 4.3 图

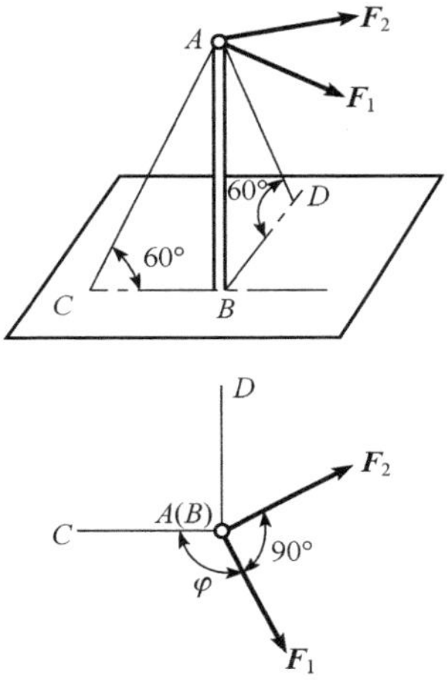

习题 4.4 图

4.6　在三轮货车的底板上 M 处放一重 W＝1kN 的货物，M 点的坐标为 x＝1.1m，y＝1.5m。不计货车本身的自重，试求每一轮子对地面的压力。设 $AC=BC$＝1m，CE＝0.2m，CD＝2.2m。

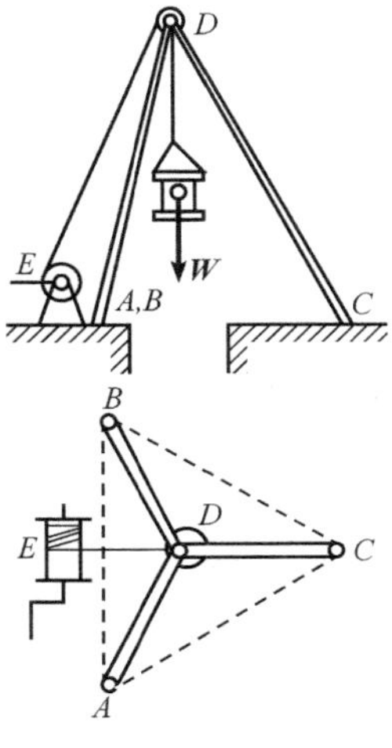

习题 4.5 图

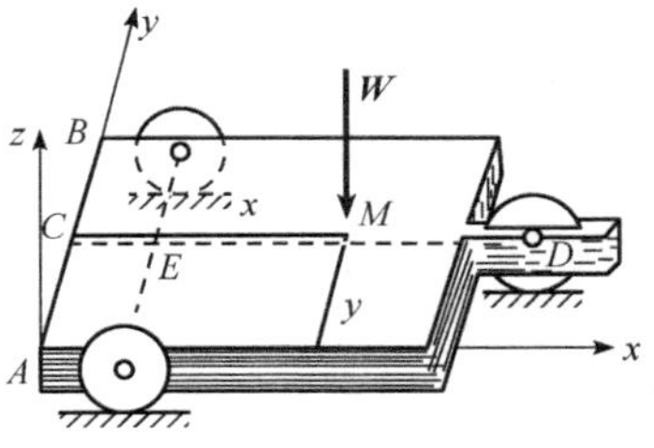

习题 4.6 图

4.7　图示水平轴上装有两个凸轮，凸轮上分别作用有已知力 $F_1=0.8\text{kN}$ 和未知力 $\boldsymbol{F}$。如轴平衡，试求力 $\boldsymbol{F}$ 的大小和轴承 A、B 处的反力。

4.8　图示水平轴上装有两个带轮 C 和 D，轮的半径 $r_1=200\text{mm}$，$r_2=250\text{mm}$。轮 C 的胶带是水平的，其拉力 $F_1=2F_{11}=5000\text{N}$；轮 D 的胶带与铅垂线成角 $\alpha=30°$，其拉力 $F_2=2F_{22}$。不计轮、轴的重量，试求在平衡情况下拉力 $\boldsymbol{F}_2$ 和 $\boldsymbol{F}_{22}$ 的大小及轴承 A、B 处的反力。

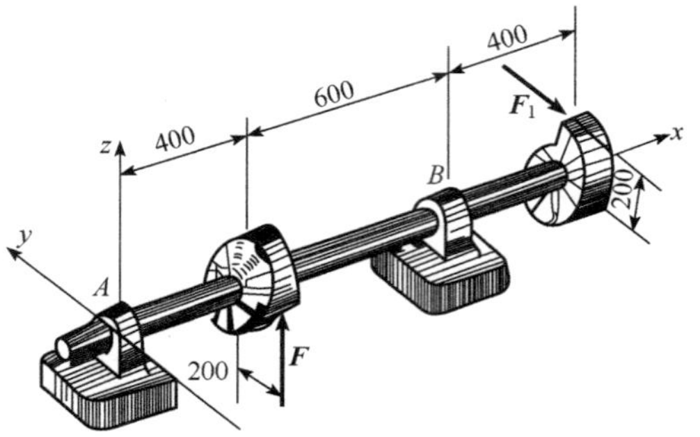

习题 4.7 图

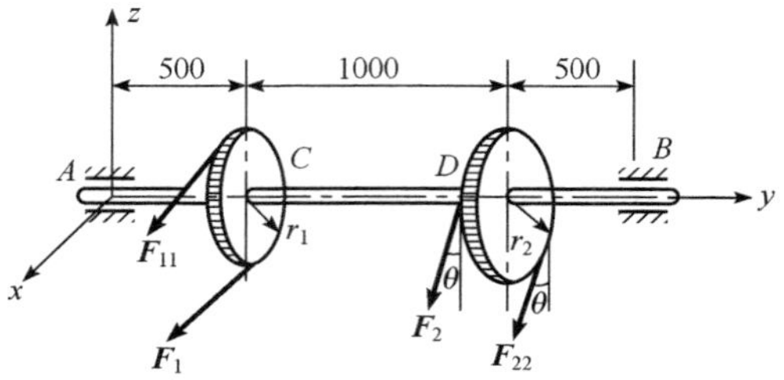

习题 4.8 图

4.9　图示悬臂刚架上作用有分别平行于 AB、CD 的力 $\boldsymbol{F}_1$ 与 $\boldsymbol{F}_2$，已知 $F_1=5\text{kN}$，$F_2=4\text{kN}$，试求固定端 O 处的反力。

4.10　图示均质长方形板 $ABCD$ 重 $W=20\text{N}$，用球铰链 A 和蝶形铰链 B 固定在墙上，并用绳 EC 维持在水平位置，试求绳的拉力和 A、B 处的反力。

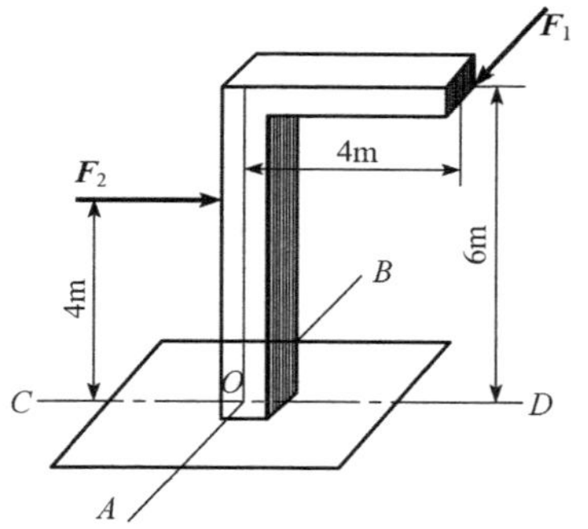

习题 4.9 图

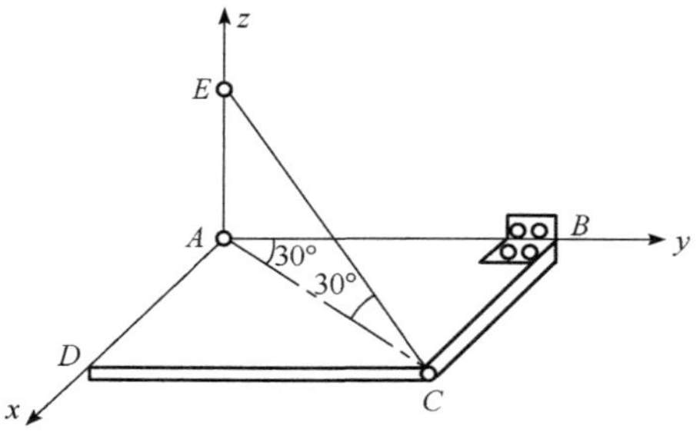

习题 4.10 图

4.11　图示 L 形的刚性曲杆 ABC，由球铰链 A 和三根钢索 BD、BE、CF 维持在水平位置。在 G 点作用有铅垂力 5kN，试求 A 点的约束力和三根钢索的拉力。

4.12　图示均质杆 AB 重 $\boldsymbol{W}$、长 l，A 端用球铰固定，B 端靠在铅垂墙上，铰链 A 与墙的距离 $OA=a$。若杆端 B 与墙面之间的静摩擦因数为 f_s，试问图示角 θ 多大时杆端 B 将开始沿墙壁滑动。

4.13　试求下列各平面图形的形心位置，设 O 点为坐标原点。

4.14　已知平面图形的 R、r、e，取 O 点为坐标原点，试求平面图形的形心位置。

4.15　图示平面桁架由 7 根均质杆组成，$AD=BD=DH=2.5\text{m}$，$AB=3\text{m}$，$BE=EH=2\text{m}$，各杆单位长度重量相等，试求桁架的重心。

4.16　试求图示均质混凝土基础的重心位置。

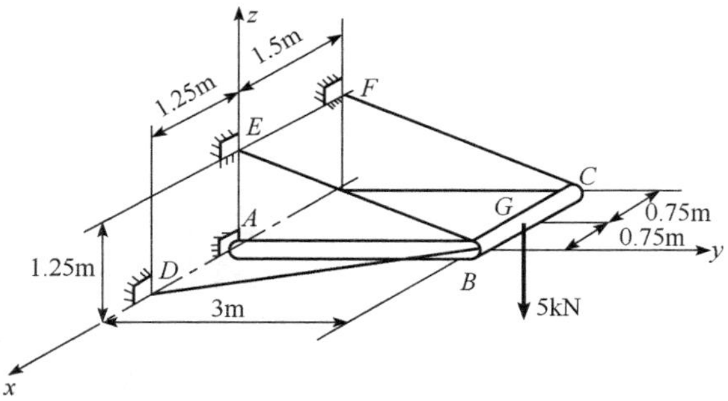

习题 4.11 图

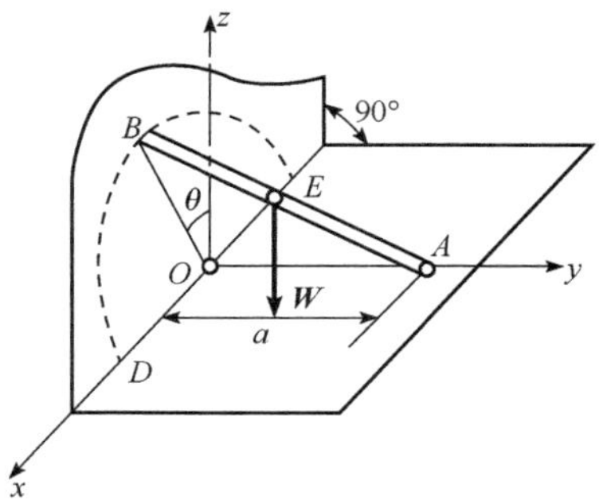

习题 4.12 图

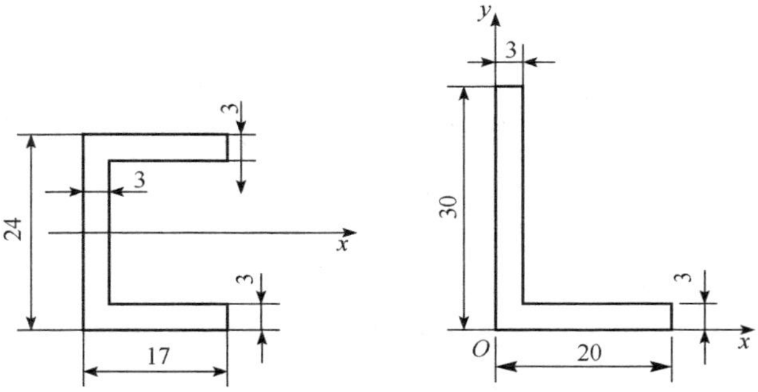

习题 4.13 图

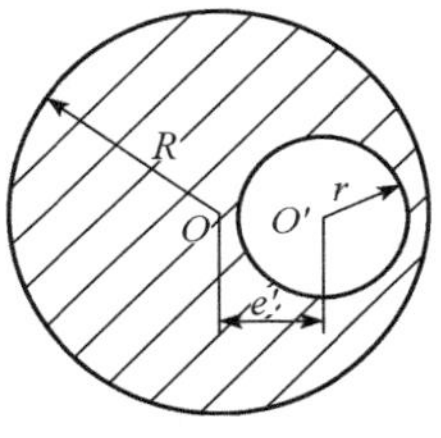

习题 4.14 图

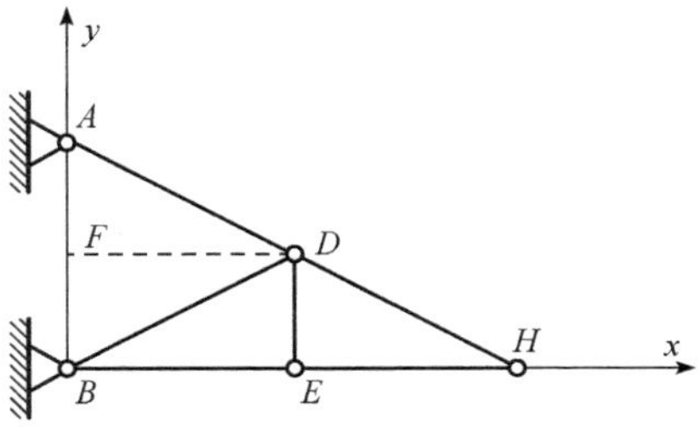

习题 4.15 图

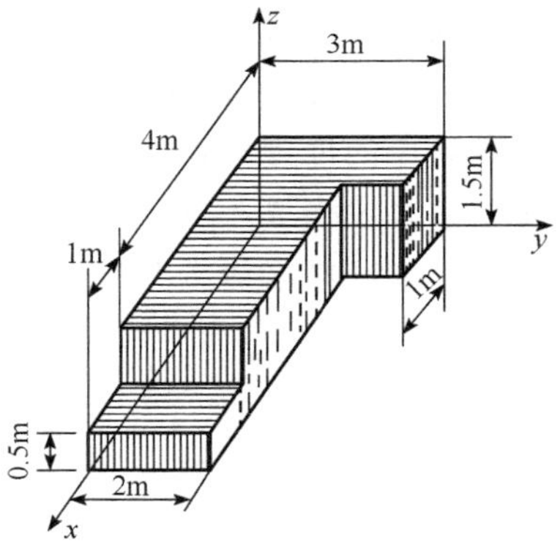

习题 4.16 图

第二篇
运动学

运动学的任务是研究如何描述物体的运动。由于物体的运动一般是用其位置及位置随时间的变化规律来描述的，所以运动学只是从几何的角度来研究物体的运动而不涉及引起和影响物体运动变化的因素（作用于物体上的力和物体本身的质量等）。

学习运动学的目的一方面是为学习动力学作准备，另一方面运动学的有关知识也往往直接应用于工程实际中对物体运动规律的分析。

在研究物体运动时首先应明确两个问题。一个是关于运动的相对性。描述物体运动时必须指出物体是相对另外哪个物体的运动，另外那个物体称为该物体运动的**参考体**，固结于参考体上的坐标系称为**参考坐标系**或**参考系**。今后若不特别说明，我们所说的物体的运动都是相对于地面而言的，即参考系是固结在地面上的。另一个是关于时间的两个概念，即**瞬时**和**时间间隔**。所谓瞬时是指某一具体时刻，如第 5s，它与时间轴上的一点对应；所谓时间间隔是指某一段时间，如第 1s 至第 5s，其时间间隔是 4s，它与时间轴上的一个区间对应。**物体运动中的位置与瞬时相对应，位移与时间间隔相对应**。

运动学中的力学模型是不涉及质量的质点（称为点或动点）和刚体。这里的“点”可以是某个物体，也可以是物体上某一具体的点。

第五章　点的运动

内容提要

本章介绍描述点的运动的三种方法：矢量表示法、直角坐标表示法、弧坐标表示法，介绍如何利用这三种方法建立点的运动方程(用以描述点的位置随时间变化的规律)、以及求点的速度和加速度。

学习要求

1. 掌握用矢量表示法求点的运动方程、速度和加速度。
2. 掌握用直角坐标表示法求点的运动方程、速度和加速度。
3. 掌握用弧坐标表示法求点的运动方程、速度和加速度。

5.1　描述点运动的矢量表示法

5.1.1　用矢量表示点的运动方程

点的运动通常是用某瞬时点所处的位置来描述的。为表示动点 M 在某瞬时的位置，可在参考系上任选一固定点 O，由 O 点到所研究的动点 M 作一矢量 $\boldsymbol{r}$，动点 M 的位置就可以用该矢量表示（图 5.1）。$\boldsymbol{r}$ 称为动点 M 的**位置矢量**。显然，在某瞬时只要已知矢量 $\boldsymbol{r}$，则动点 M 的位置可以完全确定。当点运动时，其位置矢量 $\boldsymbol{r}$ 随时间而变化，是时间 t 的单值连续函数，即

$$\boldsymbol{r}=\boldsymbol{r}(t) \tag{5.1}$$

上式称为动点 M 的矢量形式的**运动方程**。点运动时，位置矢量 $\boldsymbol{r}$ 的末端所描绘的曲线即为动点的**运动轨迹**。

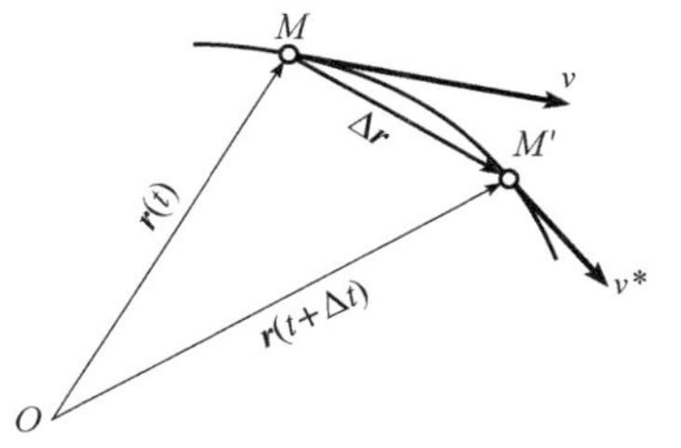

图 5.1

5.1.2　用矢量表示点的速度

设动点在某瞬时 t 位于 M，其位置矢量为 $\boldsymbol{r}(t)$，在 $t+\Delta t$ 瞬时动点位于 M'，其位置矢量为 $\boldsymbol{r}(t+\Delta t)$，如图 5.1 所示。在 Δt 时间间隔内动点的运动轨迹为$\overset{\frown}{MM'}$，位置矢量的改变

$\Delta \boldsymbol{r}$ 称为动点 M 的位移。当 Δt 很小时可近似地用 $\Delta \boldsymbol{r}$ 表示在该时间间隔内动点走过的弧长及运动方向，$\boldsymbol{v}^* = \dfrac{\Delta \boldsymbol{r}}{\Delta t}$ 称为动点在时间间隔 Δt 内的**平均速度**。当 Δt 趋于零时，$\dfrac{\Delta \boldsymbol{r}}{\Delta t}$ 的极限称为动点在瞬时 t 的**速度**，即

$$\boldsymbol{v} = \lim_{\Delta t \to 0} \frac{\Delta \boldsymbol{r}}{\Delta t} = \frac{\mathrm{d}\boldsymbol{r}}{\mathrm{d}t} \tag{5.2}$$

上式表明，**动点的速度等于动点的位置矢量对时间的一阶导数**。动点的速度是矢量，它的方向是 $\Delta \boldsymbol{r}$ 的极限方向，即沿轨迹曲线在 M 点的切线，并指向动点的运动方向。

速度的单位是 m/s，有时也用 km/h。

5.1.3 用矢量表示点的加速度

加速度是表示速度对时间变化率的物理量。设动点在某瞬时 t 的速度为 v，在 $t+\Delta t$ 瞬时的速度为 $\boldsymbol{v}'$，则速度的变化 $\Delta \boldsymbol{v} = \boldsymbol{v}' - \boldsymbol{v}$，如图 5.2 所示。动点在 Δt 时间间隔内的**平均加速度**为 $\boldsymbol{a}^* = \dfrac{\Delta \boldsymbol{v}}{\Delta t}$，当 Δt 趋于零时，$\dfrac{\Delta \boldsymbol{v}}{\Delta t}$ 的极限称为动点在瞬时 t 的加速度，即

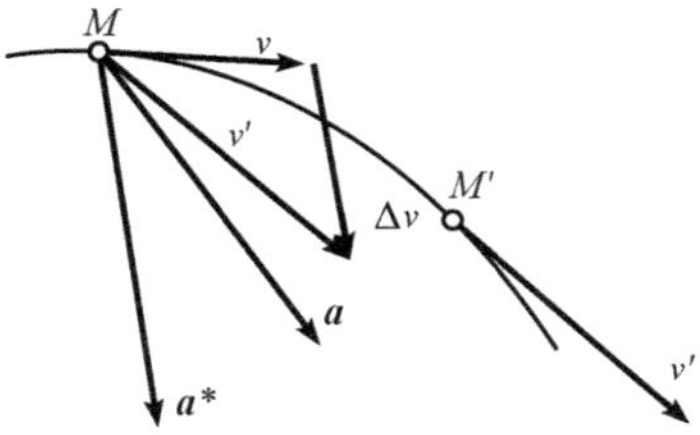

图 5.2

$$\boldsymbol{a} = \lim_{\Delta t \to 0} \frac{\Delta \boldsymbol{v}}{\Delta t} = \frac{\mathrm{d}\boldsymbol{v}}{\mathrm{d}t} = \frac{\mathrm{d}^2 \boldsymbol{r}}{\mathrm{d}t^2} \tag{5.3}$$

上式表明，**动点的加速度等于动点的速度对时间的一阶导数，或等于动点的位置矢量对时间的二阶导数**。

加速度的单位是 $\mathrm{m/s^2}$。

5.2 描述点运动的直角坐标表示法

5.2.1 用直角坐标表示点的运动方程

动点 M 在空间运动时它在某瞬时的位置也可以用空间直角坐标系的坐标 x、y、z 来表示（图 5.3），x、y、z 称为动点的**位置坐标**，坐标值 x、y、z 都是时间 t 的单值连续函数，即

$$\left.\begin{aligned} x &= x(t) \\ y &= y(t) \\ z &= z(t) \end{aligned}\right\} \tag{5.4}$$

这就是动点 M 的直角坐标运动方程。当函数 $x=x(t)$、$y=y(t)$、$z=z(t)$ 已知时，动点 M 在任一瞬时的位置就完全确定。从式（5.4）消去 t，即得动点的**轨迹方程**

$$F(x,y,z) = 0$$

当动点始终在同一平面内运动时，如取该平面为坐标平面 Oxy，则动点的运动方程为

$$\left.\begin{aligned} x &= x(t) \\ y &= y(t) \end{aligned}\right\} \tag{5.5}$$

当动点始终沿一直线运动时，如取该直线为坐标轴 x，则动点的运动方程为

$$x = x(t) \tag{5.6}$$

5.2.2　用直角坐标表示点的速度

如图 5.4 所示，若以 O 点为坐标原点建立 $Oxyz$ 直角坐标系，则动点的位置矢量 $\boldsymbol{r}$ 可表示为

$$\boldsymbol{r} = x\boldsymbol{i} + y\boldsymbol{j} + z\boldsymbol{k}$$

式中：$\boldsymbol{i}$、$\boldsymbol{j}$、$\boldsymbol{k}$——沿直角坐标轴正向的单位矢量。

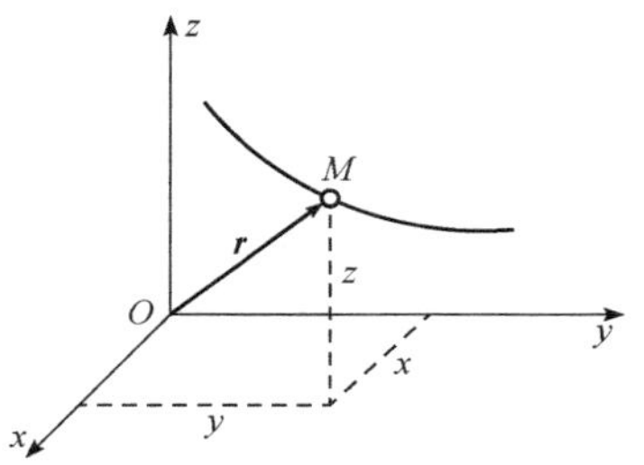

图 5.3

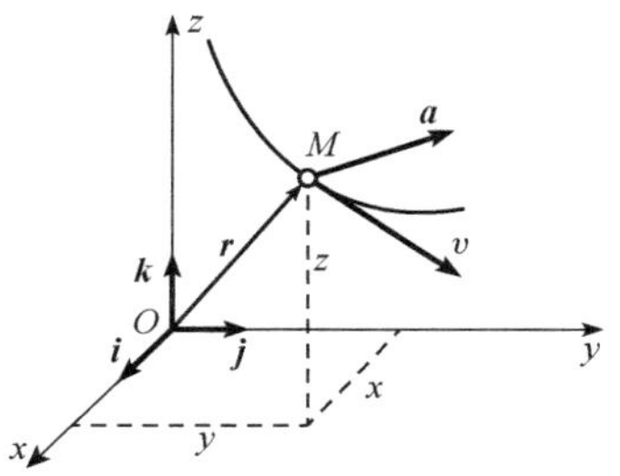

图 5.4

由于动点的速度等于位置矢量对时间的一阶导数，故动点的速度可表示为

$$\boldsymbol{v} = \frac{\mathrm{d}\boldsymbol{r}}{\mathrm{d}t} = \frac{\mathrm{d}x}{\mathrm{d}t}\boldsymbol{i} + \frac{\mathrm{d}y}{\mathrm{d}t}\boldsymbol{j} + \frac{\mathrm{d}z}{\mathrm{d}t}\boldsymbol{k} \tag{5.7}$$

而速度矢量又可表示为

$$\boldsymbol{v} = v_x\boldsymbol{i} + v_y\boldsymbol{j} + v_z\boldsymbol{k}$$

式中：v_x、v_y、v_z——速度 $\boldsymbol{v}$ 在 x、y、z 坐标轴上的投影。比较上两式可得到用直角坐标表示的速度为

$$\left.\begin{aligned} v_x &= \frac{\mathrm{d}x}{\mathrm{d}t} \\ v_y &= \frac{\mathrm{d}y}{\mathrm{d}t} \\ v_z &= \frac{\mathrm{d}z}{\mathrm{d}t} \end{aligned}\right\} \tag{5.8}$$

式（5.8）表明，**动点的速度在各坐标轴上的投影分别等于动点相应的位置坐标对时间的一阶导数。**

速度的大小及方向余弦为

$$\left.\begin{aligned} &v = \sqrt{v_x^2 + v_y^2 + v_z^2} = \sqrt{\left(\frac{\mathrm{d}x}{\mathrm{d}t}\right)^2 + \left(\frac{\mathrm{d}y}{\mathrm{d}t}\right)^2 + \left(\frac{\mathrm{d}z}{\mathrm{d}t}\right)^2} \\ &\cos(\boldsymbol{v},\boldsymbol{i}) = \frac{v_x}{v}, \cos(\boldsymbol{v},\boldsymbol{j}) = \frac{v_y}{v}, \cos(\boldsymbol{v},k) = \frac{v_z}{v} \end{aligned}\right\} \tag{5.9}$$

5.2.3　用直角坐标表示点的加速度

与前述点的速度和点的位置的关系类似，由于动点的加速度等于速度对时间的一阶导数，所以加速度 $\boldsymbol{a}$ 在坐标轴上的投影 a_x、a_y、a_z 分别等于速度 $\boldsymbol{v}$ 在坐标轴上的投影 v_x、v_y、

v_z 对时间 t 的一阶导数，即

$$\left.\begin{aligned}a_x &= \frac{\mathrm{d}v_x}{\mathrm{d}t} = \frac{\mathrm{d}^2 x}{\mathrm{d}t}\\ a_y &= \frac{\mathrm{d}v_y}{\mathrm{d}t} = \frac{\mathrm{d}^2 y}{\mathrm{d}t}\\ a_z &= \frac{\mathrm{d}v_z}{\mathrm{d}t} = \frac{\mathrm{d}^2 z}{\mathrm{d}t}\end{aligned}\right\} \tag{5.10}$$

上式表明，**动点的加速度在各坐标轴上的投影分别等于动点相应的位置坐标对时间 t 的二阶导数。**

加速度的大小及方向余弦为

$$\left.\begin{aligned}&a = \sqrt{a_x^2 + a_y^2 + a_z^2} = \sqrt{\left(\frac{\mathrm{d}^2 x}{\mathrm{d}t^2}\right)^2 + \left(\frac{\mathrm{d}^2 y}{\mathrm{d}t^2}\right)^2 + \left(\frac{\mathrm{d}^2 z}{\mathrm{d}t^2}\right)^2}\\ &\cos(\boldsymbol{a},\boldsymbol{i}) = \frac{a_x}{a}, \cos(\boldsymbol{a},\boldsymbol{j}) = \frac{a_y}{a}, \cos(\boldsymbol{a},\boldsymbol{k}) = \frac{a_z}{a}\end{aligned}\right\} \tag{5.11}$$

【例 5.1】 已知点的运动方程为

$$x = r\cos\omega t$$
$$y = r\sin\omega t$$

其中，r、ω 是常数。试求动点的运动轨迹，速度与加速度。

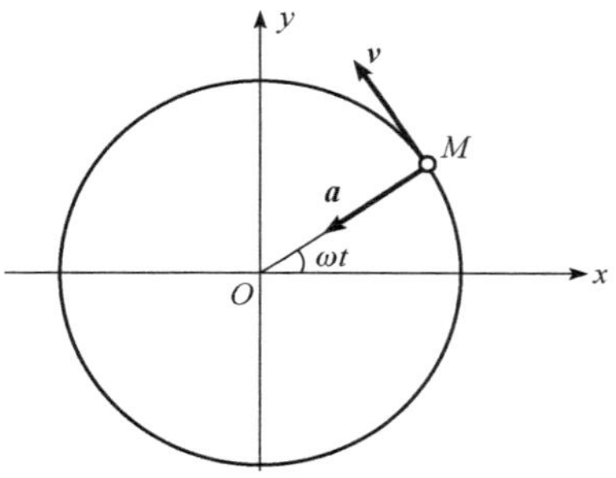

图 5.5

【解】 为求动点的运动轨迹，将运动方程平方后相加，消去 t 得

$$x^2 + y^2 = r^2$$

这说明动点的运动轨迹是以 O 点为圆心、r 为半径的一个圆，如图 5.5 所示。当 $\omega t = 0$ 时，$x = r$、$y = 0$，动点位于 x 轴上；当 $\omega t = \pi/2$ 时，$x = 0$、$y = r$，动点位于 y 轴上。

动点的速度在坐标轴上的投影为

$$v_x = -r\omega\sin\omega t$$
$$v_y = r\omega\cos\omega t$$

因此速度的大小为

$$\boldsymbol{v} = \sqrt{v_x^2 + v_y^2} = r\omega$$

可见动点速度的大小是常数。速度 v 与 x 轴正向夹角的余弦为

$$\cos(\boldsymbol{v},\boldsymbol{i}) = \frac{v_x}{\boldsymbol{v}} = -\sin\omega t = \cos\left(\frac{\pi}{2} + \omega t\right)$$

由此可知，动点速度的方向与 x 轴正向的夹角是 $\frac{\pi}{2} + \omega t$，如图 5.5 所示。

动点的加速度在坐标轴上的投影为

$$a_x = -r\omega^2\cos\omega t$$
$$a_y = -r\omega^2\sin\omega t$$

因此加速度的大小为

$$a = \sqrt{a_x^2 + a_y^2} = r\omega^2$$

可见动点加速度的大小是常数。加速度 $\boldsymbol{a}$ 与 x 轴正向夹角的余弦为

$$\cos(\boldsymbol{a},\boldsymbol{i}) = \frac{a_x}{a} = -\cos\omega t = \cos(\pi + \omega t)$$

由此可知，动点加速度的方向与 x 轴正向的夹角是 $\pi+\omega t$，指向圆心，如图 5.5 所示。

【例 5.2】 牵引车自 B 点沿水平面匀速开出，速度 $v_0=1\text{m/s}$，通过绕过 A 的定滑轮将重物 M 自地面提起，如图 5.6 所示。若滑轮 A 距地面高为 9m，车上的牵引钩距地面高为 1m，试求重物 M 的运动方程、速度和加速度，以及重物由地面升到 A 处所需的时间。

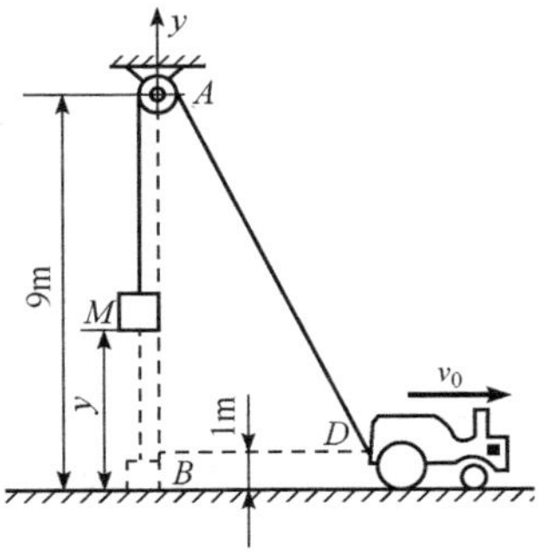

图 5.6

【解】 由于重物作直线运动，以地面上的 B 点为坐标原点沿铅垂方向建立坐标轴 y。由图中的几何关系，M 点的运动方程为

$$y = \sqrt{(v_0 t)^2 + (9-1)^2} - 8 = \sqrt{t^2 + 8^2} - 8$$

M 点的速度为

$$v = \frac{\mathrm{d}y}{\mathrm{d}t} = \frac{t}{\sqrt{t^2 + 64}}$$

M 点的加速度为

$$a = \frac{\mathrm{d}v}{\mathrm{d}t} = \frac{64}{\sqrt{(t^2 + 64)^3}}$$

当 M 点升到 A 处时，$y=9\text{m}$，代入运动方程得

$$9 = \sqrt{t^2 + 64} - 8$$

解得

$$t = 15\text{s}$$

5.3 描述点运动的弧坐标表示法

5.3.1 用弧坐标表示点的运动方程

若动点运动的轨迹曲线是已知的，为确定任意瞬时动点在轨迹曲线上的位置，可在轨迹曲线上任选一点 O 作为坐标原点，以动点的轨迹曲线为坐标轴，并规定 O 点的某一边为正方向，另一边为负方向，动点 M 的位置用由 O 点到动点的弧长 $\widehat{OM}=s$ 来表示，s 称为动点 M 的**弧坐标**，并规定动点 M 在坐标轴正向时弧坐标为正，在坐标轴负向时弧坐标为负，如图 5.7 所示。当动点 M 沿轨迹曲线运动时，动点 M 的弧坐标 s 将随时间 t 而变化，是时间 t 的单值连续函数，即

$$s = s(t) \tag{5.12}$$

上式称为动点 M 的弧坐标运动方程。显然，当函数 $s=s(t)$ 已知时，任意瞬时动点 M 在轨迹曲线上的位置就完全确定了。

5.3.2 用弧坐标表示点的速度

如图 5.8 所示，设动点在某平面内运动，其运动轨迹已知，沿该轨迹的运动方程为 $s=s(t)$。在瞬时 t，动点 M 的位置矢量为 $\boldsymbol{r}$，经过时间间隔 Δt，动点 M 沿已知轨迹运动到 M'，其位置矢量为 $\boldsymbol{r}'$，动点在 Δt 时间间隔内的位移为 $\Delta\boldsymbol{r}$，相应的弧坐标增量为 Δs。由式（5.2），动点的速度 $\boldsymbol{v}=\frac{\mathrm{d}\boldsymbol{r}}{\mathrm{d}t}$，将分子和分母同时乘以 $\mathrm{d}s$，得

$$\boldsymbol{v}=\frac{\mathrm{d}\boldsymbol{r}}{\mathrm{d}t}=\frac{\mathrm{d}\boldsymbol{r}}{\mathrm{d}t}\frac{\mathrm{d}s}{\mathrm{d}s}=\frac{\mathrm{d}\boldsymbol{r}}{\mathrm{d}s}\frac{\mathrm{d}s}{\mathrm{d}t}$$

由图 5.8 可知，当 $\Delta s\to 0$ 时，$\Delta\boldsymbol{r}/\Delta s$ 的大小趋于 1，$\Delta\boldsymbol{r}/\Delta s$ 的方向总是趋于弧坐标的正向（若 $\Delta s>0$，$\Delta\boldsymbol{r}$ 的方向趋于弧坐标的正向，$\Delta\boldsymbol{r}/\Delta s$ 也趋于弧坐标的正向；若 $\Delta s<0$，由于 $\Delta\boldsymbol{r}$ 的方向趋于弧坐标的负向，故 $\Delta\boldsymbol{r}/\Delta s$ 仍趋于弧坐标的正向），且与轨迹相切，所以始终有

$$\frac{\mathrm{d}\boldsymbol{r}}{\mathrm{d}s}=\boldsymbol{\tau}$$

式中：$\boldsymbol{\tau}$——沿轨迹切向指向弧坐标正向的单位矢量。

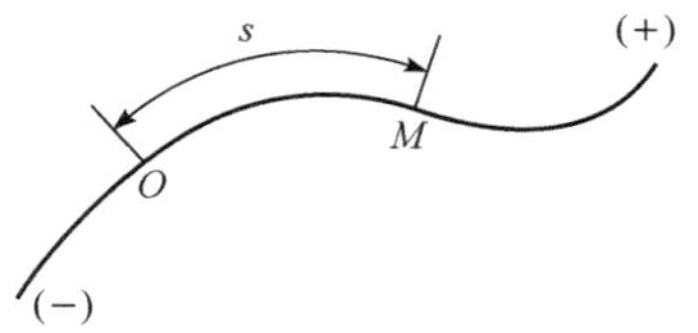

图 5.7

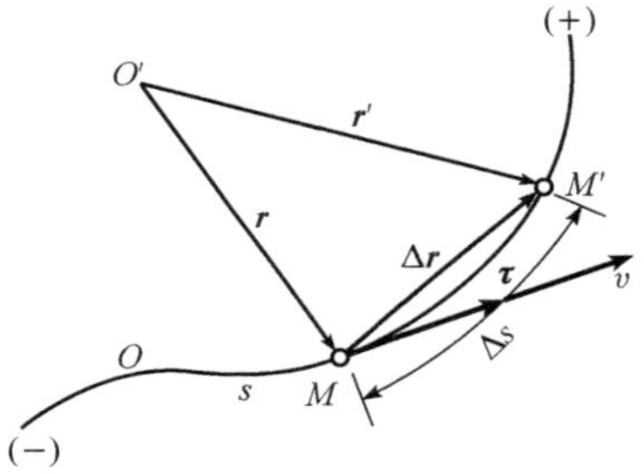

图 5.8

此外，$\frac{\mathrm{d}s}{\mathrm{d}t}=\lim\limits_{\Delta t\to 0}\frac{\Delta s}{\Delta t}=v$，显然这是速度的代数值，当 $\frac{\mathrm{d}s}{\mathrm{d}t}>0$ 时，s 随时间 t 而增大，$\boldsymbol{v}$ 的指向与 $\boldsymbol{\tau}$ 相同；当 $\frac{\mathrm{d}s}{\mathrm{d}t}<0$ 时，s 随时间 t 而减小，$\boldsymbol{v}$ 的指向与 $\boldsymbol{\tau}$ 相反。于是得到动点沿曲线运动时用弧坐标表示的速度为

$$\boldsymbol{v}=v\boldsymbol{\tau}=\frac{\mathrm{d}s}{\mathrm{d}t}\boldsymbol{\tau} \tag{5.13}$$

上式表明，**动点沿已知轨迹运动的速度的代数值等于弧坐标 s 对时间的一阶导数，速度的方向沿轨迹的切线方向**，当 $\frac{\mathrm{d}s}{\mathrm{d}t}$ 为正时，指向与 $\boldsymbol{\tau}$ 相同；反之，指向与 $\boldsymbol{\tau}$ 相反。

5.3.3 用弧坐标表示点的加速度

为求动点 M 的加速度 $\boldsymbol{a}$，将式（5.13）代入式（5.3），得

$$\boldsymbol{a}=\frac{\mathrm{d}\boldsymbol{v}}{\mathrm{d}t}=\frac{\mathrm{d}}{\mathrm{d}t}(v\boldsymbol{\tau})=\frac{\mathrm{d}v}{\mathrm{d}t}\boldsymbol{\tau}+v\frac{\mathrm{d}\boldsymbol{\tau}}{\mathrm{d}t} \tag{a}$$

上式等号右边第一项中的$\frac{\mathrm{d}v}{\mathrm{d}t}=\frac{\mathrm{d}^2 s}{\mathrm{d}t^2}$，表示速度代数值改变的情况；第二项中的$\frac{\mathrm{d}\boldsymbol{\tau}}{\mathrm{d}t}$，表示速度方向的单位矢量$\boldsymbol{\tau}$改变的情况，下面具体加以讨论。

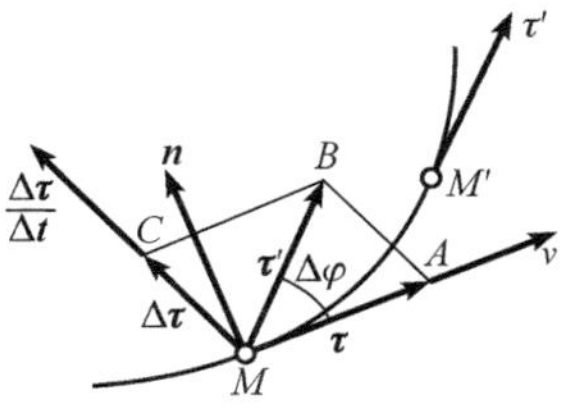

图 5.9

如图 5.9 所示，在瞬时t，动点轨迹上M点处切线方向的单位矢量为$\boldsymbol{\tau}$，经过时间间隔Δt，该点运动到M'，这时它切线方向的单位矢量为$\boldsymbol{\tau}'$。在Δt时间间隔内，$\boldsymbol{\tau}$的改变量$\Delta\boldsymbol{\tau}=\boldsymbol{\tau}'-\boldsymbol{\tau}$。$\Delta\boldsymbol{\tau}$的大小为等腰三角形$\triangle MAB$中的$AB$，$|\Delta\boldsymbol{\tau}|=AB=2\times 1\times\sin\frac{|\Delta\varphi|}{2}=2\sin\frac{|\Delta\varphi|}{2}$。当$\Delta\varphi$很小时，$|\Delta\boldsymbol{\tau}|\approx 2\times\frac{|\Delta\varphi|}{2}=|\Delta\varphi|$，于是

$$\left|\frac{\mathrm{d}\boldsymbol{\tau}}{\mathrm{d}t}\right|=\lim_{\Delta t\to 0}\frac{|\Delta\boldsymbol{\tau}|}{\Delta t}=\lim_{\Delta t\to 0}\frac{|\Delta\varphi|}{\Delta t}=\lim_{\Delta t\to 0}\left|\frac{\Delta\varphi}{\Delta s}\right|\frac{|\Delta s|}{\Delta t}=\lim_{\Delta s\to 0}\left|\frac{\Delta\varphi}{\Delta s}\right|\lim_{\Delta t\to 0}\frac{|\Delta s|}{\Delta t}$$

式中：Δs——动点弧坐标的增量。

由高等数学知，$\lim\limits_{\Delta s\to 0}\left|\frac{\Delta\varphi}{\Delta s}\right|=\frac{1}{\rho}$，$\rho$为曲线在$M$点处的曲率半径；而$\lim\limits_{\Delta t\to 0}\frac{|\Delta s|}{\Delta t}=\left|\frac{\mathrm{d}s}{\mathrm{d}t}\right|=|v|$，因此

$$\left|\frac{\mathrm{d}\boldsymbol{\tau}}{\mathrm{d}t}\right|=\frac{|v|}{\rho}$$

由图 5.9 不难看出，当Δt趋于零时，$\Delta\boldsymbol{\tau}$的极限位置垂直于曲线在M点处的切线，且指向曲线在M点的曲率中心。若规定该方向为弧坐标轴在该点的法线方向，该方向的单位矢量用$\boldsymbol{n}$表示，则导数$\frac{\mathrm{d}\boldsymbol{\tau}}{\mathrm{d}t}$可表示为

$$\frac{\mathrm{d}\boldsymbol{\tau}}{\mathrm{d}t}=\frac{v}{\rho}\boldsymbol{n}$$

将上式代入式（a），得

$$\boldsymbol{a}=\frac{\mathrm{d}v}{\mathrm{d}t}\boldsymbol{\tau}+\frac{v^2}{\rho}\boldsymbol{n} \tag{b}$$

上式中的加速度$\boldsymbol{a}$也称为**全加速度**，它由两个分矢量组成：分矢量$\boldsymbol{a}_\tau=\frac{\mathrm{d}v}{\mathrm{d}t}\boldsymbol{\tau}$的方向沿轨迹的切线方向，称为**切向加速度**，它反映速度的代数值随时间的变化率；分矢量$\boldsymbol{a}_\mathrm{n}=\frac{v^2}{\rho}\boldsymbol{n}$的方向沿轨迹的法线方向，称为**法向加速度**，它反映速度方向随时间的变化率。若以a_τ、a_n分别表示加速度$\boldsymbol{a}$在切向和法向上的投影，则全加速度可表示为

$$\boldsymbol{a}=a_\tau\boldsymbol{\tau}+a_\mathrm{n}\boldsymbol{n} \tag{5.14}$$

式中：

$$\left.\begin{aligned}a_\tau&=\frac{\mathrm{d}v}{\mathrm{d}t}\\ a_\mathrm{n}&=\frac{v^2}{\rho}\end{aligned}\right\} \tag{5.15}$$

应该注意，a_τ的正负反映的是切向加速度的指向是否与弧坐标的正向一致，当$a_\tau>0$

时表示切向加速度指向弧坐标的正向，反之表示切向加速度指向弧坐标的负向。另外，当 a_τ 与速度 v 同号时点作加速运动，异号时点作减速运动。又因为 a_n 永远是正值，所以法向加速度永远指向 $\boldsymbol{n}$ 的正向，即指向轨迹曲线的曲率中心。

全加速度的大小和方向为

$$\left.\begin{aligned} a &= \sqrt{a_\tau^2 + a_n^2} = \sqrt{\left(\frac{\mathrm{d}v}{\mathrm{d}t}\right)^2 + \left(\frac{v^2}{\rho}\right)^2} \\ \theta &= \arctan\frac{|a_\tau|}{a_n} \end{aligned}\right\} \tag{5.16}$$

式中：θ——$\boldsymbol{a}$ 与 $\boldsymbol{n}$ 之间的夹角。

5.3.4　点的运动的几种特殊情况

1. 直线运动

由于点的这种运动的轨迹是直线，故其曲率半径 $\rho=\infty$。由式（5.14）和式（5.15），$a_n=0$，$a=a_\tau$，这种运动只有切向加速度。

2. 匀速曲线运动

由于点的这种运动的速度大小不变，由式（5.14）和式（5.15），$a_\tau=0$，$a=a_n$，这种运动只有法向加速度。又由于速度 v 是常数，将 $\mathrm{d}s=v\mathrm{d}t$ 积分，即

$$\int_{s_0}^{s}\mathrm{d}s = v\int_0^t\mathrm{d}t$$

得点的运动方程为

$$s = s_0 + vt \tag{5.17}$$

3. 匀变速曲线运动

由于点的这种运动的切向加速度是常数，将 $\mathrm{d}v=a_\tau\mathrm{d}t$ 积分，即

$$\int_{v_0}^{v}\mathrm{d}v = a_\tau\int_0^t\mathrm{d}t$$

得

$$v = v_0 + a_\tau t \tag{5.18}$$

再将 $\mathrm{d}s=v\mathrm{d}t$ 积分，即

$$\int_{s_0}^{s}\mathrm{d}s = \int_0^t v\mathrm{d}t = \int_0^t (v_0 + a_\tau t)\mathrm{d}t$$

得

$$s = s_0 + v_0 t + \frac{1}{2}a_\tau t^2 \tag{5.19}$$

由式（5.18）和式（5.19）消去 t，得

$$v^2 - v_0^2 = 2a_\tau(s - s_0) \tag{5.20}$$

式（5.18）、式（5.19）和式（5.20）是匀变速曲线运动的三个常用公式。

【例 5.3】 图 5.10 为一曲柄摇杆机构。曲柄长 $OA=0.1\mathrm{m}$，绕 O 轴转动，角 φ 与时间 t 的关系为 $\varphi=\pi t/4$，φ 的单位为 rad，t 的单位为 s，摇杆长 $O_1B=0.24\mathrm{m}$，距离 $O_1O=0.1\mathrm{m}$，试求 B 点的运动方程、速度及加速度。

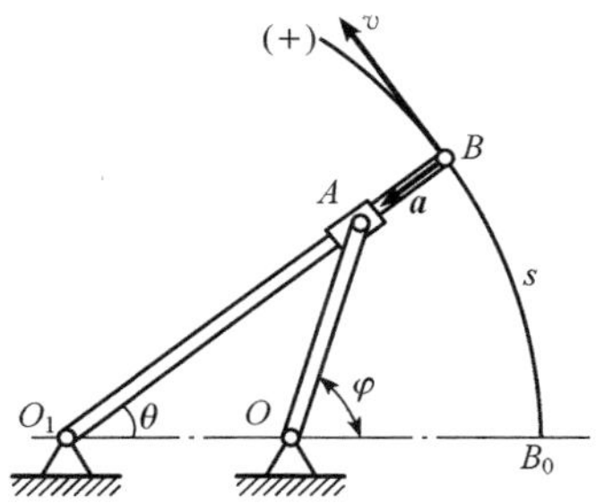

图 5.10

【解】 B 点的运动轨迹是以 O_1 点为圆心，O_1B 为半径的圆弧，$t=0$ 时 B 点在 B_0 处。取 B_0 点为弧坐标原点，逆时针为正向，则 B 点的弧坐标为

$$s = B_0B = O_1B \cdot \theta$$

由于$\triangle OAO_1$ 是等腰三角形，因此 $\varphi=2\theta$，故 B 点的运动方程为

$$s = O_1B \times \frac{\varphi}{2} = 0.24 \times \frac{\pi t}{4 \times 2} = 0.03\pi t$$

B 点的速度及加速度分别为

$$v = \frac{\mathrm{d}s}{\mathrm{d}t} = 0.03\pi \mathrm{m/s} = 0.0942 \mathrm{m/s}$$

$$a_\tau = \frac{\mathrm{d}^2 s}{\mathrm{d}t^2} = 0$$

$$a_n = \frac{v^2}{\rho} = \frac{(0.03\pi)^2}{0.24} \mathrm{m/s^2} = 0.037 \mathrm{m/s^2}$$

可见 B 点作匀速圆周运动，其速度及加速度方向如图 5.10 所示。

思考题

5.1　$\mathrm{d}\boldsymbol{v}/\mathrm{d}t$ 与 $\mathrm{d}v/\mathrm{d}t$ 有何不同？就直线运动和曲线运动分别加以讨论。

5.2　点的切向加速度与法向加速度的物理意义是什么？指出当下列情况时点各作什么运动？

1）$a_\tau=0$，$a_n=0$；

2）$a_\tau=0$，$a_n=$常数；

3）$a_\tau=$常数，$a_n=0$；

4）$a_\tau\neq0$，$a_n\neq0$。

5.3　当点作匀速运动时和点的速度为零时，其加速度是否必为零？试举例说明。

5.4　在铁路拐弯处两直线段须用一光滑曲线连接，试说明为什么不能用一圆弧段相连接。

习题

5.1　升降机提升重物时，若重物的运动方程为 $h=\frac{1}{2}H\left(1-\cos\sqrt{\frac{2b}{H}}t\right)$，式中 H 为提升的最大高度，b 为常数，试求重物上升的速度、加速度及上升到最大高度所需的时间 t。

5.2　岸边的滑轮 A 距水面高为 h，缆绳绕过滑轮沿水平方向以速度 v_0 牵引小船，若船距岸边的初始距离为 l，试求小船的运动方程及速度。

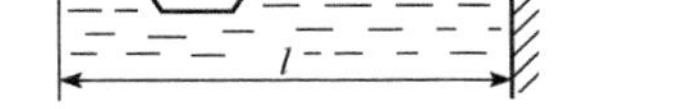

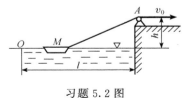

习题 5.2 图

5.3　半圆形凸轮以匀速 $v_0=1\mathrm{m/s}$ 水平向左运动，从而使导杆向下运动，导杆上的 M 点始终不离开凸轮表面，如图所示。若凸轮半径 $R=0.8\mathrm{m}$，开始时 M 点在凸轮的最高点，试求 M 点的运动方程和速度。

5.4　半径为 r 的圆环固定不动，OA 杆绕 O 轴转动且有 $\varphi=\frac{1}{2}t^2$，小环 M 套在杆和圆环上，由杆带动小环沿圆环运动，试分别用直角坐标形式和弧坐标形式建立小环 M 的运动方程。

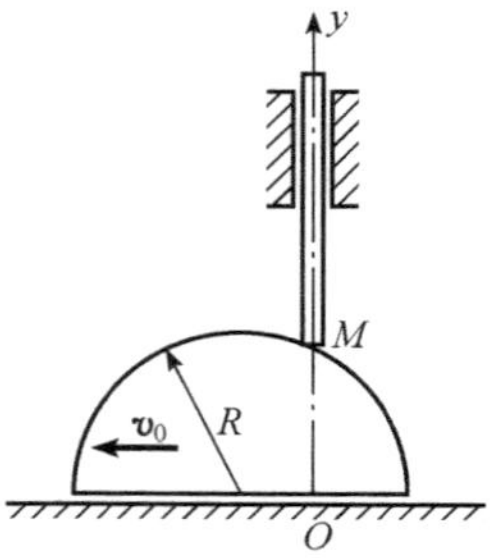

习题 5.3 图

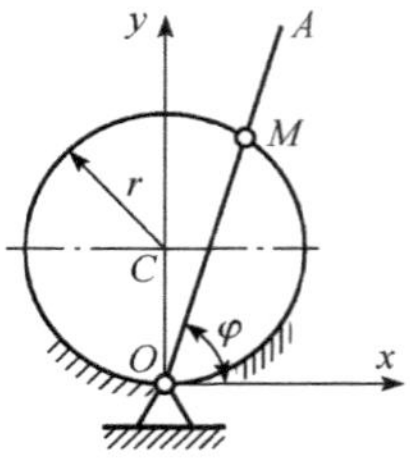

习题 5.4 图

5.5　摇杆机构的滑杆 AB 以匀速 v_0 向上运动，设初瞬时 $\varphi=0$，摇杆长为 b，试分别用直角坐标和弧坐标建立摇杆上 C 点的运动方程，并求 $\varphi=\pi/4$ 时 C 点速度的大小。

5.6　图示摇杆滑道机构，滑块 M 同时在固定圆弧槽 BC 和摇杆 OA 的滑道中滑动，BC 弧的半径为 R，摇杆绕 O 轴转动且有 $\varphi=\omega t$（ω 为常数），O 轴在 BC 弧所在的圆周上，开始时摇杆在水平位置，试分别用直角坐标和弧坐标建立滑块的运动方程，并求其速度和加速度。

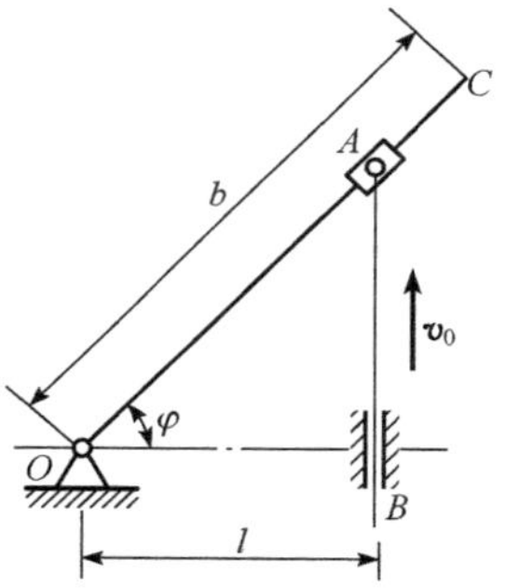

习题 5.5 图

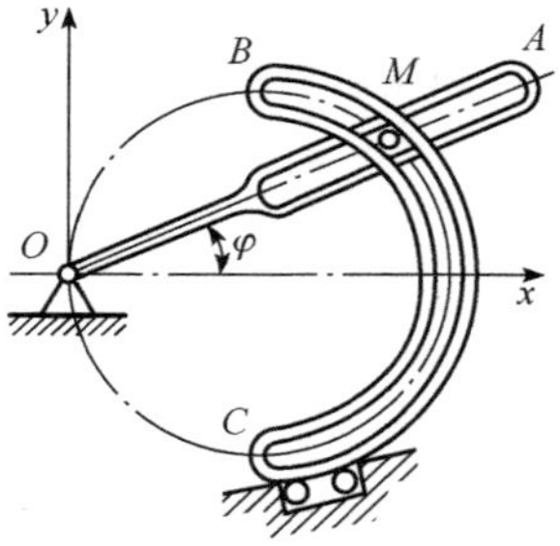

习题 5.6 图

第六章　刚体的运动

内容提要

本章介绍刚体平行移动、定轴转动和平面运动的特点，其中平行移动和定轴转动是刚体的两种最基本的运动，平面运动可看作平行移动和定轴转动的合成。在研究平行移动和定轴转动刚体内各点的速度、加速度的计算的基础上，应用分析点的合成运动的方法给出计算平面运动刚体内各点速度的三种方法：基点法、速度投影法和速度瞬心法。

学习要求

1. 理解刚体平行移动的运动特点。掌握平行移动刚体上各点的速度、加速度的计算。

2. 理解刚体定轴转动的运动特点。掌握定轴转动刚体的角速度、角加速度以及刚体上各点的速度、加速度的计算。

3. 理解点的合成运动的概念。掌握点的速度合成定理。

4. 理解刚体平面运动的运动特点和运动的分解。掌握用基点法、速度投影法和速度瞬心法计算平面运动刚体上各点的速度。

6.1　刚体的平行移动

刚体在运动过程中如果其上任一直线始终与其原来的位置保持平行，则刚体的这种运动称为**平行移动**，简称**平移**。例如，车厢在直线轨道上的运动［图 6.1（a)]，摆动式送料机上送料槽的运动［图 6.1（b)]，蒸汽机车车轮上平行连杆的运动［图 6.1（c)］等都是平移的实例。其中车厢上各点的运动轨迹是直线，刚体的这种平移称为**直线平移**，送料槽及平行连杆上各点的运动轨迹是曲线，称为**曲线平移**。

下面研究刚体平移时其上各点的轨迹、速度和加速度之间的关系。

在平移刚体上任选一条直线 AB，其上 A、B 两点的轨迹及 AB 在不同瞬时 t_1、t_2、t_3…的位置 A_1B_1、A_2B_2、A_3B_3、…如图 6.2 所示。由刚体及刚体平移的定义可知，这些线

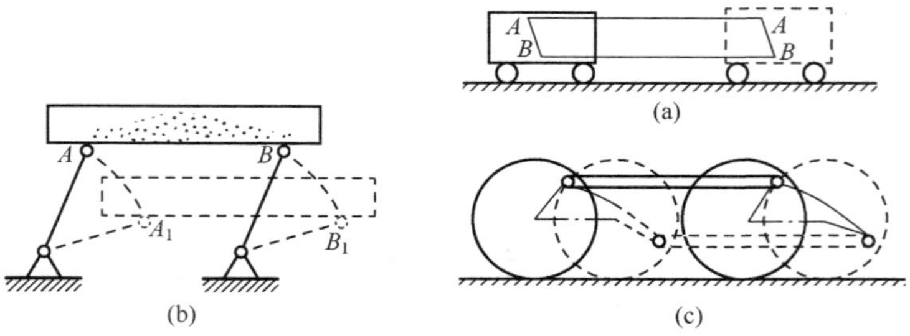

图 6.1

段都彼此平行且等长，故四边形 $A_1B_1B_2A_2$、$A_2B_2B_3A_3$、…均为平行四边形。显然，将折线 $A_1A_2A_3$…沿 AB 方向移动 AB 一段距离后，便可与折线 $B_1B_2B_3$…逐点重合。当 t_1、t_2、t_3、…无限接近时，折线 $A_1A_2A_3$…的极限就是 A 点的轨迹，而折线 $B_1B_2B_3$…的极限就是 B 点的轨迹。由此可知，平移刚体上任意两点的轨迹的形状都相同，且彼此平行。

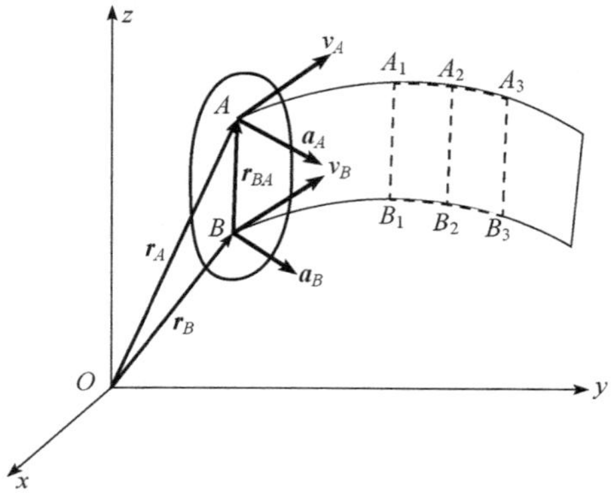

图 6.2

如图 6.2 所示，平移刚体上 A、B 两点的位置可用矢量 $\boldsymbol{r}_A$、$\boldsymbol{r}_B$ 表示，且有

$$\boldsymbol{r}_A = \boldsymbol{r}_B + \boldsymbol{r}_{BA}$$

将上式两边对时间 t 求一阶和二阶导数，注意到矢量 $\boldsymbol{r}_{BA}$ 的大小和方向始终不变，是常矢量，得

$$\boldsymbol{v}_A = \boldsymbol{v}_B$$

$$\boldsymbol{a}_A = \boldsymbol{a}_B$$

上两式表明，在任一瞬时 A、B 两点的速度相同，加速度也相同。

由于 A、B 两点是平移刚体上的任意两点，故可得结论：**刚体平移时其内各点的轨迹形状完全相同且互相平行，在同一瞬时各点的速度和加速度都相同。**

根据上述结论，刚体的平移可以用刚体内任意一点的运动来代替。这样，刚体的平移问题就归结为上一章中已经研究过的点的运动问题。

【例 6.1】 曲柄滑杆机构如图 6.3 所示，当曲柄 OA 绕定轴 O 转动时，通过滑杆槽中的滑块 A 带动滑杆在水平滑道中往复移动。若曲柄 OA 长为 r，曲柄与 x 轴正向的夹角 $\varphi = \omega t$（ω 为常数），试求滑杆运动的速度和加速度。

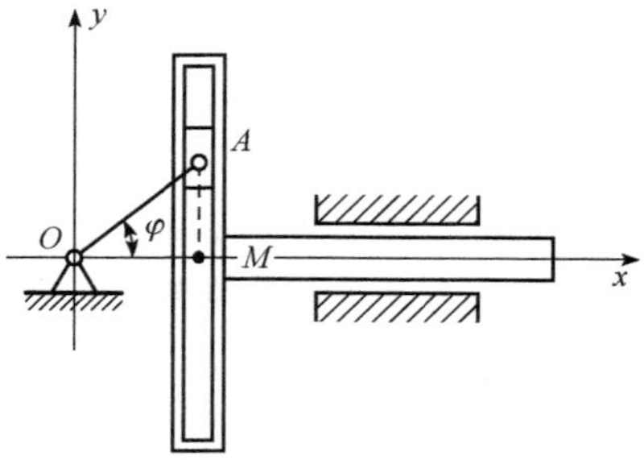

图 6.3

【解】 显然，滑杆的运动是直线平移。现选滑杆上滑杆槽的中点 M 来代表整个滑杆的运动，在图示直角坐标系 Oxy 中，M 点在任意瞬时的位置坐标为

$$x_M = r\cos\varphi = r\cos\omega t$$

$$y_M = 0$$

此即 M 点的运动方程。M 点沿 x 轴作直线运动，其速度和加速度分别为

$$v_M = v_{Mx} = \frac{\mathrm{d}x_M}{\mathrm{d}t} = -r\omega\sin\omega t$$

$$a_M = a_{Mx} = \frac{\mathrm{d}v_{Mx}}{\mathrm{d}t} = -r\omega^2\cos\omega t$$

这就是所求平移滑杆的速度和加速度。当其为正时，指向 x 轴正向；为负时，指向 x 轴负向。

6.2 刚体的定轴转动

刚体运动时，若刚体内或其延伸部分有一直线始终保持不动，刚体的这种运动称为**定轴转动**，简称**转动**。这条保持不动的直线称为**转轴**。显然，刚体转动时，刚体内不在转轴上的各点都在垂直于转轴的平面内作圆周运动，其圆心都在转轴上，圆的半径为该点到转轴的垂直距离。

刚体的定轴转动在工程实际中随处可见，例如电动机转子的转动，胶带轮、齿轮的转动等。

6.2.1 转动方程

设某刚体绕固定轴 z 转动，如图 6.4 所示，为确定该刚体在任一瞬时的位置，过转轴 z 作一固定平面Ⅰ，再过转轴 z 作一与刚体固连、随刚体一起转动的动平面Ⅱ。这样，该刚体在任一瞬时的位置就可以用动平面Ⅱ与固定平面Ⅰ的夹角 φ 确定，角 φ 称为刚体的**转角**。当刚体转动时，转角 φ 是时间 t 的单值连续函数，即

$$\varphi = \varphi(t) \tag{6.1}$$

上式称为刚体的**转动方程**。若转动方程已知，则刚体在任一瞬时的位置就确定了。因此，转动方程反映了刚体转动的规律。

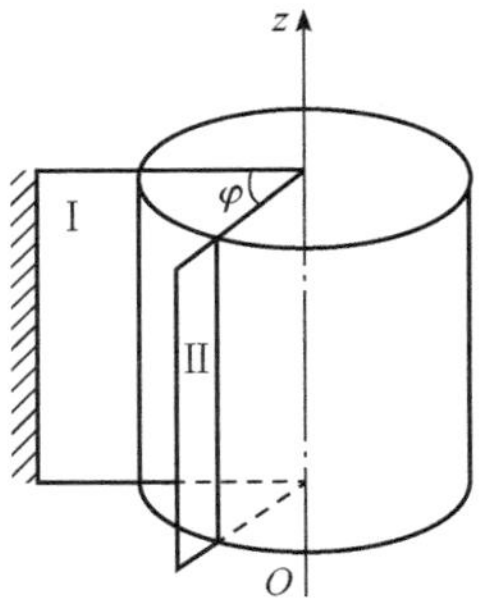

图 6.4

转角 φ 是一个代数量，其正负号的规定如下：从转轴 z 的正端向负端看去，逆时针转为正，反之为负。转角 φ 的单位是 rad。

6.2.2 角速度

角速度是反映刚体转动快慢的物理量。设在瞬时 t 刚体的转角为 φ，经时间间隔 Δt，转角变为 $\varphi+\Delta\varphi$，$\Delta\varphi$ 称为**角位移**。$\Delta\varphi/\Delta t=\omega^*$ 称为刚体在 Δt 时间间隔内的**平均角速度**，当 Δt 趋于零时，即得刚体在 t 瞬时的角速度为

$$\omega = \lim_{\Delta t\to 0}\omega^* = \lim_{\Delta t\to 0}\frac{\Delta\varphi}{\Delta t} = \frac{\mathrm{d}\varphi}{\mathrm{d}t} \tag{6.2}$$

上式表明，**刚体定轴转动的角速度等于转角对时间的一阶导数。**

角速度是代数量，其正负表示刚体的转向。角速度为正值时表明转角随时间而增加，刚体作逆时针转动；反之，转角随时间而减小，刚体作顺时针转动。

角速度的单位是 rad/s。工程上还常用每分钟转过的圈数表示刚体转动的快慢，称为**转速**，用 n 表示，单位是 r/min。角速度 ω 与转速 n 之间的换算关系为

$$\omega = \frac{2n\pi}{60} = \frac{n\pi}{30} \tag{6.3}$$

6.2.3 角加速度

角加速度是反映刚体转动时角速度变化快慢的物理量。设在瞬时 t 刚体的角速度为 ω，经时间间隔 Δt，角速度改变了 $\Delta\omega$，$\Delta\omega/\Delta t=\alpha^*$ 称为刚体在 Δt 时间间隔内的**平均角加速度**，当 Δt 趋于零时，即得刚体在 t 瞬时的角加速度为

$$\alpha = \lim_{\Delta t \to 0}\alpha^* = \lim_{\Delta t \to 0}\frac{\Delta\omega}{\Delta t} = \frac{\mathrm{d}\omega}{\mathrm{d}t} = \frac{\mathrm{d}^2\varphi}{\mathrm{d}t^2} \tag{6.4}$$

上式表明，**刚体定轴转动的角加速度等于角速度对时间的一阶导数，或等于转角对时间的二阶导数。**

角加速度是代数量，当 α 为正时，ω 的代数值随时间增大；反之，则减小。当 α 与 ω 同号时，角速度的绝对值随时间增大，刚体作加速转动；当 α 与 ω 异号时，角速度的绝对值随时间减小，刚体作减速转动。

角加速度的单位是 $\mathrm{rad/s^2}$。

6.2.4 匀速转动与匀变速转动

刚体定轴转动时，若角速度 ω 为常量，则称为**匀速转动**；若角加速度 α 为常量，则称为**匀变速转动**。与点的曲线运动类似，由式（6.2）和式（6.4）积分，可得到刚体匀速转动的公式，即

$$\varphi = \varphi_0 + \omega t \tag{6.5}$$

以及匀变速转动的公式，即

$$\omega = \omega_0 + \alpha t \tag{6.6}$$

$$\varphi = \varphi_0 + \omega_0 t + \frac{1}{2}\alpha t^2 \tag{6.7}$$

$$\omega^2 - \omega_0^2 = 2\alpha(\varphi - \varphi_0) \tag{6.8}$$

式中：φ_0——初转角；

ω_0——初角速度。

【例 6.2】 已知汽轮机在启动时主动轴的转动方程为 $\varphi=\pi t^3$，式中 φ 的单位是 rad，t 的单位是 s，试求 $t=3\mathrm{s}$ 时该轴的角速度和角加速度。

【解】 由于轴的转动方程已知，由式（6.2）和式（6.4），可求出轴的角速度和角加速度分别为

$$\omega=\frac{\mathrm{d}\varphi}{\mathrm{d}t}=3\pi t^2$$

$$\alpha=\frac{\mathrm{d}\omega}{\mathrm{d}t}=6\pi t$$

将 $t=3\mathrm{s}$ 代入，得

$$\omega=(3\pi\times 3^2)\mathrm{rad/s}=84.8\mathrm{rad/s}$$

$$\alpha=(6\pi\times 3)\mathrm{rad/s^2}=56.5\mathrm{rad/s^2}$$

6.3 定轴转动刚体内各点的速度和加速度

前面研究了定轴转动刚体整体的运动规律。在工程实际中，往往还需要知道刚体内各点的速度和加速度。下面研究定轴转动刚体内各点的速度、加速度与刚体转动的角速度、角加速度之间的关系。

6.3.1 转动刚体内各点的速度

设定轴转动刚体在某瞬时的转角为 φ，角速度为 ω，角加速度为 α，转动刚体内任意一点 M 到转轴 O 的距离为 r（r 称为 M 点的**转动半径**），显然，M 点的轨迹是以 O 为圆心、r 为半径的圆周，如图 6.5 所示。若取转角 $\varphi=0$ 时 M 点的初始位置 M_0 为弧坐标原点，以转角 φ 的正向为弧坐标 s 的正向，则 M 点的弧坐标为

$$s=\overset{\frown}{M_0M}=r\varphi$$

这就是 M 点作圆周运动的运动方程。M 点的速度为

$$v=\frac{\mathrm{d}s}{\mathrm{d}t}=r\frac{\mathrm{d}\varphi}{\mathrm{d}t}=r\omega \tag{6.9}$$

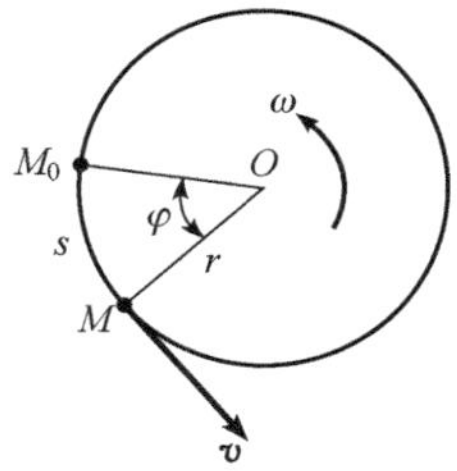

图 6.5

上式表明，**转动刚体内任一点的速度等于该点的转动半径与刚体角速度的乘积。速度方向垂直于转动半径，与刚体的转向一致。**

6.3.2 转动刚体内各点的加速度

M 点的切向加速度和法向加速度分别为

$$a_\tau=\frac{\mathrm{d}v}{\mathrm{d}t}=r\frac{\mathrm{d}\omega}{\mathrm{d}t}=r\alpha \tag{6.10}$$

$$a_\mathrm{n}=\frac{v^2}{\rho}=\frac{(r\omega)^2}{r}=r\omega^2 \tag{6.11}$$

上式表明，**转动刚体内任一点的切向加速度的代数值等于该点的转动半径与刚体角加速度的乘积，方向垂直于转动半径，为正时其指向与刚体的转向一致，为负时其指向与刚体的转向相反；法向加速度的大小等于该点的转动半径与刚体角速度平方的乘积，方向沿转动半径，指向转轴**（图 6.6）。

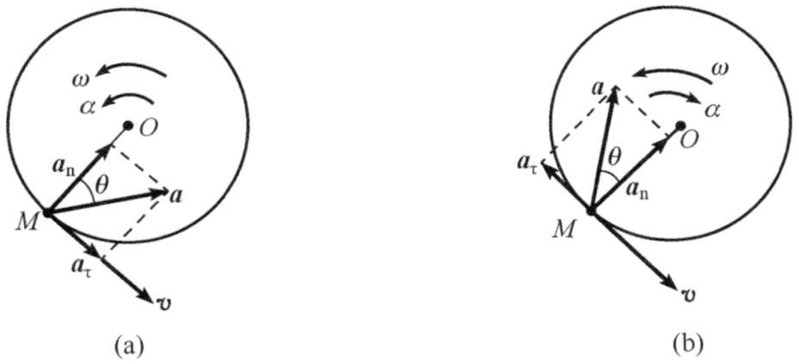

图 6.6

M 点全加速度的大小和方向为

$$\left.\begin{aligned} a &= \sqrt{a_\tau^2 + a_n^2} = r\sqrt{\alpha^2 + \omega^4} \\ \theta &= \arctan\frac{|a_\tau|}{a_n} = \arctan\frac{|\alpha|}{\omega^2} \end{aligned}\right\} \qquad (6.12)$$

式中：θ——全加速度的方向与转动半径间的夹角。

6.3.3 转动刚体内各点的速度和加速度的分布规律

由式（6.9）～式（6.12）可得到转动刚体内各点的速度和加速度的下述分布规律：

1）在任一瞬时，转动刚体内各点的速度、切向加速度、法向加速度及全加速度的大小均与该点的转动半径成正比。

2）在任一瞬时，转动刚体内各点的速度方向垂直于各自的转动半径；全加速度的方向与各点的转动半径的夹角均相同且小于 90°。

因此，转动刚体内通过转轴且与其垂直的任一直线上各点在同一瞬时的速度和全加速度是按线性规律分布的，如图 6.7 所示。

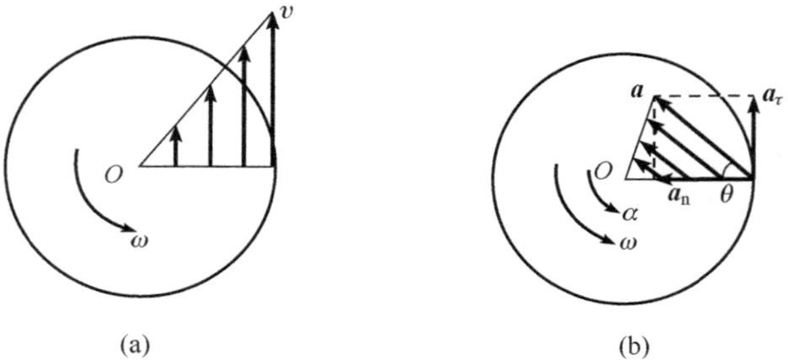

图 6.7

【例 6.3】 一半径 $r=0.5$m 的圆轮绕定轴 O 转动（图 6.8），转动方程为 $\varphi=-t^2+3t$，φ 的单位为 rad，t 的单位为 s。试求 $t=1$s 时轮缘上任一点 M 的速度和加速度。如果在此轮缘上绕一柔软而不可伸长的绳子，绳端悬挂一物块 A，试求 $t=1$s 时物块 A 的速度和加速度。

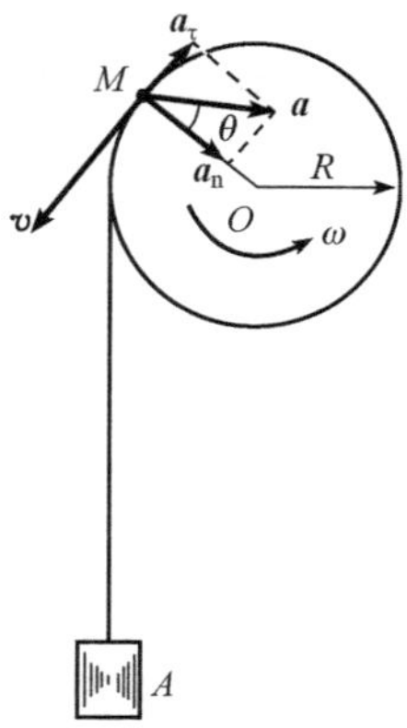

图 6.8

【解】 由圆轮的转动方程，可得其在任一瞬时的角速度和角加速度分别为

$$\omega=\frac{\mathrm{d}\varphi}{\mathrm{d}t}=-2t+3$$

$$\alpha=\frac{\mathrm{d}\omega}{\mathrm{d}t}=-2$$

当 $t=1$s 时，$\omega=1$rad/s，$\alpha=-2$rad/s^2，此时轮缘上任一点 M 的速度和加速度分别为

$$v=r\omega=(0.5\times1)\text{m/s}=0.5\text{m/s}$$

$$a_\tau=r\alpha=[0.5\times(-2)]\text{m/s}^2=-1\text{m/s}^2$$

$$a_n=r\omega^2=(0.5\times1^2)\text{m/s}^2=0.5\text{m/s}^2$$

它们的方向如图 6.8 所示。M 点的全加速度的大小和方向为

$$a=\sqrt{a_{\tau}^2+a_{\mathrm{n}}^2}=\sqrt{(-1)^2+0.5^2}\mathrm{m/s^2}=1.12\mathrm{m/s^2}$$

$$\theta=\arctan\frac{|a_{\tau}|}{a_{\mathrm{n}}}=\arctan\frac{|-1|}{0.5}=\arctan 2=63.4°$$

由于 $t=1\mathrm{s}$ 时，ω 与 α 的符号相反，故圆轮作减速转动，M 点作减速运动，$\boldsymbol{a}_{\tau}$ 与 $\boldsymbol{v}$ 的指向相反，全加速度 $\boldsymbol{a}$ 的方向如图 6.8 所示。

下面求物块 A 的速度和加速度。由于绳子不可伸长，A 点落下的距离与 M 点转过的弧长相同，A 点的运动方程为 $s=r\varphi$，$t=1\mathrm{s}$ 时的速度和加速度分别为

$$v=\frac{\mathrm{d}s}{\mathrm{d}t}=r\frac{\mathrm{d}\varphi}{\mathrm{d}t}=r\omega=(0.5\times 1)\mathrm{m/s}=0.5\mathrm{m/s}$$

$$a=\frac{\mathrm{d}v}{\mathrm{d}t}=r\frac{\mathrm{d}\omega}{\mathrm{d}t}=r\alpha=[0.5\times(-2)]\mathrm{m/s^2}=-1\mathrm{m/s^2}$$

显然，速度 v 的方向是向下的，加速度 $\boldsymbol{a}$ 的方向是向上的，A 点作减速运动。

由以上计算可以看出，物块 A 的速度大小与 M 点的速度大小相同；物块 A 的加速度大小与 M 点的切向加速度大小相同。

【例 6.4】 已知汽轮机叶轮由静止开始作匀加速转动。轮上 M 点距轮心的距离 $r=0.2\mathrm{m}$，在某瞬时的全加速度 $a=24\mathrm{m/s^2}$，与该点的转动半径的夹角 $\theta=30°$，试求叶轮的转动方程及 $t=2\mathrm{s}$ 时 M 点的速度和法向加速度。

【解】 由 M 点的全加速度，可求得其切向加速度为

$$a_{\tau}=a\sin\theta=(24\times\sin 30°)\mathrm{m/s^2}=12\mathrm{m/s^2}$$

于是，叶轮转动的角加速度为

$$\alpha=\frac{a_{\tau}}{r}=\left(\frac{12}{0.2}\right)\mathrm{rad/s^2}=60\mathrm{rad/s^2}$$

由于叶轮作匀加速转动，故 α 是常数，ω 与 α 的转向相同，又已知 $t=0$ 时，$\varphi_0=0$，$\omega_0=0$，由式 (6.7) 得叶轮的转动方程为

$$\varphi=\varphi_0+\omega_0 t+\frac{1}{2}\alpha t^2=\left(\frac{1}{2}\times 60\right)t^2=30t^2$$

当 $t=2\mathrm{s}$ 时，叶轮的角速度为

$$\omega=\alpha t=(60\times 2)\mathrm{rad/s}=120\mathrm{rad/s}$$

因此，$t=2\mathrm{s}$ 时 M 点的速度和法向加速度分别为

$$v=r\omega=(0.2\times 120)\mathrm{m/s}=24\mathrm{m/s}$$

$$a_{\mathrm{n}}=r\omega^2=(0.2\times 120^2)\mathrm{m/s^2}=2880\mathrm{m/s^2}$$

6.3.4 传动比的概念

在工程实际中，经常遇到转动刚体的传动问题。例如图 6.9 所示两个齿轮的啮合传动，在传动中两个齿轮的节圆相切，彼此之间无相对滑动，相切处两个切点 M_1、M_2 的速度和切向加速度都相等，$v_1=v_2$，$a_{\tau 1}=a_{\tau 2}$。设齿轮Ⅰ为主动轮，齿轮Ⅱ为从动轮，齿轮Ⅰ和Ⅱ的节圆半径分别为 r_1、r_2，齿数分别为 Z_1、Z_2，转动的角速度和角加速度分别为 ω_1、ω_2 和 α_1、α_2，则有

$$r_1\omega_1=r_2\omega_2,\ r_1\alpha_1=r_2\alpha_2$$

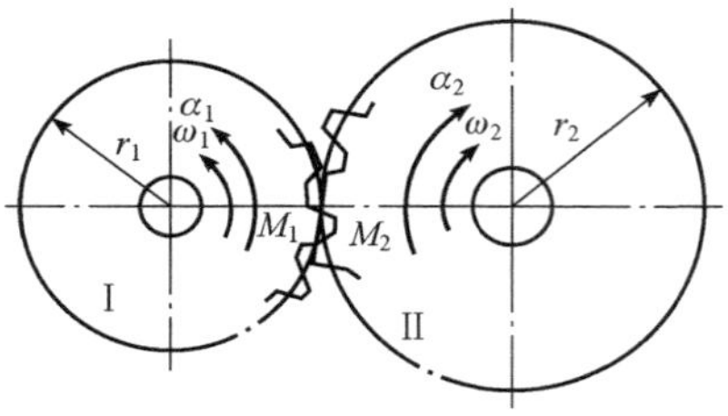

图 6.9

或

$$\frac{\omega_1}{\omega_2}=\frac{r_2}{r_1}=\frac{Z_2}{Z_1}$$

$$\frac{\alpha_1}{\alpha_2}=\frac{r_2}{r_1}=\frac{Z_2}{Z_1}$$

因此有

$$\frac{\omega_1}{\omega_2}=\frac{\alpha_1}{\alpha_2}=\frac{r_2}{r_1}=\frac{Z_2}{Z_1} \tag{6.13}$$

上式表明，相啮合的两个齿轮其角速度和角加速度均与其齿数成反比，或与其节圆半径成反比。通常将主动轮与从动轮的角速度之比 ω_1/ω_2 称为这对齿轮的**传动比**，用 i_{12} 表示。于是，式（6.13）还可以写为

$$i_{12}=\frac{\omega_1}{\omega_2}=\frac{\alpha_1}{\alpha_2}=\frac{r_2}{r_1}=\frac{Z_2}{Z_1} \tag{6.14}$$

上述结论对于链轮传动、带轮传动和摩擦轮传动等同样适用。

6.4 点的合成运动

在研究刚体的平面运动之前，先介绍点的合成运动的有关概念及点的速度合成定理，这既是研究点的运动的又一种方法，又是研究刚体复杂运动的基础。

6.4.1 点的合成运动的概念

在不同的物体上观察同一物体的运动时，会得出不同的结果。例如，当火车行驶时，在车厢上观察车轮上一点的运动是圆周运动，在地面上观察则是复杂的曲线运动，若在车轮上观察则是静止的。因此，在研究一个物体的运动时，必须指明是相对于哪个物体而言，即必须选定参考体或参考系。在工程上如果没有特别的说明，都是以地面作为参考系。

在某些实际问题中，选择相对于地面运动的物体作为参考系来研究物体的运动会带来很大的方便。图 6.10 是一桥式起重机，桥架相对于地面是静止的，当起吊重物时，天车沿桥架水平直线移动，同时将吊钩上的重物铅垂向上提升。如果人站在天车上来观察重物（动点）的运动，重物作铅垂向上的直线运动；而对于站在地面上的观察者来说，重物则在铅垂平面内作平面曲线运动。显然，如果将重物的平面曲线运动分解成两个直线运动来研究，然后再加以合成，比直接研究平面曲线运动要方便得多。

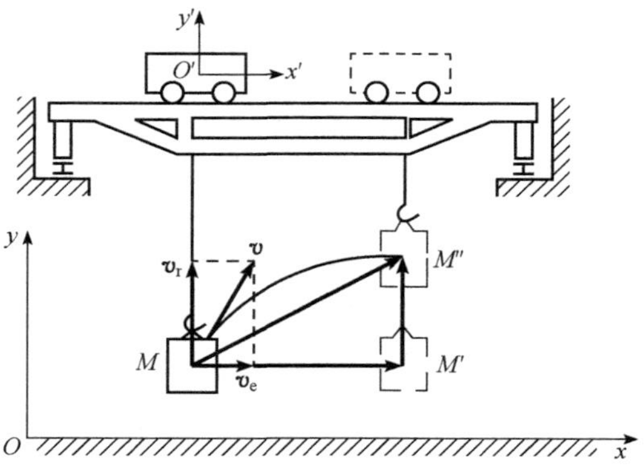

图 6.10

在下面的讨论中，把固结于地面的参考系称为**静参考系**，简称**静系**；把相对于地面运动的参考系称为**动参考系**，简称**动系**。动点相对于静系的运动称为**绝对运动**；动点相对于动系的运动称为**相对运动**；动系相对于

静系的运动称为**牵连运动**。例如，图 6.10 中固结于地面的 Oxy 参考系是静系，固结于天车的 $O'x'y'$ 参考系为动系；动点（重物）相对于地面的曲线运动是绝对运动，动点相对于天车的直线运动是相对运动，天车相对于地面的直线平动是牵连运动。

必须指出，绝对运动和相对运动都是指一个点的运动，它可以是直线运动或曲线运动；而牵连运动是指动系的运动，也就是与动系相固结的物体的运动，因而是指一个刚体的运动，它可以是平移、转动或其他复杂的运动。

6.4.2　点的速度合成定理

以图 6.10 所示桥式起重机为例，研究绝对运动、相对运动和牵连运动三者速度之间的关系。设在瞬时 t，动点在位置 M。假如动点不作相对运动，则经 Δt 时间后，动点随动系运动到位置 M'，MM' 称为动点的**牵连轨迹**，矢量 $\boldsymbol{MM'}$ 称为动点的**牵连位移**。但实际上动点有相对运动，它在动系中的运动轨迹为直线，称为**相对轨迹**，在 Δt 时间内动点沿相对轨迹运动到位置 M''，矢量 $\boldsymbol{M'M''}$ 称为动点的**相对位移**。$\overset{\frown}{MM''}$ 称为动点的**绝对轨迹**，而矢量 $\boldsymbol{MM''}$ 称为动点的**绝对位移**。由图可见，三种位移之间的关系为

$$\boldsymbol{MM''}=\boldsymbol{MM'}+\boldsymbol{M'M''}$$

将上式两边分别除以 Δt，并取 $\Delta t\to 0$ 时的极限，得

$$\lim_{\Delta t\to 0}\frac{\boldsymbol{MM''}}{\Delta t}=\lim_{\Delta t\to 0}\frac{\boldsymbol{MM'}}{\Delta t}+\lim_{\Delta t\to 0}\frac{\boldsymbol{M'M''}}{\Delta t}$$

式中：$\lim\limits_{\Delta t\to 0}\dfrac{\boldsymbol{MM''}}{\Delta t}$ 表示动点在瞬时 t、在绝对运动中的速度，称为动点的**绝对速度**，用 $\boldsymbol{v}_a$ 表示，其方向沿绝对轨迹 $\overset{\frown}{MM''}$ 上 M 点的切线方向；

$\lim\limits_{\Delta t\to 0}\dfrac{\boldsymbol{MM'}}{\Delta t}$ 表示动点在瞬时 t、在动系上与动点相重合的那点（称为**牵连点**）的速度，称为动点的**牵连速度**，用 $\boldsymbol{v}_e$ 表示，其方向沿牵连轨迹 MM' 上 M 点的切线方向；

$\lim\limits_{\Delta t\to 0}\dfrac{\boldsymbol{M'M''}}{\Delta t}$ 表示动点在瞬时 t、在相对运动中的速度，称为动点的**相对速度**，用 $\boldsymbol{v}_r$ 表示，其方向沿相对轨迹上 M 点的切线方向。

由上可得

$$\boldsymbol{v}_a=\boldsymbol{v}_e+\boldsymbol{v}_r \tag{6.15}$$

即动点在任一瞬时的绝对速度等于其牵连速度与相对速度的矢量和。这一关系称为点的**速度合成定理**。

在应用速度合成定理解决具体问题时，首先要恰当地选取动点及动系，然后分析三种运动及三种速度。在式（6.15）中，$\boldsymbol{v}_a$、$\boldsymbol{v}_e$、$\boldsymbol{v}_r$ 三者的大小和方向共六个量，只要知道其中任意四个量就可求出其余两个未知量。

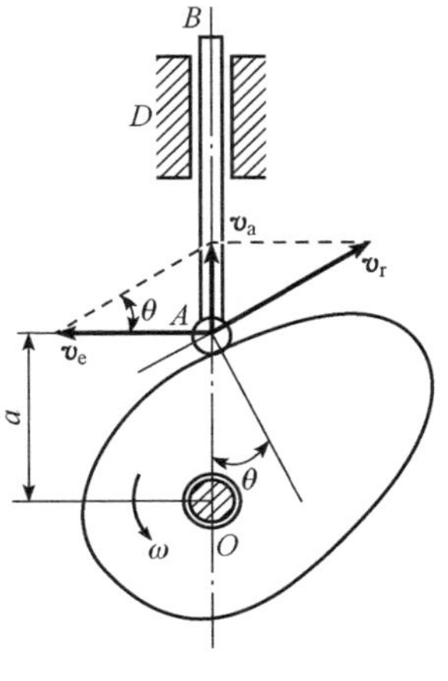

图 6.11

【例 6.5】　凸轮机构（图 6.11）中，导杆 AB 可在铅垂管 D 内上下滑动，其下端与凸轮保持接触，凸轮以匀角速度 ω 绕 O 轴逆时针转动。在图示瞬时 $OA=a$，凸轮轮缘在 A 点的法线与 OA 成 θ 角，试求导杆 AB 在此瞬时的速度。

【解】 导杆 AB 作上下直线平移，导杆上 A 点的速度也就是导杆 AB 平移的速度。取 A 点为动点，将静系固结于地面，动系固结于凸轮。动点 A 的绝对运动是铅垂直线运动，绝对速度的大小待求，方向是铅垂的。动点 A 的相对运动是 A 点沿凸轮轮缘的曲线运动，相对速度的大小未知，方向是沿凸轮轮缘曲线在 A 点的切线方向。凸轮绕 O 轴的转动为牵连运动，动点 A 的牵连速度的方向垂直于 OA，大小为 $v_e = a\omega$。

根据以上分析，作出速度平行四边形，由图可得动点 A 的绝对速度为

$$v_a = v_e \tan\theta = a\omega\tan\theta$$

此即为导杆 AB 平移的速度。

6.5 刚体平面运动的概念和简化

6.5.1 刚体平面运动的概念

刚体的平面运动是一种比平行移动和定轴转动复杂的运动，在工程实际中会经常遇到。例如，车轮沿直线轨道的滚动（图 6.12），曲柄连杆机构中连杆 AB 的运动（图 6.13）。这些刚体的运动既不是平行移动也不是定轴转动，但是这些刚体的运动有一个共同的特征，那就是当刚体运动时，刚体内任一点至某一固定平面的距离始终保持不变，即刚体内的任一点都在平行于某一固定平面的平面内运动。刚体的这种运动称为**平面运动**。

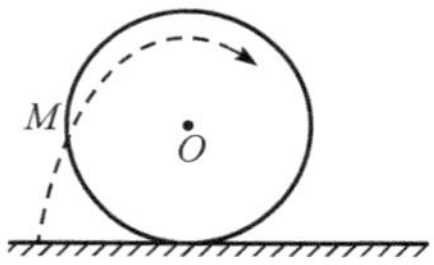

图 6.12

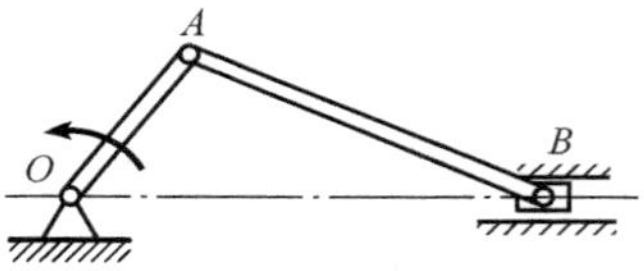

图 6.13

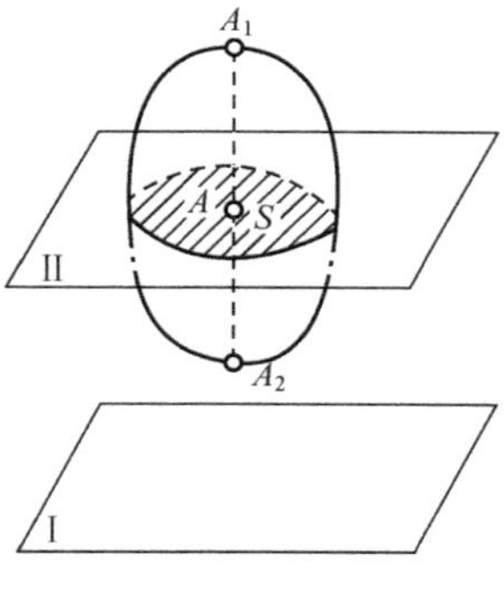

图 6.14

6.5.2 刚体平面运动的简化

由刚体平面运动的定义，可将平面运动进行简化。设平面Ⅰ为某一固定平面，作平面Ⅱ与平面Ⅰ平行，平面Ⅱ与刚体相交成一平面图形 S，如图 6.14 所示。当刚体作平面运动时，平面图形 S 始终在平面Ⅱ内运动。若在刚体内任取一条与平面图形 S 垂直的直线 A_1A_2，显然该直线作平移，因此直线上各点都具有相同的运动，这样直线 A_1A_2 与平面图形 S 的交点 A 的运动即可代表直线上各点的运动。由于 A_1A_2 是任取的，所以刚体内所有点的运动都可以由平面图形 S 上相应点的运动来代表。于是，平面图形 S 的运动就可代表整个刚体的运动，即**刚体的平面运动可以简化为平面图形在其自身平面内的运动**。

6.6 刚体平面运动的分解

设平面图形 S 在固定平面内运动，在平面上建立一固定坐标系 Oxy，如图 6.15 所示。平面图形 S 的位置可用其上任一线段 AB 的位置来确定，而线段 AB 的位置又可由 A 点的坐标（x_A，y_A）和 AB 与 x 轴的夹角 φ 来确定。当平面图形 S 运动时，x_A，y_A 和 φ 随时间 t 变化，它们都是时间 t 的单值连续函数，即

$$\left.\begin{aligned} x_A &= x(t) \\ y_A &= y(t) \\ \varphi &= \varphi(t) \end{aligned}\right\} \tag{6.16}$$

上式就是刚体平面运动的运动方程。

显然，上述刚体平面运动的运动方程是由刚体平行移动的运动方程和刚体定轴转动的运动方程所组成。在式（6.16）中，当 φ 为常数时，表明平面图形在运动过程中，线段 AB 的方向始终保持不变，这时图形在平面内作平移；当 x_A、y_A 同为常数时，表明 A 点始终不动，平面图形绕过 A 点且与图形垂直的固定轴转动。在一般情况下，**刚体的平面运动可以看作是刚体平移和转动这两种基本运动的合成**。

为具体描述平面图形在自身平面内的运动，在该平面上建立一个固定的直角坐标系 Oxy，在平面图形上任选一点 A，并以 A 为原点作直角坐标系 $Ax'y'$，如图 6.16 所示。平面图形 S 运动时坐标系 $Ax'y'$ 随之运动，令 Ax' 和 Ay' 始终分别与固定坐标系的 Ox 轴和 Oy 轴平行，这样 $Ax'y'$ 是一平移坐标系，A 点称为**基点**。于是，平面图形 S 的运动就可以分解为以下两部分：

1）随同平移坐标系的平移，简称随基点的平移。

2）相对平移坐标系绕基点的转动，简称绕基点的转动。

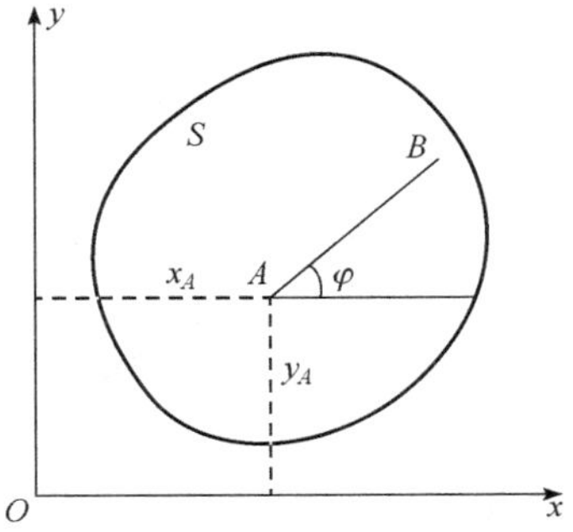

图 6.15

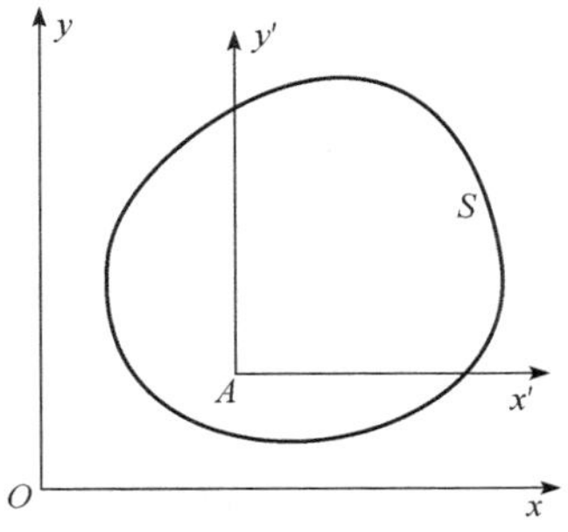

图 6.16

应该注意，按上述方法将平面图形的运动分解时，由于基点的选择是任意的，而图形上各点的运动（轨迹、速度、加速度等）是不同的，所以，选择的基点不同，平移坐标系的运动就不同。因此，刚体平面运动的平移部分是与基点的选择有关的。但是，选择的基点不同，仅是平移坐标系的原点不同，平面图形相对这些不同平移坐标系转动的角速度和角加速度却是相同的，即刚体平面运动的转动部分是相同的。对此说明如下：

如图 6.17 所示，设平面图形由位置Ⅰ运动到位置Ⅱ，当在平面图形上选择 A 为基点时，该运动可看作是 AB 先随基点 A 平行移动到 $A'B''$，再绕基点 A 转过 $\Delta\varphi$ 角到达 $A'B'$；当选择 B 为基点时，该运动可看作是 AB 先随基点 B 平行移动到 $A''B'$，再绕基点 B 转过 $\Delta\varphi'$ 角到达 $A'B'$。显然，$\Delta\varphi=\Delta\varphi'$，即线段绕不同基点 A、B 转过的角度的大小和转向都是相同的，故有

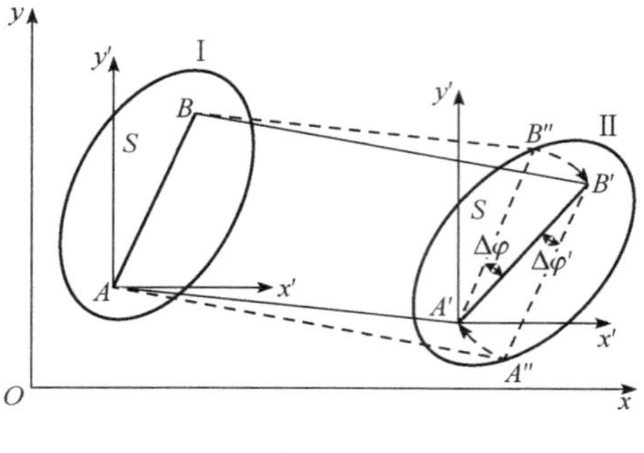

图 6.17

$$\lim_{\Delta t\to 0}\frac{\Delta\varphi}{\Delta t}=\lim_{\Delta t\to 0}\frac{\Delta\varphi'}{\Delta t}$$

得

$$\omega_A=\omega_B$$

又由 $\frac{d\omega}{dt}=\alpha$，得

$$\alpha_A=\alpha_B$$

以上两式表明，**在任意瞬时，平面图形绕自身平面内任一点转动的角速度和角加速度都是相同的**。这样就可以将该角速度和角加速度直接称为平面图形的角速度和角加速度，而不必再专门指出是绕哪一个基点转动的了。此外，由于平移坐标系相对固定坐标系不存在转动，因此上述角速度和角加速度也就是平面图形即平面运动刚体相对固定坐标系的角速度和角加速度。

6.7 平面图形上各点的速度

由上节知，平面图形在自身平面内的运动可视为随同基点的平移与绕基点的转动的合成，因此可用合成运动的方法分析平面图形上各点的速度。

6.7.1 基点法（速度合成法）

如图 6.18 所示，设平面图形在某瞬时的角速度为 ω，图形上 A 点的速度为 $\boldsymbol{v}_A$，现求图形上任一点 B 的速度 $\boldsymbol{v}_B$。

因 A 点的速度已知，故取 A 点为基点，建立以 A 为坐标原点的平移的动坐标系，动系上各点的运动都与 A 点相同。由速度合成定理，平面图形上 B 点的绝对速度 $\boldsymbol{v}_a$ 等于牵连速度 $\boldsymbol{v}_e$ 与相对速度 $\boldsymbol{v}_r$ 的矢量和，即 $\boldsymbol{v}_a=\boldsymbol{v}_e+\boldsymbol{v}_r$。$\boldsymbol{v}_a$ 就是 B 点的速度 $\boldsymbol{v}_B$，$\boldsymbol{v}_e$ 是动系上与 B 点重合的那点的速度，等于 $\boldsymbol{v}_A$，$\boldsymbol{v}_r$ 是 B 点相对动系的速度，也就是它绕 A 点相对转动的速度，其大小 $v_r=v_{BA}=AB\times\omega$，方向垂直于 AB，指向与角速度 ω 转向一致（图 6.18）。于是有

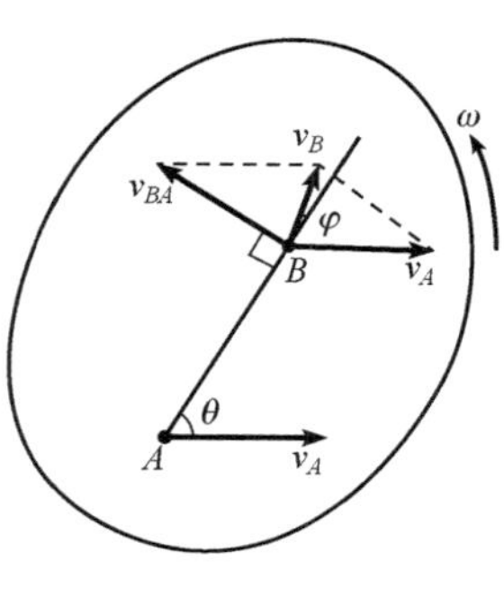

图 6.18

$$\boldsymbol{v}_B=\boldsymbol{v}_A+\boldsymbol{v}_{BA} \tag{6.17}$$

上式表明，**平面图形上任一点的速度等于基点的速度与该点绕基点相对转动速度的矢量和**。这种求平面图形上任一点速度的方法称为**基点法**，也称**速度合成法**。

6.7.2 速度投影法

若将式（6.17）中各矢量都投影到 AB 连线的方向上（图 6.18），由于 $\boldsymbol{v}_{BA}$ 垂直于 AB，它在 AB 方向上的投影等于零，故 A、B 两点的速度在其连线上的投影相等，即

$$[\boldsymbol{v}_B]_{AB} = [\boldsymbol{v}_A]_{AB}$$

于是得

$$v_B\cos\varphi = v_A\cos\theta \tag{6.18}$$

式中：θ，φ——$\boldsymbol{v}_A$ 和 $\boldsymbol{v}_B$ 与 AB 的夹角。

上式表明，**平面图形上任意两点的速度在这两点的连线上的投影相等**。这一关系称为**速度投影定理**。这个定理反映了刚体不变形（刚体上任意两点间的距离保持不变）的特征。因为刚体运动时，若两点的速度在其连线上的投影不相等，则这两点之间的距离就要改变，这不符合刚体的特征。由此可知，速度投影定理不仅适用于刚体的平面运动而且适用于刚体的任何运动。利用速度投影定理求平面图形上任一点速度的方法称为**速度投影法**。

【例 6.6】 如图 6.19（a）所示，AB 杆长 400mm，B 端沿地面向右运动时，A 端沿墙面下滑。若某瞬时 AB 与地面的夹角为 30°，B 点的速度为 100mm/s，试求该瞬时 A 点的速度、AB 杆的角速度和 AB 杆中点 D 的速度。

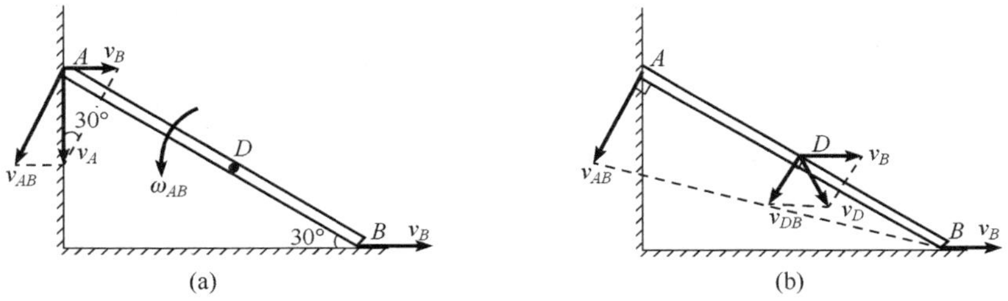

图 6.19

【解】 1）求 A 点的速度和 AB 杆的角速度。由于 AB 杆作平面运动，B 点的速度又已知，故取 B 点为基点，应用基点法求 A 点的速度和 AB 杆的角速度。由式（6.17）有

$$\boldsymbol{v}_A = \boldsymbol{v}_B + \boldsymbol{v}_{AB}$$

上式中 $\boldsymbol{v}_{AB}$ 为 A 点绕 B 点相对转动的速度，其方向垂直于 AB。又由于 A 点沿墙面下滑，其速度方向是已知的，这样就可根据上式在 A 点处作出速度平行四边形，如图 6.19 所示。由图中的几何关系得

$$v_A = v_B\cot 30° = (100 \times \sqrt{3})\text{mm/s} = 173\text{mm/s}$$

$$v_{AB} = \frac{v_B}{\sin 30°} = \frac{100}{0.5}\text{mm/s} = 200\text{mm/s}$$

于是 AB 杆的角速度为

$$\omega_{AB} = \frac{v_{AB}}{AB} = \frac{200}{400}\text{rad/s} = 0.5\text{rad/s}$$

转向为逆时针方向。

2）求 AB 杆中点 D 的速度。取 B 点为基点，由式（6.17）有

$$\boldsymbol{v}_D = \boldsymbol{v}_B + \boldsymbol{v}_{DB}$$

上式中 $\boldsymbol{v}_{DB}$ 为 D 点绕 B 点相对转动的速度，其方向垂直于 AB，且与 AB 杆的转动角速度 ω_{AB} 的方向一致，其大小为

$$v_{DB} = BD \times \omega_{AB} = (200 \times 0.5)\text{mm/s} = 100\text{mm/s}$$

又由于 B 点的速度已知，于是在 D 点处可作出速度平行四边形，如图 6.19（b）所示。由图中的几何关系得 v_D 的大小为

$$\begin{aligned} v_D &= \sqrt{v_B^2 + v_{DB}^2 - 2v_B v_{DB}\cos 60^\circ} \\ &= \sqrt{100^2 + 100^2 - 2 \times 100 \times 100 \times 0.5}\text{mm/s} = 100\text{mm/s} \end{aligned}$$

由于 $\boldsymbol{v}_{DB}$、$\boldsymbol{v}_B$ 和 $\boldsymbol{v}_D$ 的大小都相等，所以三个矢量组成等边三角形，可见 $\boldsymbol{v}_D$ 与 $\boldsymbol{v}_B$ 的夹角为 60°。

3）讨论。在本题中，由于 B 点速度的大小和方向都已知，A 点速度的方向也已知，还可应用速度投影法求 A 点速度的大小。将 $\boldsymbol{v}_A$ 和 $\boldsymbol{v}_B$ 投影到 AB 方向上，得

$$v_A \cos 60^\circ = v_B \cos 30^\circ$$

故

$$v_A = 100\text{mm/s} \times \frac{\cos 30^\circ}{\cos 60^\circ} = 173\text{mm/s}$$

由于速度投影定理的表达式中没有 A 点绕 B 点相对转动的速度 $\boldsymbol{v}_{AB}$，故无法应用速度投影法求 AB 杆的角速度。又由于 D 点速度的大小和方向都是未知的，故也无法应用此方法求 D 点的速度。由此可见，应用速度投影法求平面图形上某一点的速度是有一定局限的，但当已知平面图形上一点速度的大小和方向，又已知另一点速度的方向时，应用这种方法求另一点速度的大小是十分简便的。

6.7.3 速度瞬心法

1. 速度瞬心的概念

应用基点法求平面图形上任一点的速度时，若能在平面图形上找到速度为零的一点，便可取该点为基点进行速度分析，从而使计算变得简便。现分析如下。

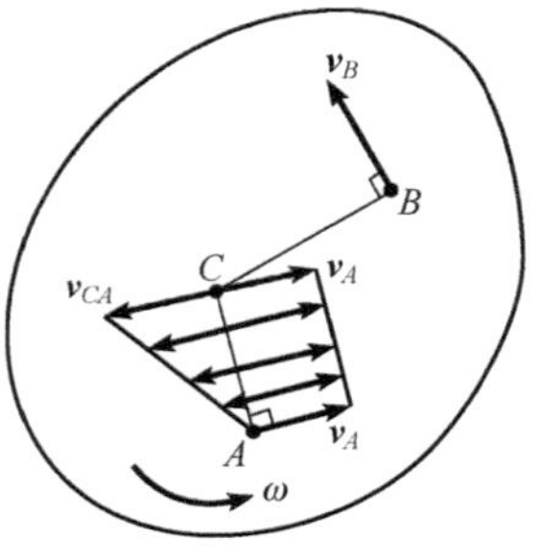

图 6.20

在图 6.20 所示的平面图形中，若已知 A 点的速度 $\boldsymbol{v}_A$ 和图形的角速度 ω，则在通过 A 点与速度 $\boldsymbol{v}_A$ 垂直的直线上总能找到一点 C，当点 C 满足以下关系，即

$$CA \times \omega = v_{CA} = v_A$$

或

$$CA = \frac{v_A}{\omega}$$

此时，由式（6.17），C 点的速度等于零。C 点称为平面图形的**瞬时速度中心**，简称**速度瞬心**。显然，在某瞬时平面图形总有而且只能有一个速度瞬心。

如果已知某瞬时平面图形的速度瞬心 C 的位置，并取 C 点为基点，则基点的速度为零，于是平面图形上任一点 B 在此瞬时的速度即等于 B 点绕基点 C 相对转动的速度，其大小为

$$v_M = CB \times \omega \tag{6.19}$$

其方向与 CB 垂直，指向与图形的角速度 ω 的转向一致。由此可见，刚体的平面运动问题可归结为绕速度瞬心的转动问题，转动的角速度即为平面运动的角速度。

必须指出，速度瞬心可能在平面图形内也可能在平面图形外；瞬心的位置不是固定的，而是随时间变化的，也就是说平面图形在不同瞬时有不同的速度瞬心。

应用速度瞬心求平面图形上各点速度的方法称为**速度瞬心法**。这种方法比较简便，在工程实际中经常应用。

2. 确定速度瞬心位置的方法

应用速度瞬心法时首先要确定速度瞬心的位置。下面介绍几种确定速度瞬心位置的方法。

1）已知某瞬时平面图形上两点速度的方向。

设某瞬时平面图形上 A、B 两点的速度方向如图 6.21（a）所示，由于平面图形上各点的速度垂直于该点与速度瞬心的连线，因此，分别过 A、B 两点作速度 $\boldsymbol{v}_A$、$\boldsymbol{v}_B$ 的垂线，其交点 C 即为速度瞬心［图 6.21（a）］。

在特殊情况下，若 A、B 两点的速度 $\boldsymbol{v}_A$ 和 $\boldsymbol{v}_B$ 互相平行，但 AB 连线不与 $\boldsymbol{v}_A$、$\boldsymbol{v}_B$ 的方向垂直，如图 6.21（b）所示，则速度瞬心 C 将位于无穷远处，这时 $\omega=\dfrac{v_A}{AC}=0$，说明在此瞬时刚体作**瞬时平移**，平面图形内各点的速度都相同，A、B 两点的速度 $\boldsymbol{v}_A$ 和 $\boldsymbol{v}_B$ 应是相等的。

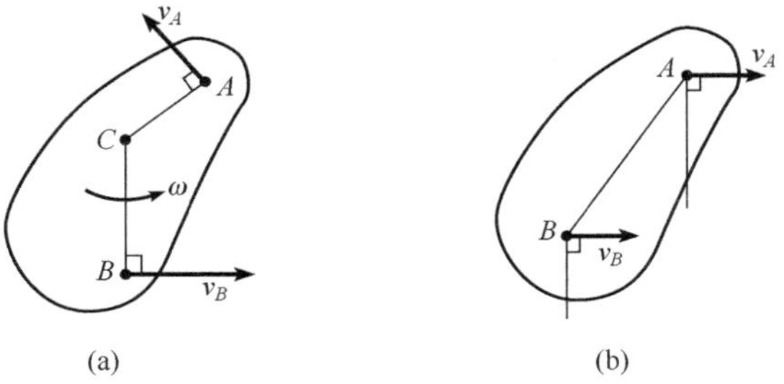

图 6.21

2）已知某瞬时平面图形上两点速度的大小，且其方向均与两点的连线垂直。

设某瞬时平面图形上 A、B 两点的速度 $\boldsymbol{v}_A$ 和 $\boldsymbol{v}_B$ 大小不同，方向相同，均垂直于 AB 连线，如图 6.22（a）所示，这时作 AB 连线的延长线，再作速度 $\boldsymbol{v}_A$ 和 $\boldsymbol{v}_B$ 端点的连线，则这两条连线的交点 C 即为速度瞬心。

若速度 $\boldsymbol{v}_A$ 和 $\boldsymbol{v}_B$ 的方向相反［图 6.22（b）］时，作 AB 连线，再作两速度端点的连线，则这两条连线的交点 C 即为速度瞬心。

在特殊情况下，若 A、B 两点的速度 $\boldsymbol{v}_A$ 和 $\boldsymbol{v}_B$ 大小相等，方向相同［图 6.22（c）］时，与图 6.21（b）的情况相同，速度瞬心在无穷远处，此瞬时刚体作瞬时平移，平面图形内各点的速度都相同。

3）已知某瞬时平面图形在另一固定平面（或曲面）上滚动而不滑动（称为**纯滚动**）。

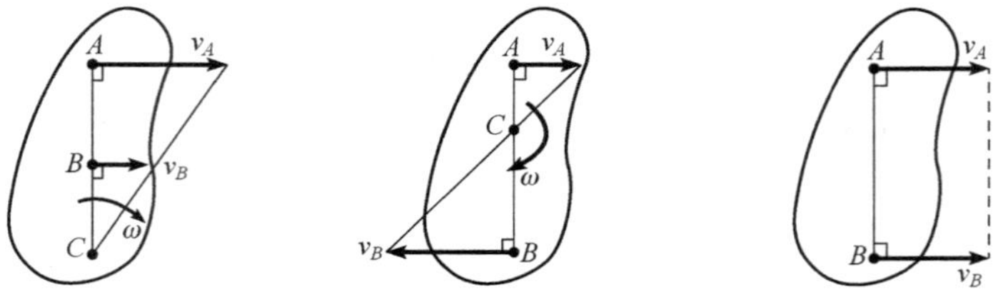

(a) (b) (c)

图 6.22

在这种情况下由于固定面上的接触点 C' 速度为零，所以平面图形上与固定面相接触的点 C 的速度也为零，故点 C 即为平面图形在此瞬时的速度瞬心，如图 6.23 所示。

【例 6.7】 车轮在地面上沿直线轨道作无滑动的滚动，如图 6.24 所示。已知轮心 O 的速度为 v_O，车轮的半径为 R，试求轮缘上 A、B、D 三点的速度。

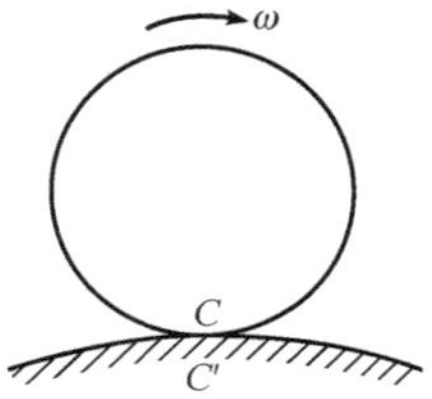

图 6.23

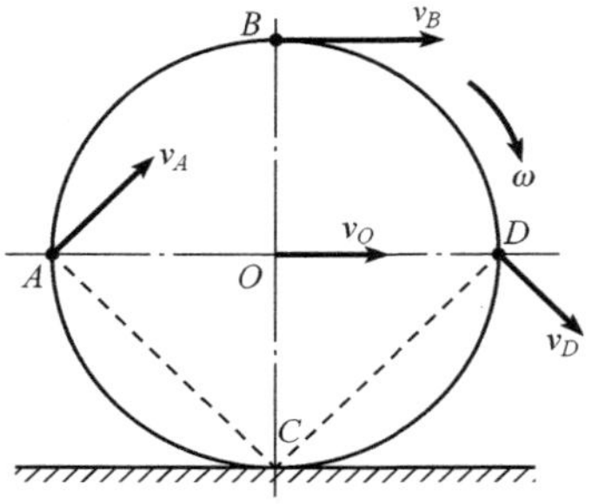

图 6.24

【解】 车轮作平面运动。由于车轮与地面之间无滑动，所以车轮与地面的接触点 C 为车轮的速度瞬心，轮心 O 的速度为

$$v_O = OC \times \omega$$

故车轮的角速度为

$$\omega = \frac{v_O}{OC} = \frac{v_O}{R}$$

于是轮缘上 A、B、D 各点速度的大小分别为

$$v_A = CA \times \omega = \sqrt{2}R\omega = \sqrt{2}v_O$$

$$v_B = CB \times \omega = 2R\omega = 2v_O$$

$$v_D = CD \times \omega = \sqrt{2}R\omega = \sqrt{2}v_O$$

各点速度的方向分别垂直于各点与 C 点的连线，指向如图 6.24 所示。

【例 6.8】 试用速度瞬心法解例 6.6。

【解】 杆 AB 作平面运动，杆上 A 点和 B 点的速度方向分别沿墙面和地面，AB 杆在该瞬时的速度瞬心为 C 点，如图 6.25 所示。杆 AB 的角速度为

$$\omega = \frac{v_B}{BC} = \frac{v_B}{AB \times \sin 30^\circ} = \frac{100\text{mm/s}}{400\text{mm} \times \sin 30^\circ} = 0.5\text{rad/s}$$

转向为逆时针方向。A 点和 D 点速度的大小分别为

$$v_A = AC \times \omega = (400\cos30^\circ \times 0.5)\text{mm/s} = 173\text{mm/s}$$

$$v_D = CD \times \omega = (400 \times 0.5 \times 0.5)\text{mm/s} = 100\text{mm/s}$$

$\boldsymbol{v}_D$ 的方向与 CD 垂直，与水平方向成 60°角，如图 6.25 所示。

本题中用速度瞬心法求 AB 杆的角速度和 D 点的速度显然较基点法简便。

【例 6.9】 曲柄滑块机构如图 6.26 所示。已知曲柄 OA 长 0.2m，连杆 AB 长 1m，OA 以匀角速度 ω=10rad/s 绕 O 点逆时针转动，试求在图示位置滑块 B 的速度和 AB 杆的角速度。

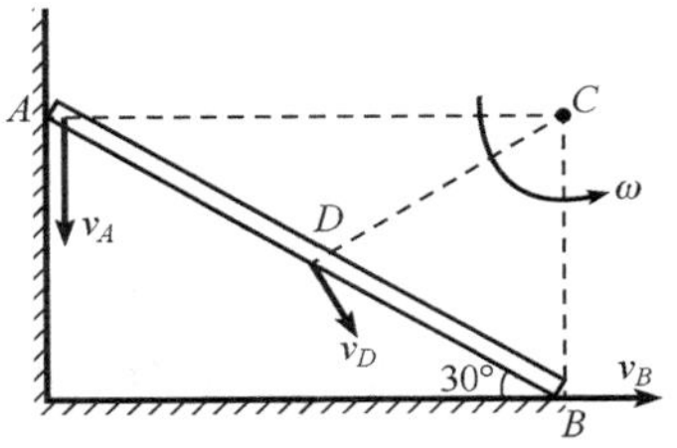

图 6.25

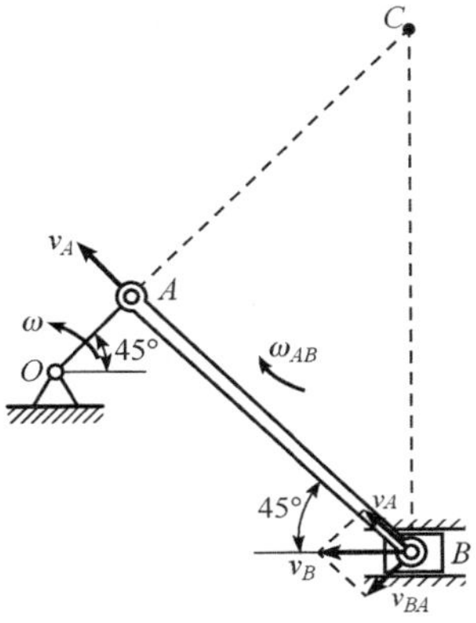

图 6.26

【解】 用两种方法求解。

方法 1： 该机构中曲柄 OA 绕 O 点作定轴转动，滑块 B 沿水平方向作直线运动，连杆 AB 作平面运动。由于连杆 AB 上 A 点的速度可通过曲柄 OA 的转动求出，因此可取 A 点为基点，应用基点法求 AB 杆上 B 点的速度和 AB 杆的角速度。

A 点速度的大小为

$$v_A = OA \times \omega = 0.2\text{m} \times 10\text{rad/s} = 2\text{m/s}$$

方向垂直 OA，指向如图 6.26 所示。取 A 点为基点，由基点法可知 B 点的速度为

$$\boldsymbol{v}_B = \boldsymbol{v}_A + \boldsymbol{v}_{BA}$$

式中 $\boldsymbol{v}_A$ 的大小和方向都已知，$\boldsymbol{v}_B$ 的方向沿水平方向，$\boldsymbol{v}_{BA}$ 的方向垂直 AB，在 B 点处作出速度平行四边形，由图可知 $\boldsymbol{v}_B$ 和 $\boldsymbol{v}_{BA}$ 的大小分别为

$$v_B = \frac{v_A}{\cos45^\circ} = \frac{2}{\cos45^\circ}\text{m/s} = 2.83\text{m/s}$$

$$v_{BA} = v_A\tan45^\circ = 2\tan45^\circ\text{m/s} = 2\text{m/s}$$

$\boldsymbol{v}_B$ 的方向为水平向左，$\boldsymbol{v}_{BA}$ 的方向是垂直 AB 指向左下方。AB 杆的角速度为

$$\omega_{AB} = \frac{v_{BA}}{AB} = \frac{2\text{m/s}}{1\text{m}} = 2\text{rad/s}$$

转向为顺时针方向。

$\boldsymbol{v}_B$ 的大小还可以应用速度投影法求解，即

$$v_A\cos0^\circ = v_B\cos45^\circ$$

得

$$v_B = \frac{v_A}{\cos 45^\circ} = \frac{2\text{m/s}}{\cos 45^\circ} = 2.83\text{m/s}$$

$\boldsymbol{v}_B$ 方向为水平向左。与应用基点法计算的结果相同。

方法 2：用速度瞬心法计算 $\boldsymbol{v}_B$ 和 ω_{AB}。杆 AB 的速度瞬心为 C 点（图 6.26），杆 AB 的角速度为 $\omega_{AB}=\dfrac{v_A}{AC}$，在 ΔABC 中由几何关系得

$$AC = AB \times \tan 45^\circ = AB = 1\text{m}$$

$$BC = \frac{AB}{\cos 45^\circ} = \frac{1\text{m}}{\cos 45^\circ} = 1.414\text{m}$$

故

$$\omega_{AB} = \frac{v_A}{AC} = \frac{2\text{m/s}}{1\text{m}} = 2\text{rad/s}$$

转向为顺时针方向。B 点速度的大小为

$$v_B = BC \times \omega_{AB} = (1.414 \times 2)\text{m/s} = 2.83\text{m/s}$$

方向为水平向左。

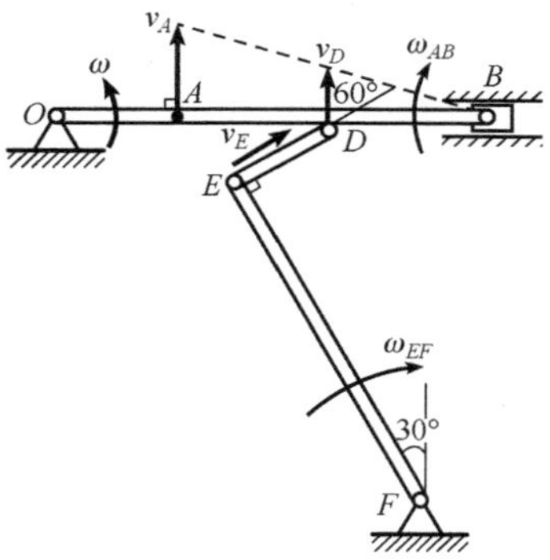

图 6.27

【例 6.10】 在图 6.27 所示的机构中，曲柄 OA 长为 R，以匀角速度 ω 逆时针转动，短杆 DE 两端分别与连杆 AB 的中点 D 和摆杆 EF 的端点 E 铰接，EF 长为 $4R$。试求在图示位置滑块 B 的速度和摆杆 EF 的角速度。

【解】 机构由五个构件组成，其中曲柄 OA 和摆杆 EF 分别绕 O 和 F 作定轴转动，连杆 AB 和短杆 DE 分别作平面运动，滑块 B 在水平轨道中作平动。

杆 OA 作定轴转动，A 点速度的大小为

$$v_A = R\omega$$

方向铅垂向上。连杆 AB 作平面运动，其上 A 点的速度已求出，B 点随滑块运动，速度沿水平方向，因此，杆 AB 在该瞬时的速度瞬心为 B 点，故滑块 B 在该瞬时的速度为零，即

$$v_B = 0$$

杆 AB 的角速度为

$$\omega_{AB} = \frac{v_A}{AB}$$

转向为顺时针方向。D 点速度的大小为

$$v_D = DB \times \omega_{AB} = DB \times \frac{v_A}{AB} = \frac{1}{2}v_A = \frac{1}{2}R\omega$$

方向铅垂向上。

短杆 DE 作平面运动，其上 D 点的速度大小和方向均已求出，又由杆 EF 作定轴转动得知，E 点的速度方向沿 ED 方向，于是由速度投影法，有

$$v_D \cos 60^\circ = v_E \cos 0^\circ$$

故

$$v_E = v_D\cos60° = \frac{1}{2}R\omega\cos60° = \frac{1}{4}R\omega$$

方向如图 6.27 所示。由杆 EF 作定轴转动得知，其角速度为

$$\omega_{EF} = \frac{v_E}{EF} = \frac{\frac{1}{4}R\omega}{4R} = \frac{1}{16}\omega$$

转向为顺时针方向。

思考题

6.1 一绳缠绕在鼓轮上，绳端系一重物 M，M 以速度 $\boldsymbol{v}$ 和加速度 $\boldsymbol{a}$ 向下运动，如图所示。试问绳上两点 A、D 和轮缘上两点 B、C 的加速度是否相同，为什么？

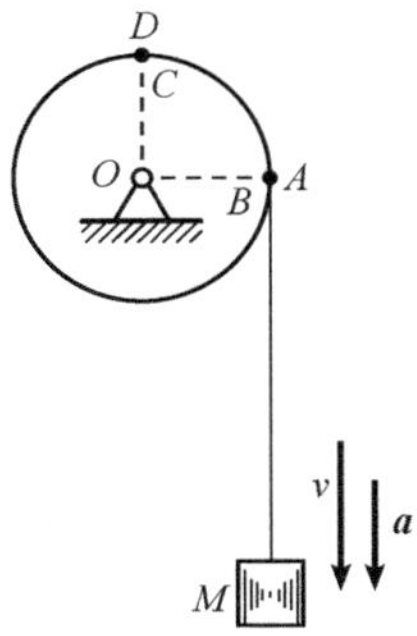

思考题 6.1 图

6.2 有人说："刚体绕定轴转动时，角加速度为正时，刚体加速转动，角加速度为负时，刚体减速转动。"这种说法对吗？为什么？

6.3 飞轮匀速转动时，其直径增大一倍，或其角速度增大一倍，轮缘上的点的速度和加速度是否都增大一倍？

6.4 汽车在十字路口沿圆形转盘行驶时，车厢的运动是平移还是转动？为什么？

6.5 什么是静参考系、动参考系？什么是点的绝对速度、相对速度、牵连速度？

6.6 试述点的运动的分解和合成的含义？

6.7 刚体的平面运动可以分解为平移和转动，那么刚体的定轴转动是不是平面运动的特殊情况？刚体的平移是否一定是平面运动的特殊情况？

6.8 刚体的平移和刚体的瞬时平移有何异同？平面运动刚体绕速度瞬心的转动和刚体绕定轴转动又有何异同？

6.9 平面运动刚体的速度瞬心的速度为零，加速度又等于速度对时间的一阶导数，所以速度瞬心的加速度也为零。这种说法对吗？为什么？

6.10 试根据平面图形上速度的分布规律，判断图示平面图形上给定点的速度是否可能？为什么？

6.11 图示机构中，杆 O_1A 的角速度为 ω，板 ABC 与杆 O_1A 铰接，试问图示 O_1A 和 AC 上各点的速度分布规律对不对？若不对请改正。

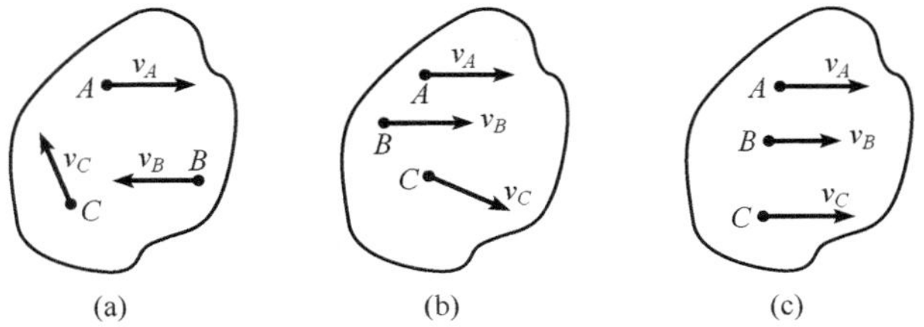

思考题 6.10 图

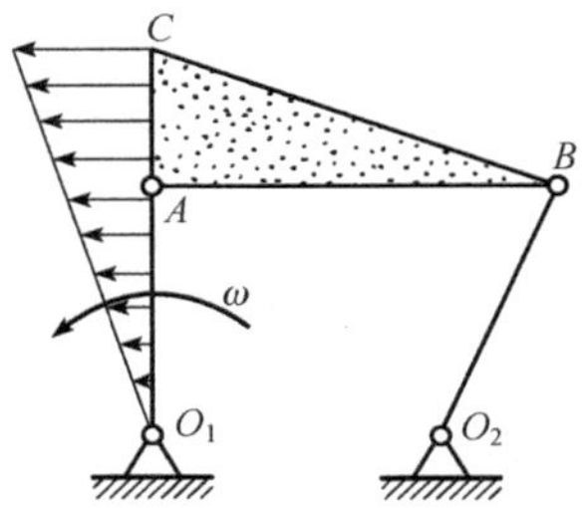

思考题 6.11 图

习题

6.1　摇筛机构如图所示，已知 $O_1A=O_2B=0.4\text{m}$，$O_1O_2=AB$，杆 O_1A 按 $\varphi=\frac{1}{2}\sin\frac{\pi}{4}t\text{rad}$ 的规律摆动，试求当 $t=0$ 和 $t=2\text{s}$ 时，筛面中点 M 的速度和加速度。

6.2　搅拌机构如图所示，已知 $O_1A=O_2B=R$，$O_1O_2=AB$，杆 O_1A 以不变的转速 n 转动，试分析构件 BAM 上 M 点的轨迹及速度和加速度。

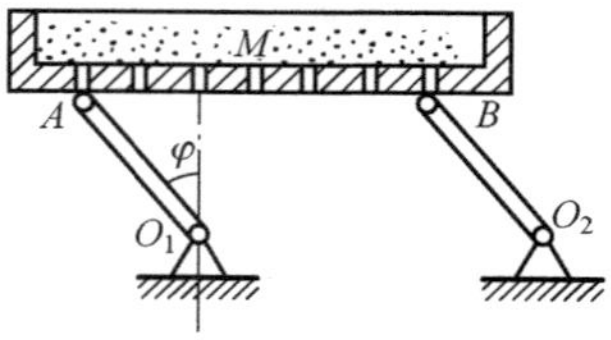

习题 6.1 图

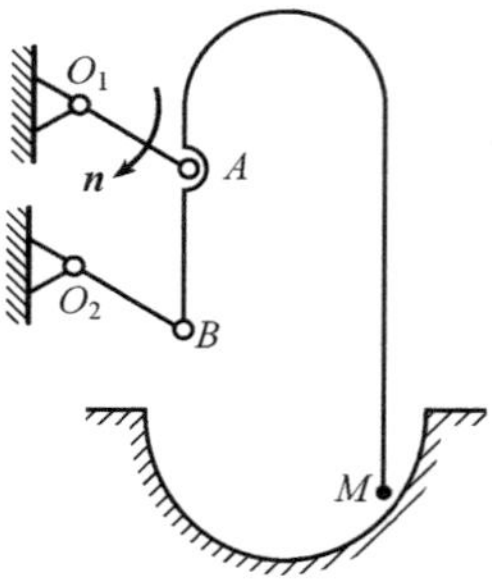

习题 6.2 图

6.3　如图所示，重物下降时带动鼓轮转动，若重物的运动方程为 $x=0.05t^2$（x 的单位为 m，t 的单位为 s），鼓轮半径 $R=0.5\text{m}$，试求鼓轮的角速度和角加速度。

6.4　已知提升机鼓轮的半径 $R=0.5\text{m}$，其上绕以钢丝绳，绳端系一重物，若鼓轮的角加速度的变化规律如图所示，当运动开始时鼓轮的转角 φ_0 与角速度 ω_0 均为零，试求重物的最大速度和在 20s 内重物提升的高度。

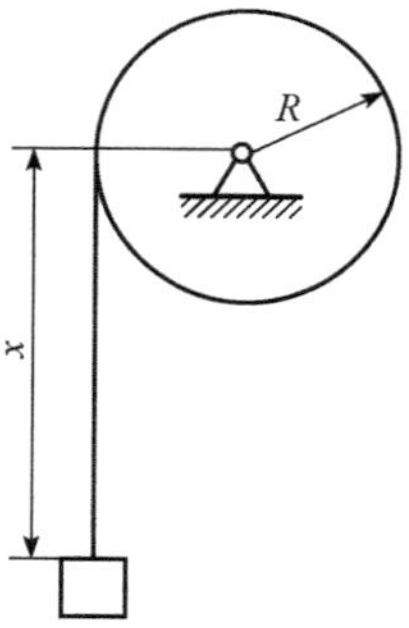

习题 6.3 图

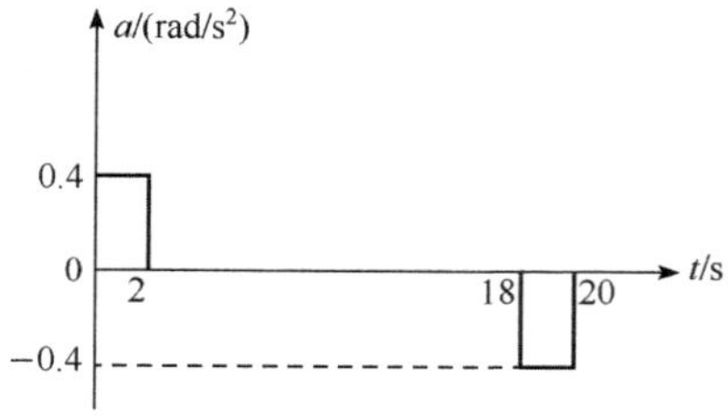

习题 6.4 图

6.5　已知胶带轮轮缘上 A 点的速度为 0.5m/s，与 A 点同一半径上的 B 点的速度为 0.1m/s，A、B 两点间的距离为 0.2m，试求胶带轮的直径及角速度。

6.6　图示直角折杆 $OABC$ 绕 O 轴在铅垂平面内转动，已知 $OA=150\text{mm}$，$AB=100\text{mm}$，$BC=50\text{mm}$，折杆转动的角加速度 $\alpha=4t\text{rad/s}^2$，若杆自静止开始转动，试求 $t=1\text{s}$ 时，杆上 B 点和 C 点的速度和加速度。

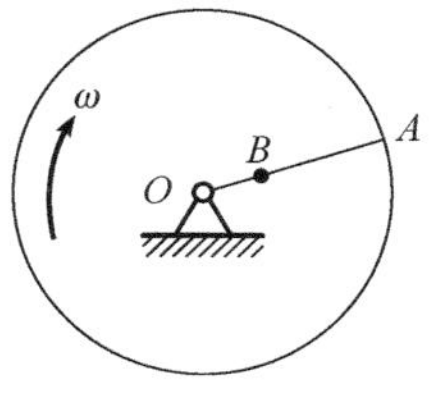

习题 6.5 图

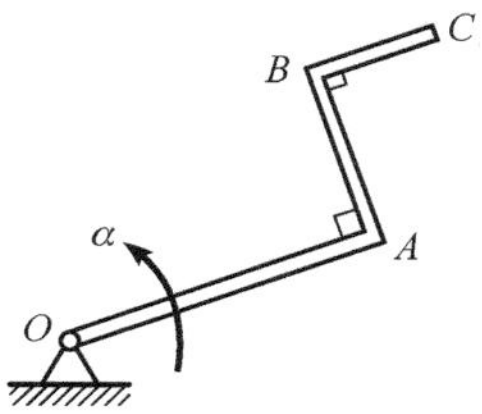

习题 6.6 图

6.7 电动绞车由带轮Ⅰ和Ⅱ及鼓轮Ⅲ组成，轮Ⅲ和轮Ⅱ刚性连在同一轴上，各轮的半径分别为 $r_1=0.3\text{m}$，$r_2=0.75\text{mm}$，$r_3=0.4\text{mm}$，轮Ⅰ的转速 $n_1=100\text{r/min}$，设轮与胶带间无相对滑动，试求重物 M 上升的速度和胶带 AB、BC、CD、DA 各段上点的加速度的大小。

6.8 图示摩擦传动机构的主动轮Ⅰ的转速为 $n=600\text{r/min}$，它与轮Ⅱ的接触点按箭头所示的方向移动，距离 d 按规律 $d=100-5t$ 变化，d 的单位为 mm、t 的单位为 s。摩擦轮的半径 $r=50\text{mm}$，轮Ⅱ的半径 $R=150\text{mm}$。试求：

1）以距离 d 表示轮Ⅱ的角加速度；

2）当 $d=r$ 时，轮Ⅱ边缘上一点的全加速度的大小。

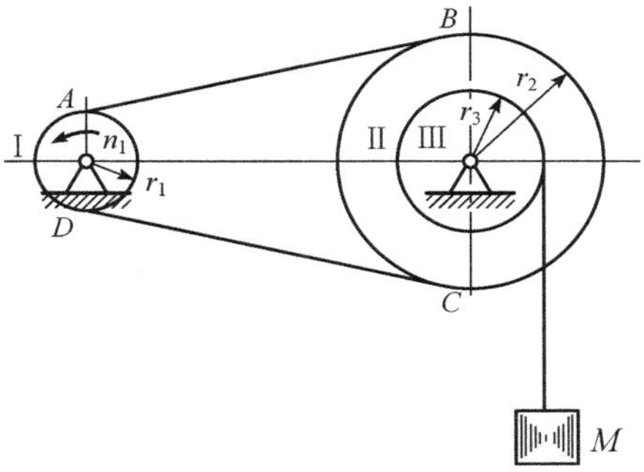

习题 6.7 图

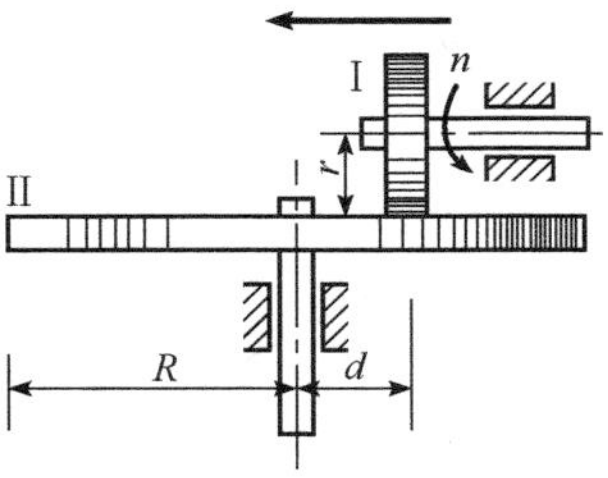

习题 6.8 图

6.9 图示凸轮（偏心圆盘）的偏心距 $OC=e$，半径 $r=\sqrt{3}e$，凸轮以匀角速度 ω 绕 O 轴转动。设某瞬时 OC 与 CA 成直角，试求此瞬时从动杆 AB 的速度。

6.10 杆 OC 可绕 O 轴往复摆动，杆上套一滑块 A 带动铅垂杆 AB 上下运动。已知 $l=0.3\text{m}$，当 $\theta=30°$时，$\omega=2\text{rad/s}$，试求 AB 杆的速度和滑块在 OC 杆上滑动的速度。

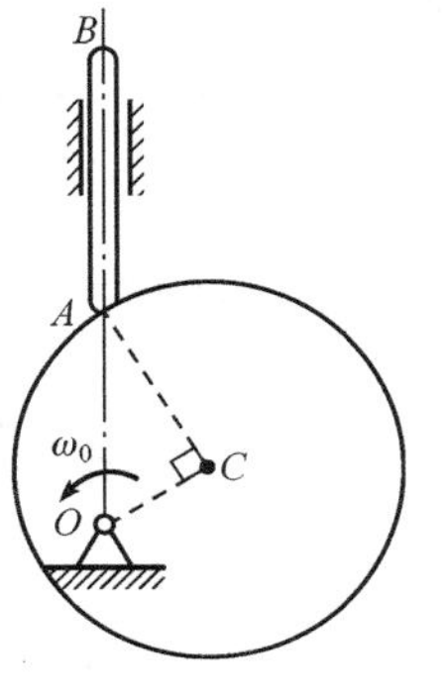

习题 6.9 图

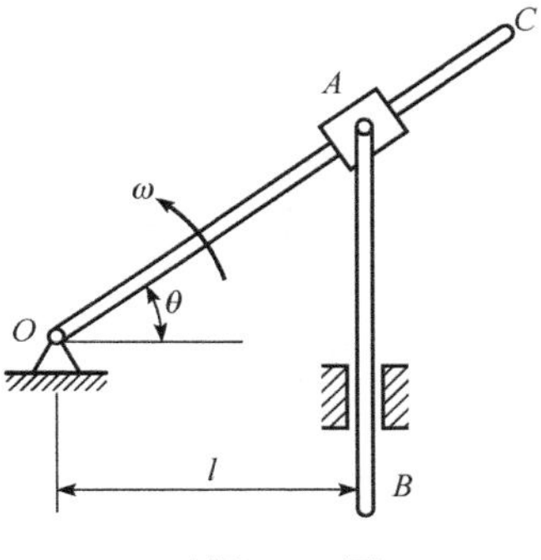

习题 6.10 图

6.11　半径为 R 的圆柱 A 缠以细绳，绳的 B 端固定，圆柱自静止下落。若已知轴心 A 作匀加速运动，经时间 t，轴心下落的距离为 h，此时的速度为 $v_A=\frac{2}{3}\sqrt{3gh}$，试写出圆柱的平面运动方程。

6.12　两齿条分别以速度 $\boldsymbol{v}_1$ 和 $\boldsymbol{v}_2$ 作同向直线平动，两齿条间夹一半径为 R 的齿轮，试求齿轮的角速度及其中心 O 的速度。

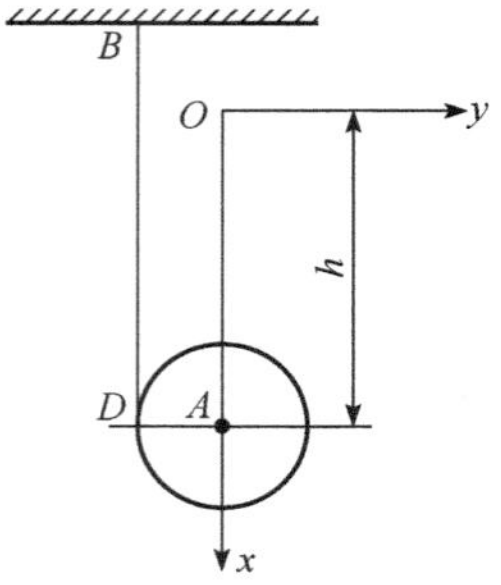

习题 6.11 图

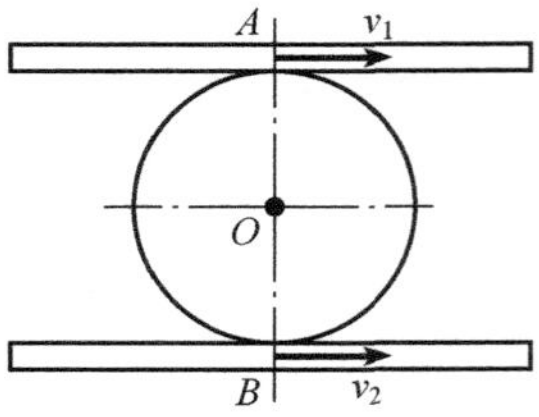

习题 6.12 图

6.13　在图示四连杆机构 $OABO_1$ 中，$OA=O_1B=AB/2$，曲柄 OA 以角速度 $\omega=3\text{rad/s}$ 绕 O 轴转动，试求图示位置杆 AB 和杆 O_1B 的角速度。

6.14　在图示机构中，OA 以角速度 $\omega=6\text{rad/s}$ 转动，带动直角平板 ABC 和摇杆 BD 运动。已知 $OA=100\text{mm}$，$AC=150\text{mm}$，$BC=450\text{mm}$，$BD=400\text{mm}$，在图示位置 $OA\perp AC$，$BD/\!/AC$，试求该瞬时点 B、C 的速度和平板 ABC、摇杆 BD 的角速度。

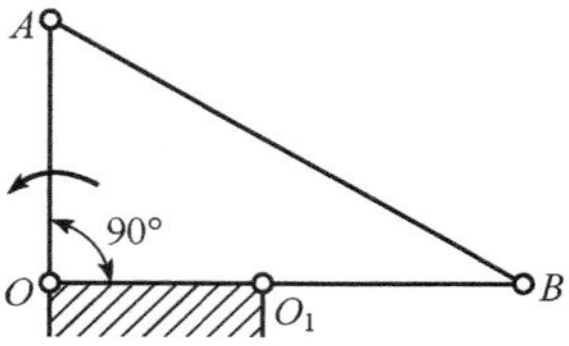

习题 6.13 图

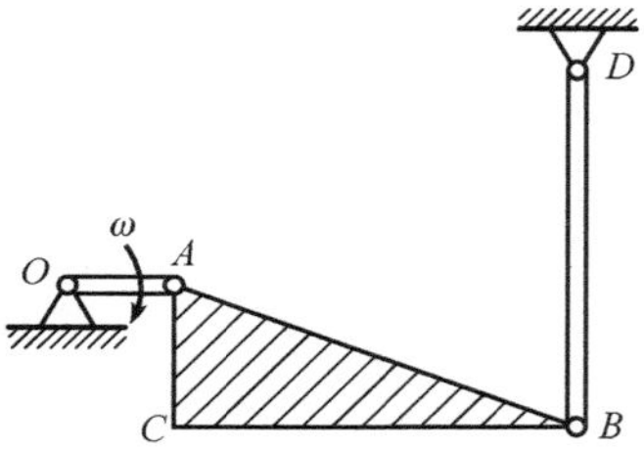

习题 6.14 图

6.15　在图示机构中，主动轮 O 以转速 $n=20\text{r/min}$ 转动，当 OA 在水平位置时，杆 CD 也在水平位置，且 B 点正好在过 O 点的铅垂线上。已知 $O_1C=2\text{m}$，$O_1B=3\text{m}$，$AB=2.5\text{m}$，$OA=0.6\text{m}$，试求该瞬时 C 点的速度。

6.16　长度为 1.5m 的杆 AB，A 端铰接在半径为 0.5m 的圆轮的轮缘上，另一端 B 在地面上滑动，如图所示。已知轮在地面上作纯滚动，轮心 O 的速度为 20m/s，试求当轮半径 OA 在水平位置时杆 AB 的角速度和 B 点的速度。

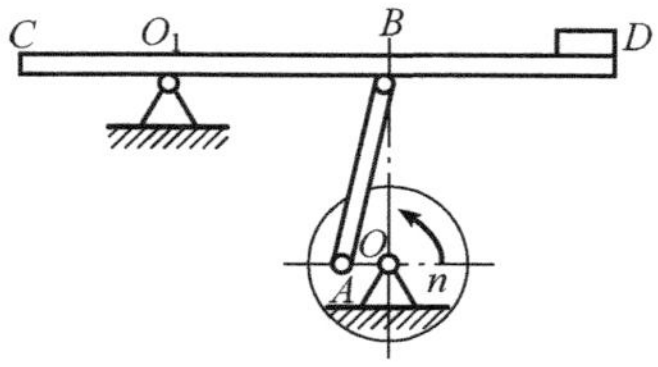

习题 6.15 图

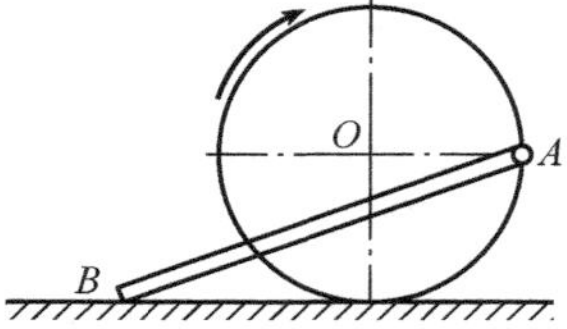

习题 6.16 图

6.17　在图示曲柄摇块机构中，曲柄 OA 以角速度 $\omega_0=0.6\text{rad/s}$ 绕 O 轴转动，带动连杆 AC 在摇块 B 内滑动，摇块 B 及与其刚性连接的 BD 杆则绕 B 点转动，BD 杆长 0.5m，试求在图示位置时 BD 的角速度和 D 点的速度。

6.18　在图示配气机构中，曲柄 OA 以匀角速度 $\omega=20\text{rad/s}$ 绕 O 轴转动，$OA=0.4\text{m}$，$AC=CB=0.2\sqrt{37}\text{m}$，试求当 $\varphi=0°$ 和 $\varphi=90°$ 时气阀推杆 DE 的速度。（提示：$\varphi=90°$ 时由机构的几何关系可以证明 C、D、E 是共线的）

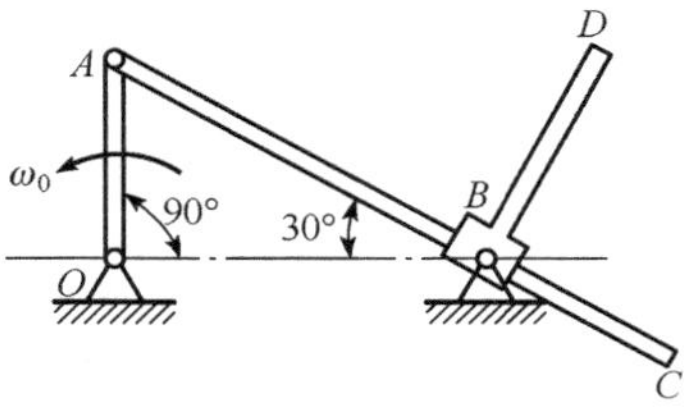

习题 6.17 图

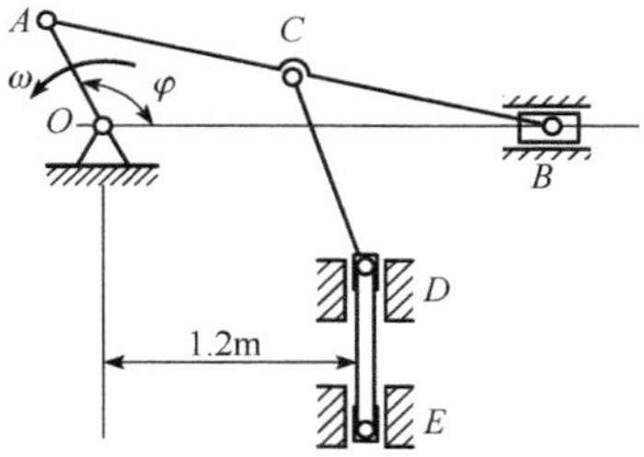

习题 6.18 图

6.19　如图所示自行车的传动装置由链轮 A、B 和链条组成，链轮 A 是 48 个齿，链轮 B 是 20 个齿，链轮 B 固结在自行车的后轮 C 上。已知后轮的直径为 0.7m，若链轮 A 的转速为 $n=60\text{r/min}$，后轮 C 沿直线在地面上作纯滚动，试求自行车前进的速度。

6.20　图示 AB 杆靠在半圆柱上，A 端以速度 $\boldsymbol{v}$ 沿地面运动，试求当杆的中点 M 与圆柱接触时，杆的另一端 B 点速度的大小。

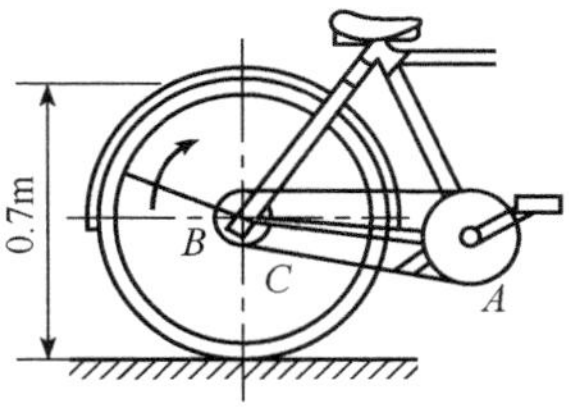

习题 6.19 图

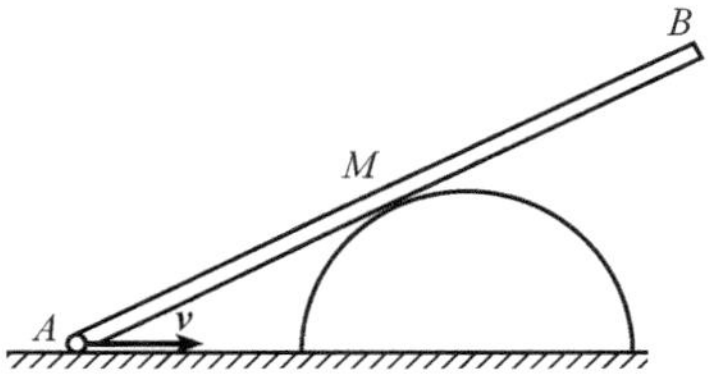

习题 6.20 图

6.21　图示为椭圆机构，曲柄 OC 长为 100mm，以角速度 $\omega=3\text{rad/s}$ 逆时针转动，带动椭圆规尺 AB 运动。已知 $AC=BC=100\text{mm}$，试求在图示位置 $\varphi=30°$ 时，AB 上速度最小的点 K 的位置及该点的速度。

6.22　如图所示，滚压机构的滚子沿水平面滚动而不滑动。已知曲柄 OA 长 $r=100\text{mm}$，以匀转速 $n=30\text{r/min}$ 转动，连杆 AB 长 $l=173\text{mm}$，滚子半径 $R=100\text{mm}$，试求图示位置滚子的角速度。

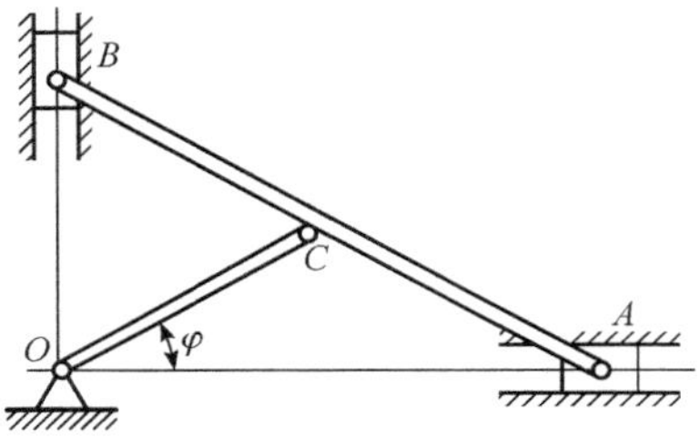

习题 6.21 图

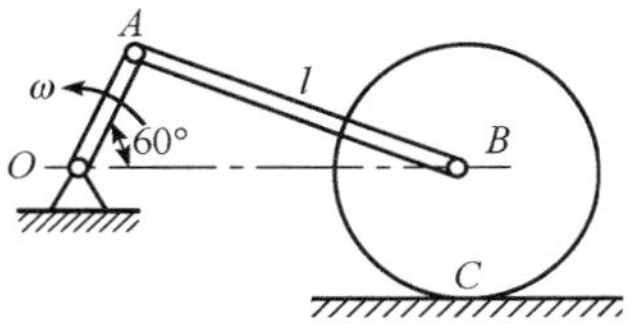

习题 6.22 图

6.23　图示两轮的半径均为 r，在水平直线轨道上滚动而不滑动，B 轮的中心和 A 轮轮缘上的点 C 用连杆 BC 铰接。已知 A 轮中心的速度为 $\boldsymbol{v}$，试求当 β 角分别为 0°和 90°时 B 轮的角速度的大小和转向。

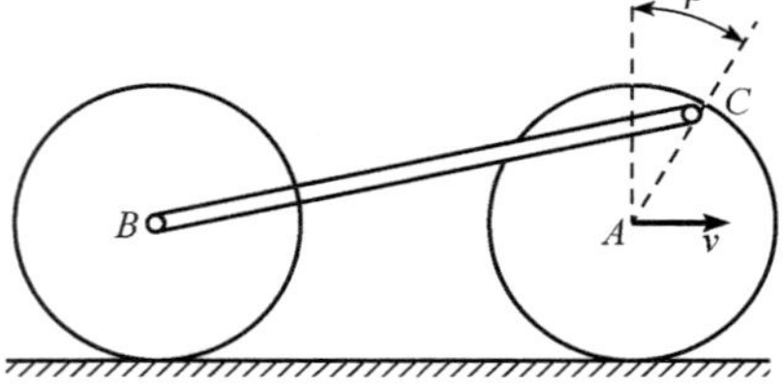

习题 6.23 图

第三篇
动力学

在静力学中，我们研究了物体在力系作用下的平衡问题。在运动学中，我们仅从几何的角度研究物体的运动规律，而未涉及物体运动变化的原因。在动力学中，我们将研究物体运动的变化与其质量、作用于其上的力之间的关系。可见动力学是理论力学的主体，静力学只是动力学的特殊情况，运动学是为动力学作必要的准备。

动力学是在生产实践过程中形成和发展的，随着现代工业和科学技术的发展，在建筑、机械、水利、采矿、化工、航空航天等工程实际中，都需要应用动力学的基本理论。在土木工程中要解决动力基础的隔振与减振，桥梁和水坝在动荷载作用下的振动及抗震，高层建筑中出现的新问题等更离不开动力学的理论。我们在动力学部分着重介绍质点及刚体的运动微分方程、动能定理、达朗贝尔原理等三部分内容，为专业课的学习和今后的工作打好必要的理论基础。

第七章　质点与刚体的运动微分方程

内容提要

本章在介绍动力学基本方程的基础上，给出质点及刚体平移、定轴转动、平面运动的运动微分方程，并应用它们求解质点和刚体动力学的两类基本问题。

学习要求

1. 掌握质点的运动微分方程，并应用它求解质点动力学问题。

2. 掌握刚体平移、定轴转动、平面运动的运动微分方程。掌握刚体转动惯量的概念和计算。

3. 掌握应用刚体的运动微分方程求解刚体动力学问题。

7.1 质点运动微分方程

7.1.1 动力学的基本方程

在力学中把大小和形状可以忽略不计且具有质量的物体称为**质点**。作用于质点上的力与质点运动之间的关系，由牛顿第二定律表述如下：**质点受到力的作用时，所获得的加速度的大小与力的大小成正比，而与物体的质量成反比；加速度的方向与力的方向相同。**可用公式表示为

$$m\boldsymbol{a} = \boldsymbol{F} \tag{7.1}$$

式中：m——质点的质量；

$\boldsymbol{F}$——作用于质点上的所有力的合力；

$\boldsymbol{a}$——质点获得的加速度。

式（7.1）是研究质点动力学问题的基本依据，称为**动力学基本方程**。

根据动力学基本方程，当质点不受力的作用（合力为零）时，其加速度必为零，此时质点将保持静止或匀速直线运动状态不变。物体的这种保持运动状态不变的属性称为**惯性**。

两个质点受力相同时，质量大的加速度小，说明其运动状态不容易改变，即它的惯性大；质量小的加速度大，说明其运动状态容易改变，即它的惯性小。因此，**质量是质点惯性的度量**。

7.1.2　质点运动微分方程的三种形式

1. 矢量形式的质点运动微分方程

设质量为 m 的质点 M，在合力 $\boldsymbol{F}$ 的作用下沿某一曲线运动，质点 M 的位置用对于坐标原点 O 的矢径 $\boldsymbol{r}$ 表示（图 7.1），由运动学知该质点的加速度 $\boldsymbol{a}$ 与矢径 $\boldsymbol{r}$ 的关系为

$$\boldsymbol{a}=\frac{\mathrm{d}\boldsymbol{v}}{\mathrm{d}t}=\frac{\mathrm{d}^2\boldsymbol{r}}{\mathrm{d}t^2}$$

式中：$\boldsymbol{v}$——质点的速度。

将上式代入式（7.1）得

$$m\boldsymbol{a}=m\frac{\mathrm{d}\boldsymbol{v}}{\mathrm{d}t}=m\frac{\mathrm{d}^2\boldsymbol{r}}{\mathrm{d}t^2}=\boldsymbol{F} \tag{7.2}$$

这就是矢量形式的质点运动微分方程。

在具体计算中，都采用式（7.2）的投影形式，根据坐标系的不同有直角坐标形式和弧坐标形式两种。

2. 直角坐标形式的质点运动微分方程

将式（7.2）向直角坐标轴上投影，得

$$\left.\begin{aligned} ma_x &= m\frac{\mathrm{d}v_x}{\mathrm{d}t}=m\frac{\mathrm{d}^2x}{\mathrm{d}t^2}=X \\ ma_y &= m\frac{\mathrm{d}v_y}{\mathrm{d}t}=m\frac{\mathrm{d}^2x}{\mathrm{d}t^2}=Y \\ ma_z &= m\frac{\mathrm{d}v_z}{\mathrm{d}t}=m\frac{\mathrm{d}^2z}{\mathrm{d}t^2}=Z \end{aligned}\right\} \tag{7.3}$$

式中：x、y、z——质点 M 的坐标；

X、Y、Z——各力在 x、y、z 轴上投影的代数和。

3. 弧坐标形式的质点运动微分方程

当质点 M 作平面曲线运动时，将式（7.2）向质点运动轨迹的切向和法向投影（图 7.2），得

$$\left.\begin{aligned} ma_\tau &= m\frac{\mathrm{d}^2s}{\mathrm{d}t^2}=F_\tau \\ ma_\mathrm{n} &= m\frac{v^2}{\rho}=F_\mathrm{n} \end{aligned}\right\} \tag{7.4}$$

式中：s——质点的弧坐标；

v——质点的速度；

ρ——曲率半径；

F_τ、F_n——各力在轨迹的切向、法向上投影的代数和。

质点运动微分方程可用来解决质点动力学的两类问题：第一类问题是已知质点的运动规律，求作用于质点上的力。这类问题可由微分运算求解。第二类问题是已知作用于质点

上的力，求质点的运动规律。这类问题可由积分运算求解。下面举例加以说明。

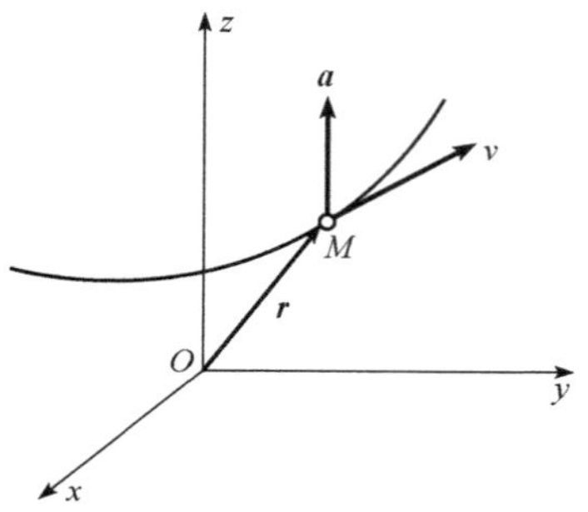

图 7.1

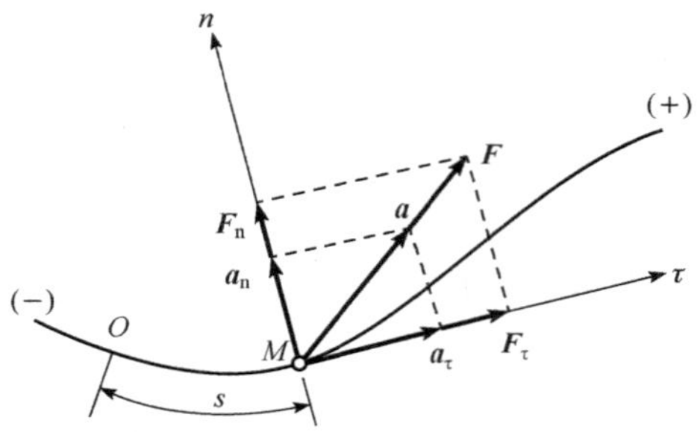

图 7.2

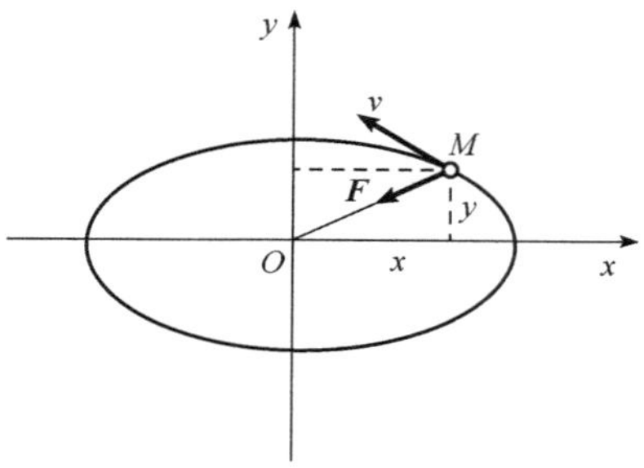

图 7.3

【例 7.1】 质量为 m 的质点 M 在坐标平面 Oxy 内运动（图 7.3），其运动方程为

$$x = a\cos\omega t$$

$$y = b\sin\omega t$$

其中，a、b、ω 都是常量。试求质点 M 的轨迹方程，并求作用于质点上的力 $\boldsymbol{F}$。

【解】 由质点的运动方程消去时间 t，得

$$\frac{x^2}{a^2} + \frac{y^2}{b^2} = 1$$

可见质点的运动轨迹是以 a、b 为长、短半轴的椭圆。

将质点的运动方程代入式（7.3），可求得力 $\boldsymbol{F}$ 的投影为

$$X = m\frac{\mathrm{d}^2 x}{\mathrm{d}t^2} = -ma\omega^2\cos\omega t = -m\omega^2 x$$

$$Y = m\frac{\mathrm{d}^2 y}{\mathrm{d}t^2} = -mb\omega^2\sin\omega t = -m\omega^2 y$$

因此力 $\boldsymbol{F}$ 为

$$\boldsymbol{F} = X\boldsymbol{i} + Y\boldsymbol{j} = -m\omega^2(x\boldsymbol{i} + y\boldsymbol{j})$$

或

$$\boldsymbol{F} = -m\omega^2\boldsymbol{r}$$

式中：$\boldsymbol{r}$——质点 M 的矢径。

可见力 $\boldsymbol{F}$ 的大小与矢径 $\boldsymbol{r}$ 的大小成正比，其方向则与之相反，即力 $\boldsymbol{F}$ 的方向恒指向椭圆中心，这种力称为有心力。

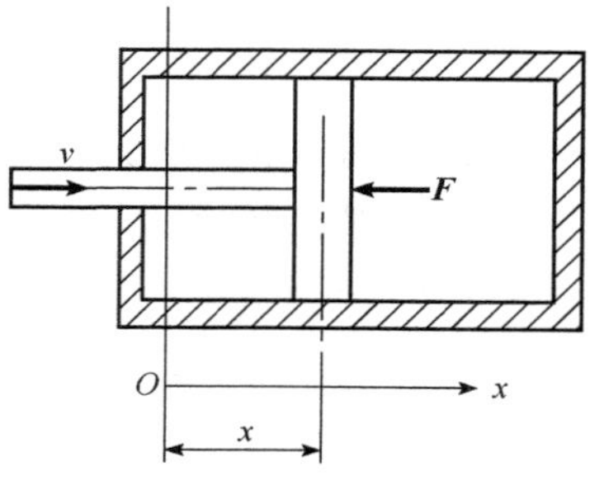

图 7.4

【例 7.2】 液压减振器（图 7.4）的活塞在获得初速度 v_0 后，在液压缸内作直线运动。若液体对活塞的阻力 F 正比于活塞的速度 v，即 $F = \mu v$，其中 μ 为比例系数。试求活塞相对于液压缸的运动规律，并确定液压缸的长度值。

【解】 把活塞看作一质点，作用于活塞上的力为液体的阻力 **F**。如图 7.4 所示，取活塞初始位置为坐标原点，建立 x 轴。利用式（7.3），列出活塞的运动微分方程，即

$$m\frac{\mathrm{d}^2x}{\mathrm{d}t^2}=-F$$

或

$$m\frac{\mathrm{d}v}{\mathrm{d}t}=-\mu v$$

令 $k=\frac{\mu}{m}$，则上式成为

$$\frac{\mathrm{d}v}{\mathrm{d}t}=-kv$$

分离变量后进行积分，得

$$\int_{v_0}^{v}\frac{\mathrm{d}v}{v}=-\int_0^t k\mathrm{d}t$$

解得活塞的速度为

$$v=v_0e^{-kt} \tag{a}$$

将上式写为

$$\frac{\mathrm{d}x}{\mathrm{d}t}=v_0e^{-kt}$$

再次积分，即

$$\int_0^x\mathrm{d}x=\int_0^t v_0e^{-kt}\mathrm{d}t$$

解得

$$x=\frac{v_0}{k}(1-e^{-kt}) \tag{b}$$

上式即为活塞的运动规律。

当 $t\to\infty$ 时，$e^{-kt}\to 0$，由式（a）可知，活塞的速度趋于零；由式（b）可知，此时 x 趋于最大值。由此确定液压缸的长度为

$$x_{\max}=\frac{v_0}{k}=\frac{mv_0}{\mu}$$

【例 7.3】 如图 7.5 所示，单摆由长 l 的细绳和质量为 m 的小球 M 悬挂于 O 点构成。当细绳与铅垂线之间的夹角为 θ_0 时，单摆由静止释放，若不计空气阻力，试求绳所受的最大拉力。

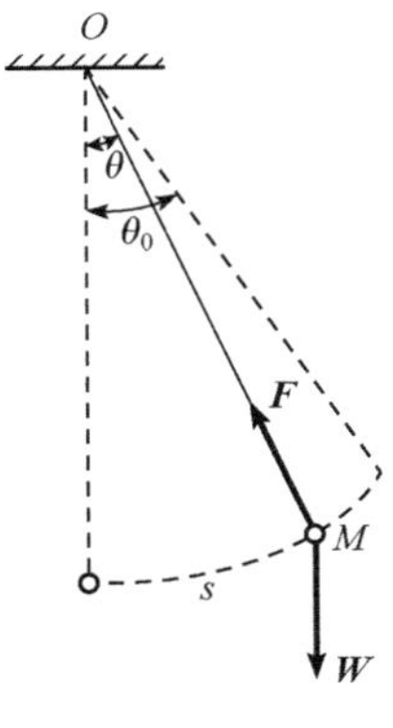

图 7.5

【解】 取小球为研究对象。小球受重力 **W** 和绳的拉力 **F** 的作用。沿小球的轨迹（以 O 为圆心、l 为半径的圆弧）建立弧坐标，原点在铅垂位置，由左向右为弧坐标的正方向。

列出小球的运动微分方程，即

$$ma_\tau=m\frac{\mathrm{d}v}{\mathrm{d}t}=-mg\sin\theta \tag{a}$$

$$ma_n=m\frac{v^2}{l}=F-mg\cos\theta \tag{b}$$

由式（a）得

$$m\frac{\mathrm{d}v}{\mathrm{d}s}\frac{\mathrm{d}s}{\mathrm{d}t}=-mg\sin\theta$$

或

$$v\mathrm{d}v=-g\sin\theta\mathrm{d}s=-gl\sin\theta\mathrm{d}\theta$$

两边积分，即

$$\int_0^v v\mathrm{d}v=\int_{\theta_0}^{\theta}-gl\sin\theta\mathrm{d}\theta$$

得

$$v^2=2gl(\cos\theta-\cos\theta_0)$$

代入式（b）得

$$2mg(\cos\theta-\cos\theta_0)=F-mg\cos\theta$$

故

$$F=3mg\cos\theta-2mg\cos\theta_0$$

显然，当 $\theta=0$ 时绳的拉力最大，最大拉力为

$$F_{\max}=mg(3-2\cos\theta_0)$$

7.1.3 刚体平行移动微分方程

刚体作平行移动时，刚体内各点的轨迹形状相同，且同一瞬时各点的速度 $\boldsymbol{v}$ 相同，加速度 $\boldsymbol{a}$ 也相同。因此，可以取刚体内一个点的运动来代替整个刚体的运动。

刚体的质心 C 是一个特殊点，现用它的运动来代替刚体的平行移动。设质心 C 的速度和加速分别为 $\boldsymbol{v}_C$、$\boldsymbol{a}_C$，矢径为 $\boldsymbol{r}_C$，根据质点运动微分方程和质心的定义，可以证明：

$$m\boldsymbol{a}_C=m\frac{\mathrm{d}\boldsymbol{v}_C}{\mathrm{d}t}=m\frac{\mathrm{d}^2\boldsymbol{r}_C}{\mathrm{d}t^2}=\sum\boldsymbol{F}^E \tag{7.5}$$

式中：m——刚体的质量；

$\sum\boldsymbol{F}^E$——作用于刚体上的所有外力的合力。

式（7.5）称为矢量形式的刚体平行移动微分方程，通常称为**质心运动定理**。

将式（7.5）投影到固定的直角坐标轴上，得

$$\left.\begin{aligned}ma_{Cx}&=m\frac{\mathrm{d}v_{Cx}}{\mathrm{d}t}=m\frac{\mathrm{d}^2x_C}{\mathrm{d}t^2}=\sum X\\ma_{Cy}&=m\frac{\mathrm{d}v_{Cy}}{\mathrm{d}t}=m\frac{\mathrm{d}^2y_C}{\mathrm{d}t^2}=\sum Y\\ma_{Cz}&=m\frac{\mathrm{d}v_{Cz}}{\mathrm{d}t}=m\frac{\mathrm{d}^2z_C}{\mathrm{d}t^2}=\sum Z\end{aligned}\right\} \tag{7.6}$$

式中：x_C，y_C，z_C——质心的直角坐标；

v_{Cx}、v_{Cy}、v_{Cz}，a_{Cx}、a_{Cy}、a_{Cz}——质心的速度和加速度在直角坐标轴上的投影；

$\sum X,\sum Y,\sum Z$——作用于刚体上的外力在直角坐标轴上投影的代数和。

式（7.6）称为质心运动定理的投影形式。

【例 7.4】 如图 7.6（a）所示，将重 $\boldsymbol{W}$ 的构件沿铅垂方向吊起，在开始阶段的加速度

为 $\boldsymbol{a}$，绳索与水平方向的夹角为 θ，试求绳索的张力。

【解】 构件可看作刚体，起吊时沿铅垂方向向上作直线平移，可应用质心运动定理求解。

取构件为研究对象，作用于构件上的力有重力 $\boldsymbol{W}$，绳索在 A，B 处的拉力 $\boldsymbol{F}_A$、$\boldsymbol{F}_B$，受力如图 7.6（b）所示。

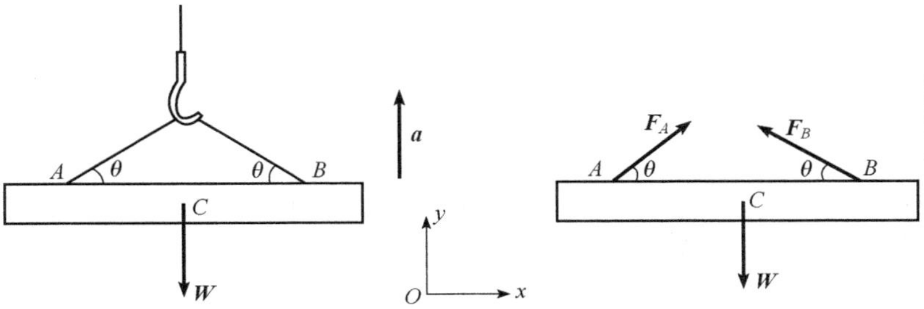

图 7.6

建立相对于地面静止的直角坐标系 Oxy，由质心运动定理可得

$$\frac{W}{g}a_{Cx} = F_A\cos\theta - F_B\cos\theta$$

$$\frac{W}{g}a_{Cy} = F_A\sin\theta + F_B\sin\theta - W$$

构件以加速度 $\boldsymbol{a}$ 沿 y 轴正向作平移运动，可知 $a_{Cx}=0$、$a_{Cy}=a$，代入上两式，得

$$F_A = F_B$$

$$(F_A+F_B)\sin\theta - W = \frac{W}{g}a$$

故

$$F_A = F_B = \frac{W\left(1+\dfrac{a}{g}\right)}{2\sin\theta}$$

7.2 刚体定轴转动微分方程

设刚体在外力作用下以角速度 ω、角加速度 α 绕固定轴 z 转动，如图 7.7 所示。考虑刚体内任意一点 M_i，由运动学知其绕 z 轴作圆周运动。若该质点的质量为 m_i，它到转动轴 z 的距离为 r_i，则它的切向加速度为

$$a_{i\tau} = r_i\alpha$$

根据式（7.4），列出质点 M_i 在运动轨迹切向的微分方程，即

$$m_i a_{i\tau} = m_i r_i \alpha = F_{i\tau} \tag{a}$$

式中：$F_{i\tau}$——作用于该质点上所有力的合力 $\boldsymbol{F}_i$ 在轨迹切向上的投影。

将上式两边同乘以 r_i，得

$$m_i r_i^2 \alpha = F_{i\tau} r_i \tag{b}$$

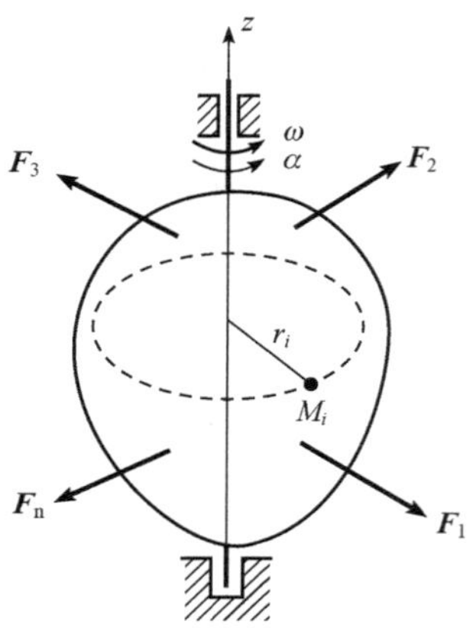

图 7.7

式中：$F_{i\tau}r_i$——作用于该质点所有力的合力 $\boldsymbol{F}_i$ 对 z 轴之矩。

将作用于任一质点 M_i 上的力 $\boldsymbol{F}_i$ 分成两部分：一部分是刚体内其他质点对该质点的作用力，称为内力，用 $\boldsymbol{F}_i^{\mathrm{I}}$ 表示；另一部分是刚体以外的物体对该质点的作用力，称为外力，用 $\boldsymbol{F}_i^{\mathrm{E}}$ 表示。于是式（b）可改写为

$$m_i r_i^2 \alpha = F_{i\tau}^{\mathrm{I}} r_i + F_{i\tau}^{\mathrm{E}} r_i \tag{c}$$

对刚体内每一个质点都可列出这样的式子，将它们相加，得

$$\sum m_i r_i^2 \alpha = \sum F_{i\tau}^{I} r_i + \sum F_{i\tau}^{E} r_i \tag{d}$$

由于刚体内各质点间的相互作用力即内力都是成对出现的，且它们大小相等，方向相反，作用于同一直线上，所以这些内力对 z 轴之矩的代数和恒为零，即

$$\sum F_{i\tau}^{I} r_i = 0$$

于是式（d）变为

$$\left(\sum m_i r_i^2\right)\alpha = M_z \tag{e}$$

式中：M_z——作用于刚体上所有外力对 z 轴之矩的代数和；

$\sum m_i r_i^2$——刚体内各质点的质量与该点到转轴的距离平方的乘积之和，对某一刚体来说，转轴一经确定，刚体内各点到转轴的距离为一定量，因而 $\sum m_i r_i^2$ 为一常量，它称为刚体对转轴 z 的**转动惯量**，用 J_z 表示，即

$$J_z = \sum m_i r_i^2 \tag{7.7}$$

将式（7.7）以及 $\alpha=\frac{d\omega}{dt}=\frac{d^2\varphi}{dt^2}$ 代入式（e），得

$$J_z\alpha = J_z\frac{d\omega}{dt} = J_z\frac{d^2\varphi}{dt^2} = M_z \tag{7.8}$$

上式即为刚体定轴转动的微分方程。它表明，**刚体对转轴的转动惯量与刚体转动角加速度的乘积，等于作用于刚体上的所有外力对转轴之矩的代数和**。外力矩是使转动刚体获得角加速度的原因，角加速度的大小与作用于刚体上的外力对转轴之矩的代数和成正比。

应用刚体定轴转动微分方程，可以解决两类问题：一类是已知刚体的转动规律，求作用于刚体上的外力矩；另一类是已知作用于刚体上的外力矩，求刚体的转动规律。

根据式（7.8），当 $M_z=0$ 时，$\alpha=0$，$\omega=$常量，这时刚体静止或绕定轴作匀速转动；当 $M_z=$常量时，$\alpha=$常量，这时刚体绕定轴作匀变速转动。α 与 ω 同向时，作匀加速转动，α 与 ω 反向时，作匀减速转动。

【例 7.5】 飞轮重 $\boldsymbol{W}$，半径为 R，以角速度 ω_0 绕水平轴 O 转动（图 7.8）。飞轮对 O 轴的转动惯量为 J_O，制动时闸块对飞轮的法向压力为 $\boldsymbol{F}_{\mathrm{N}}$。设闸块与飞轮间的摩擦因数 f 保持不变，轴承的摩擦忽略不计，试求制动所需的时间 t。

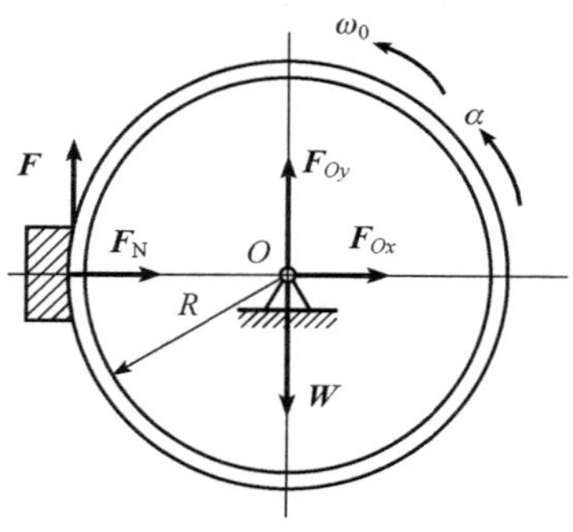

图 7.8

【解】 取飞轮为研究对象，作用于飞轮上的外力有重力 $\boldsymbol{W}$，闸块的法向压力 $\boldsymbol{F}_{\mathrm{N}}$，滑动摩擦力 $\boldsymbol{F}$，轴承处的反力 $\boldsymbol{F}_{Ox}$、$\boldsymbol{F}_{Oy}$。在这些力中，只有摩擦力 $\boldsymbol{F}$ 对转轴 O 有矩，其他各力对 O 轴之矩都等于零。以逆时针方向为正，列出飞轮定轴转动微分方程，即

$$J_O \frac{\mathrm{d}\omega}{\mathrm{d}t} = -FR$$

因摩擦力 $F = fF_{\mathrm{N}}$，故有

$$J_O \frac{\mathrm{d}\omega}{\mathrm{d}t} = -fF_{\mathrm{N}}R$$

两边积分，有

$$J_O \int_{\omega_0}^{0} \mathrm{d}\omega = -fF_{\mathrm{N}}R \int_{0}^{t} \mathrm{d}t$$

得

$$-J_O\omega_0 = -fF_{\mathrm{N}}Rt$$

故

$$t = \frac{J_O\omega_0}{fF_{\mathrm{N}}R}$$

7.3 转动惯量及其计算

由上节知，**刚体对某轴 z 的转动惯量等于刚体内各质点的质量与该点到 z 轴的距离平方的乘积之和**，即

$$J_z = \sum m_i r_i^2$$

上式表明：**转动惯量不仅与刚体的形状以及刚体上的质量分布有关，而且与转轴的位置有关**。同一刚体对于不同转轴的转动惯量各不相同，但同一刚体对确定转轴的转动惯量是一定的。转动惯量永远为正值。其常用单位是 $\mathrm{kg \cdot m^2}$。

工程中常将转动惯量表示为刚体的质量 m 与某一长度的平方的乘积，即

$$J_z = m\rho_z^{\ 2} \tag{7.9}$$

ρ_z 称为刚体对 z 轴的**回转半径**或**惯性半径**。它的意义是，设想将刚体的质量集中在与 z 轴相距为 ρ_z 的某一点上，则这个质点对 z 轴的转动惯量就等于刚体对 z 轴的转动惯量。

7.3.1 转动惯量的物理意义

将刚体定轴转动微分方程 $J_z\alpha = M_z$ 与动力学基本方程 $m\boldsymbol{a} = \boldsymbol{F}$ 相比较，可以看出，两者不仅具有相似的形式，而且位于公式对应位置的物理量 m 与 J_z，$\boldsymbol{a}$ 与 α，$\boldsymbol{F}$ 与 M_z 具有相似的含义。质量 m 是质点运动时惯性的度量，转动惯量 $\boldsymbol{J}_z$ 则是刚体作定轴转动时惯性的度量。欲使不同刚体获得相同的角加速度，转动惯量大者，所需施加的外力矩大，即刚体具有较大的转动惯性。

在设计机械零件时要考虑到转动惯量。例如，机械中常见的飞轮做得比较笨重，并且轮缘设计得较厚、中间较薄且挖有空洞，这样飞轮就有较大的转动惯量，使机器的运转比较平稳。相反，某些仪表中的转动零件，例如指针，为了提高其灵敏度，设计时应尽可能

减小其质量、尺寸，并使更多的质量靠近转轴。

7.3.2 转动惯量的计算

1. 简单形状均质刚体的转动惯量的计算

当质量在刚体内均匀连续分布时，转动惯量的表达式 $J_z=\sum m_i r_i^2$ 可以写成积分形式，即

$$J_z=\int_M r^2\mathrm{d}m$$

对于均质刚体，其密度 ρ 为常数，$\mathrm{d}m=\rho\mathrm{d}V$，上式可写为

$$J_z=\int_V r^2\rho\mathrm{d}V=\rho\int_V r^2\mathrm{d}V=\frac{m}{V}\int_V r^2\mathrm{d}V \tag{7.10}$$

式中：m——刚体的质量；

V——刚体的体积。

上式即为计算均质连续分布刚体转动惯量的公式。

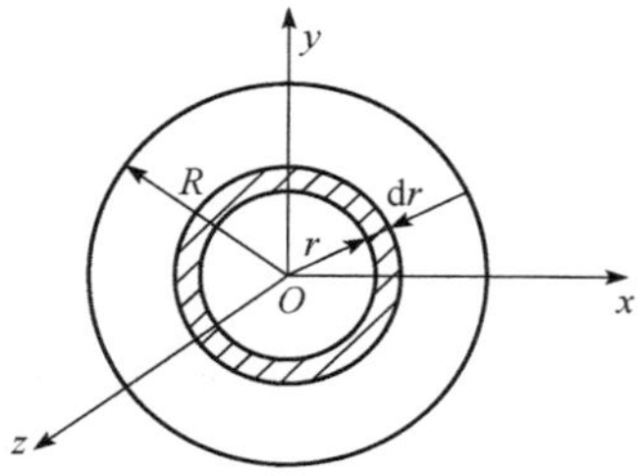

图 7.9

【例 7.6】 已知质量为 m、厚度为 h、半径为 R 的均质等厚薄圆盘（图 7.9），试求薄圆盘对垂直于盘面的 z 轴的转动惯量。

【解】 在距圆心 O 为 r 处，取一宽度为 $\mathrm{d}r$ 的环形微元体积，$\mathrm{d}V=2\pi r\mathrm{d}rh$，圆板的总体积 $V=\pi R^2h$。由式（7.10），得

$$J_z=\frac{m}{V}\int_V r^2\mathrm{d}V=\frac{m}{\pi R^2h}\int_0^R r^2 2\pi rh\,\mathrm{d}r=\frac{2\pi hm}{\pi R^2h}\int_0^R r^3\mathrm{d}r=\frac{1}{2}mR^2$$

许多简单形状均质刚体的转动惯量都可用同样的方法计算得到，其结果可在有关工程手册中查到。现将几种常见的简单形状均质刚体对通过其质心的转轴（简称为**质心轴**）的转动惯量列于表 7.1 中，以备查用。

2. 转动惯量的平行移轴定理

从工程手册中查出的简单形状均质刚体的转动惯量均为对其质心轴而言的。但在实际工程中不少刚体的转动轴并不通过其质心，例如复摆、指针、偏心凸轮等，对此可通过下面的平行移轴定理（证明从略）求得。

刚体对平行于质心轴的任意轴的转动惯量，等于刚体对质心轴的转动惯量加上刚体质量与两轴间距离平方的乘积，即

$$J_{z'}=J_z+md^2 \tag{7.11}$$

式中：J_z——刚体对质心轴 z 的转动惯量；

$J_{z'}$——刚体对与质心轴平行的轴 z' 的转动惯量；

d——轴 z 与 z' 间的距离；

m——刚体的质量。

由刚体转动惯量的平行移轴定理可知，**在一组平行轴中，刚体对其质心轴的转动惯量为最小**。

表 7.1　简单形状均质刚体的转动惯量

刚体形状	简图	转动惯量	回转半径
细长杆	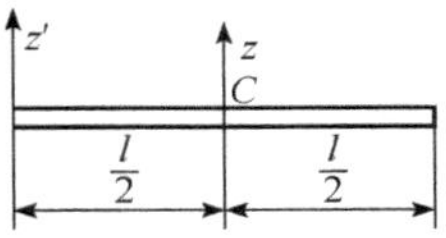	$J_z=\frac{1}{12}ml^2$ $J_{z'}=\frac{1}{3}ml^2$	$\rho_z=\frac{\sqrt{3}}{6}l$ $\rho_{z'}=\frac{\sqrt{3}}{3}l$
细圆环	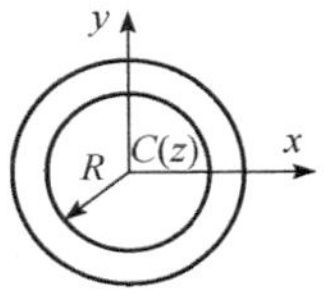	$J_z=J_y=\frac{1}{2}mR^2$ $J_z=mR^2$	$\rho_z=\rho_y=\frac{\sqrt{2}}{2}R$ $\rho_z=R$
薄圆盘	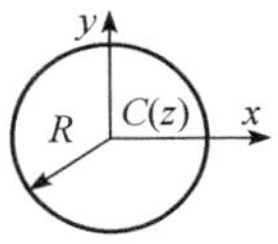	$J_z=J_y=\frac{1}{4}mR^2$ $J_z=\frac{1}{2}mR^2$	$\rho_z=\rho_y=\frac{1}{2}R$ $\rho_z=\frac{\sqrt{2}}{2}R$
圆柱	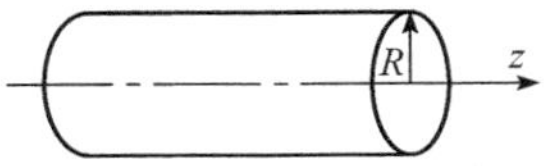	$J_z=\frac{1}{2}mR^2$	$\rho_z=\frac{\sqrt{2}}{2}R$

【例 7.7】 已知长为 l，质量为 m 的均质等截面细直杆（图 7.10），试求该杆对通过杆端且与杆垂直的 z'轴的转动惯量 $J_{z'}$。

【解】 细长杆对于质心轴 z 的转动惯量为

$$J_z=\frac{1}{12}ml^2$$

z'轴与 z 轴的距离 $d=\frac{l}{2}$，由式（7.11）有

$$J_{z'}=J_z+md^2=\frac{1}{12}ml^2+m\left(\frac{l}{2}\right)^2=\frac{1}{3}ml^2$$

【例 7.8】 半径为 R，质量为 m 的均质圆轮绕定轴 O 转动，如图 7.11（a）所示。轮上缠绕细绳，绳端悬挂重 $\boldsymbol{W}$ 的物块，试求物块下落的加速度。

【解】 分别取圆轮和重物为研究对象，受力如图 7.11（b）所示。

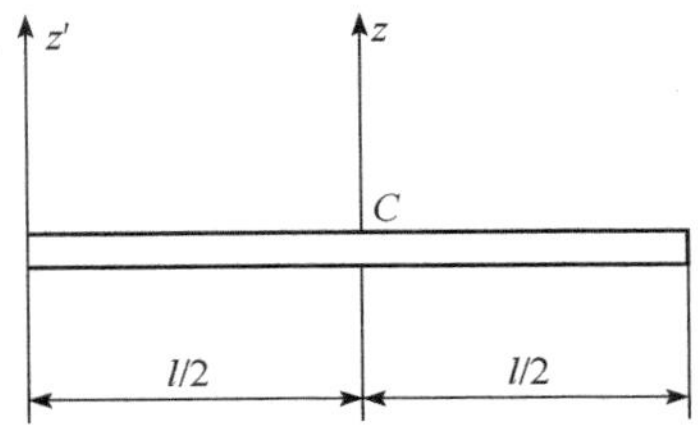

图 7.10

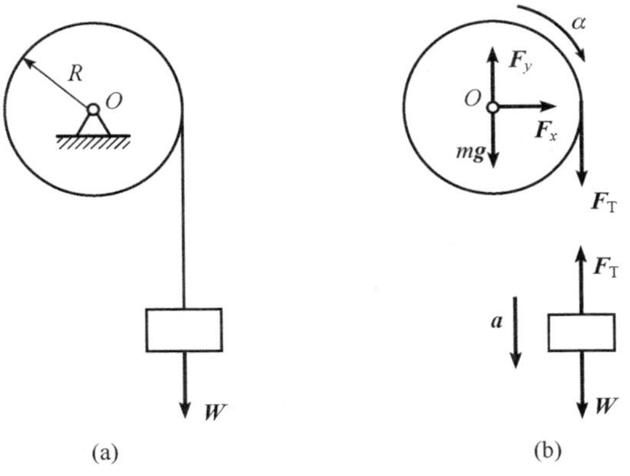

图 7.11

对圆轮应用定轴转动微分方程，有

$$\frac{1}{2}mR^2\alpha = F_{\mathrm{T}}R \tag{a}$$

对重物应用质点运动微分方程，有

$$\frac{W}{g}a = W - F_{\mathrm{T}} \tag{b}$$

加速度 a 与角加速度 α 的关系为

$$a = R\alpha \tag{c}$$

将式（c）代入式（a），得

$$\frac{1}{2}mR^2\frac{a}{R} = F_{\mathrm{T}}R$$

或

$$\frac{1}{2}ma = F_{\mathrm{T}} \tag{d}$$

联立求解式（b）、式（d），得

$$a = \frac{2Wg}{2W + mg}$$

7.4 刚体平面运动微分方程

设刚体具有质量对称面，在此平面内受到力 $\boldsymbol{F}_1$、$\boldsymbol{F}_2$、…、$\boldsymbol{F}_n$ 的作用而作平面运动（图 7.12），选取刚体的质心 C 为基点，则刚体的平面运动可看作平面图形随同质心的平移和绕通过质心且垂直于图形平面的轴（质心轴）的转动的合成。可以证明，刚体平面运动的微分方程为

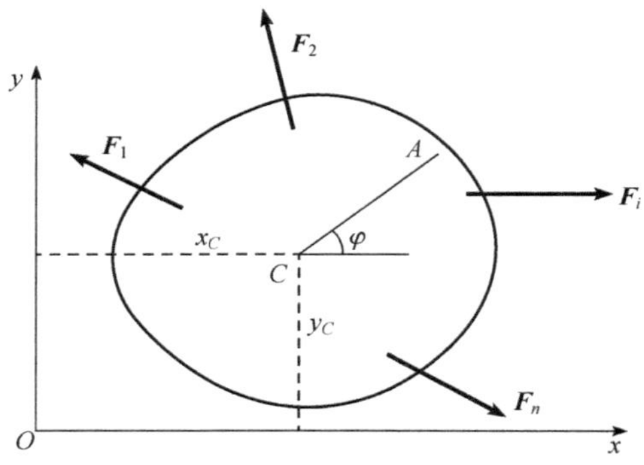

图 7.12

$$\left.\begin{aligned} m\frac{\mathrm{d}^2 x_C}{\mathrm{d}t^2} &= \sum X \\ m\frac{\mathrm{d}^2 y_C}{\mathrm{d}t^2} &= \sum Y \\ J_C\frac{\mathrm{d}^2\varphi}{\mathrm{d}t^2} &= M_C \end{aligned}\right\} \tag{7.12}$$

式中：m——刚体的质量；

x_C，y_C——质心的坐标；

J_C——刚体对质心轴的转动惯量；

φ——刚体绕质心轴转动的转角；

$\sum X$，$\sum Y$——力 $\boldsymbol{F}_i$ 在 x、y 轴上投影的代数和；

M_C——力 $\boldsymbol{F}_i$ 对质心轴之矩的代数和。

【例 7.9】 如图 7.13 所示，质量为 m、半径为 r 的均质圆轮，从静止开始，沿倾角为 θ 的斜面无滑动地滚下，试求轮心 C 的加速度、斜面的法向反力和对圆轮的静摩擦力。

【解】 取圆轮为研究对象，受力如图 7.13 所示。因圆轮作平面运动，建立坐标系 Oxy，由刚体平面运动微分方程，有

$$ma_C = mg\sin\theta - F_f \tag{a}$$

$$0 = mg\cos\theta - F_N \tag{b}$$

$$J_C\alpha = F_f \tag{c}$$

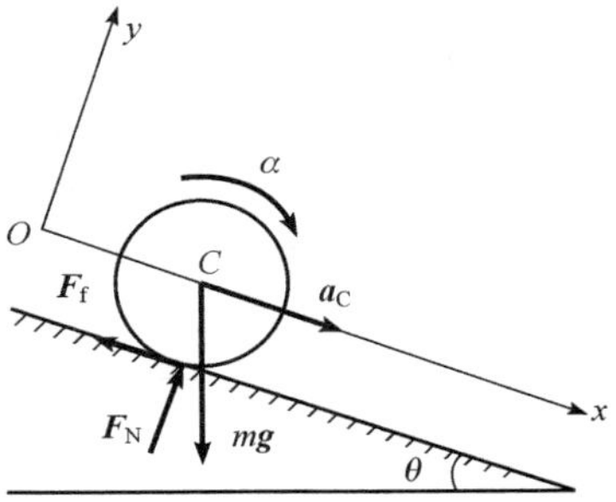

图 7.13

圆轮作无滑动的滚动，轮心的加速度 a_C 与角加速度 α 的关系为

$$a_C = r\alpha \tag{d}$$

圆轮对其质心轴的转动惯量为

$$J_C = \frac{1}{2}mr^2 \tag{e}$$

由式（c）～式（e）可得

$$F_f = \frac{1}{2}ma_C \tag{f}$$

将式（f）代入式（a），得

$$a_C = \frac{2}{3}g\sin\theta \tag{g}$$

由式（b）可知斜面的法向反力为

$$F_N = mg\cos\theta$$

将式（g）代入式（f）得静摩擦力为

$$F_f = \frac{1}{3}mg\sin\theta$$

思考题

7.1　起重机起吊质量为 m 的重物，使其以加速度 a 铅垂上升，设钢丝绳对重物拉力为 F，应用质点的运动微分方程可得 $F-mg=ma$，即 $F=m(a+g)$，式中 $(a+g)$ 能否可理解为重物总的加速度？

7.2　如图所示质点 M 在力 $\boldsymbol{F}$ 的作用下能否沿曲线 AB 运动？

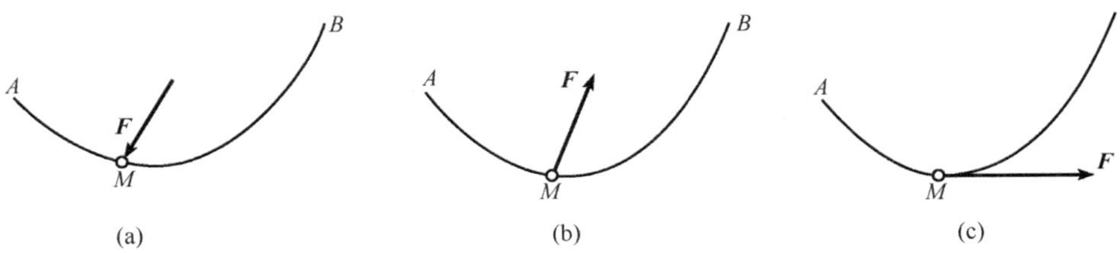

思考题 7.2 图

7.3　刚体平行移动的微分方程与质点运动的微分方程在形式上有何异同？

7.4　转动惯量如何定义？它的物理意义是什么？与质量有何区别？

7.5　如果保持某物体的质量不变，要增加或减少该物体对转轴的转动惯量，有什么方法？

7.6　什么是刚体的回转半径？它是否等于刚体质心到转轴的垂直距离？

7.7　图示滑轮上绕以细绳，绳的两端分别系一物块 A、B。设滑轮对转轴的转动惯量为 J，是否可根据刚体定轴转动微分方程建立如下的关系：$J\alpha=W_1r-W_2r$？为什么？

7.8　图示两相同的均质圆盘置于光滑的水平面上，若在其上分别作用一个力偶和一个力，如图所示。力偶矩的大小 M 与力 $\boldsymbol{F}$ 的大小关系为 $M=Fr$，其中 r 为圆盘的半径，若圆盘从静止开始运动，试问两种情况下圆盘的运动是否相同？

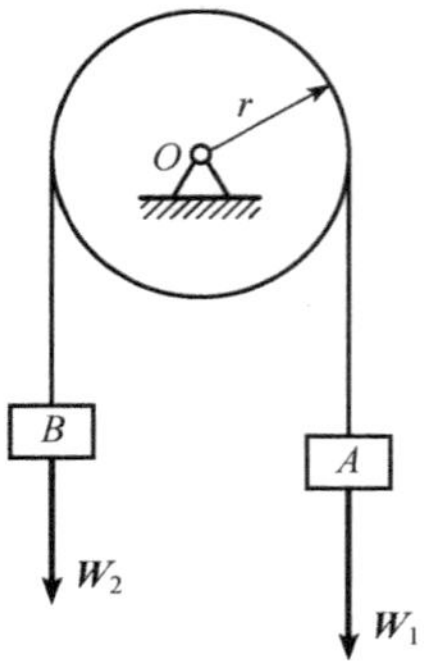

思考题 7.7 图

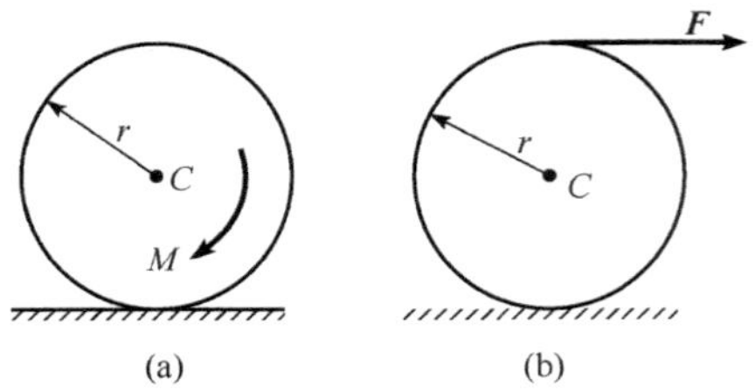

思考题 7.8 图

习题

7.1　物块 A、B 的质量分别为 $m_1=100\text{kg}$，$m_2=200\text{kg}$，用弹簧连接如图所示。设物块 A 在弹簧上按规律 $x=20\sin 10t$ 作简谐运动（x 以 mm 计，t 以 s 计），试求水平面所受压力的最大值与最小值。

7.2　吊车启动后，在 0.5 秒钟内把重为 5kN 的物体由静止开始匀加速至 0.4m/s，然后匀速上升 5 秒钟，之后在 0.2 秒钟内匀减速制动停止。试求在三个时间段中钢丝绳所受的拉力（钢丝绳的质量忽略不计）。

7.3　质量为 1kg 的重物 M，用 $l=0.5\text{m}$ 的细线悬挂于天花板上的 O 点，重物在水平面内作匀速圆周运动，悬线与铅垂线间夹角恒为 30°，如图所示。试求悬线的拉力和重物 M 运动的速度。

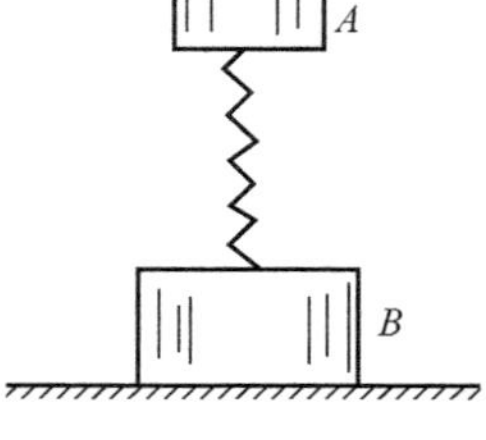

习题 7.1 图

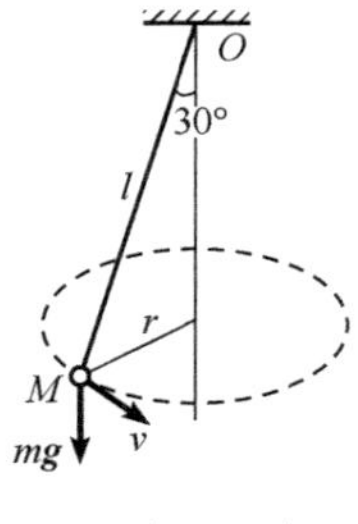

习题 7.3 图

7.4　重 $W=100\text{kN}$ 的重物随同跑车以 $v=1\text{m/s}$ 的速度沿桥式吊车的水平横梁移动，重物的重心到悬挂点的距离为 $l=5\text{m}$，如图所示。当跑车突然停止时，重物因惯性而继续运动，开始绕悬挂点摆动，试求钢丝绳的最大拉力。当摆至最高位置时，钢丝绳的拉力又为多少？

7.5　图示电动绞车将质量为 $m=50\text{kg}$ 的运土车沿倾角 $\alpha=30°$ 的斜坡拉着上升，小车的运动规律 $x=5t^2$，轨道的动摩擦因数 $f=0.15$，试求运土车的加速度及绳索的拉力。

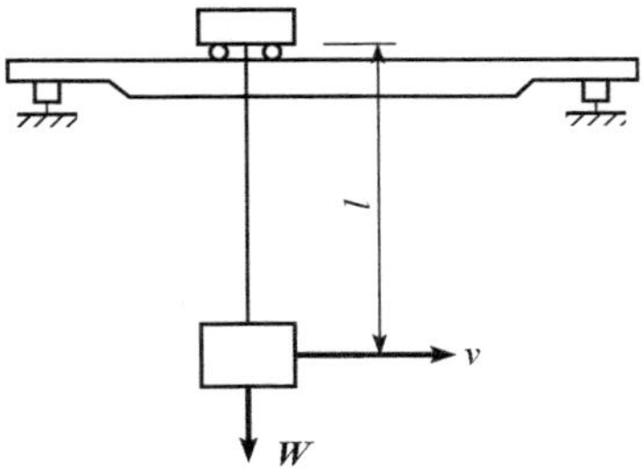

习题 7.4 图

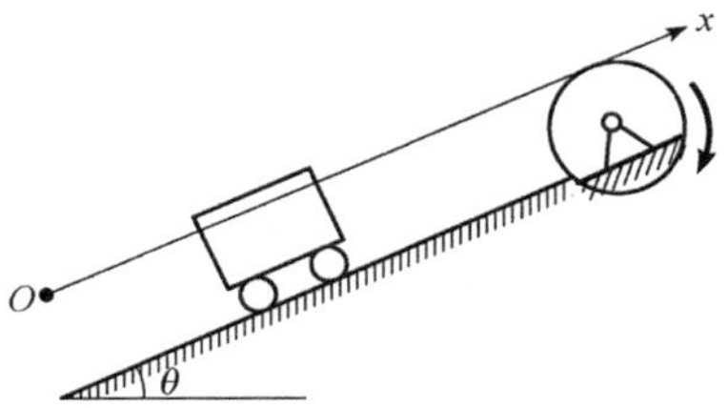

习题 7.5 图

7.6　小球 A 重 $\boldsymbol{W}$，以两细绳 AB、AC 悬挂，如图所示，试求 AC 绳的拉力 F。若将绳 AB 突然切断，试求此瞬时 AC 绳的拉力 $\boldsymbol{F}_1$ 及小球运动到铅垂位置时 AC 绳的拉力 $\boldsymbol{F}_2$。

7.7　图示胶带运输机卸料时，物料以初速度 $\boldsymbol{v}_0$ 脱离胶带。设 $\boldsymbol{v}_0$ 与水平线夹角为 θ，试求物料脱离胶带后，在重力作用下的运动方程。

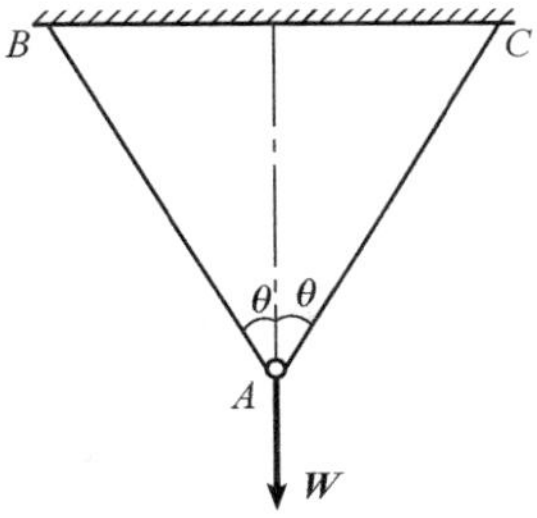

习题 7.6 图

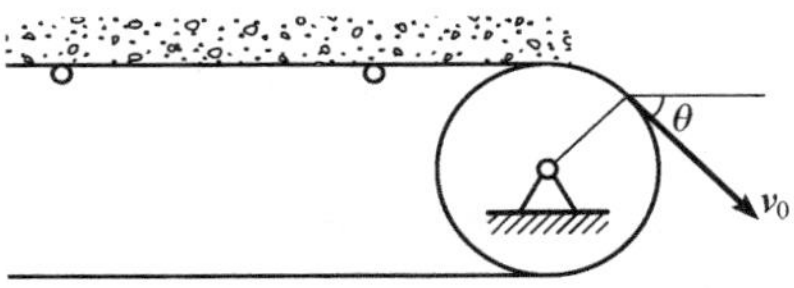

习题 7.7 图

7.8　小球 M 的质量为 m，用两根长为 l 的直杆支承，小球与杆一起以不变的角速度 ω 绕铅垂轴 AB 转动，如图所示。已知 $AB=2a$，两杆各端均铰接（杆重忽略不计），试求此两杆的受力。

7.9　飞轮的质量为 75kg，对其转轴的回转半径为 0.5m，受到转矩 $M=10(1-e^{-t})\text{N}\cdot\text{m}$ 作用，t 的单位为 s。若飞轮从静止开始运动，试求 $t=3\text{s}$ 后的角速度 ω。

7.10　图示均质杆重 $\boldsymbol{W}$，沿铅垂方向作平行移动，其运动方程为 $y=A\sin\omega t$，A 和 ω 均为常数。弹簧的数目为 n，假定每根弹簧所受的力相等，试求一根弹簧所受的力的最大值。

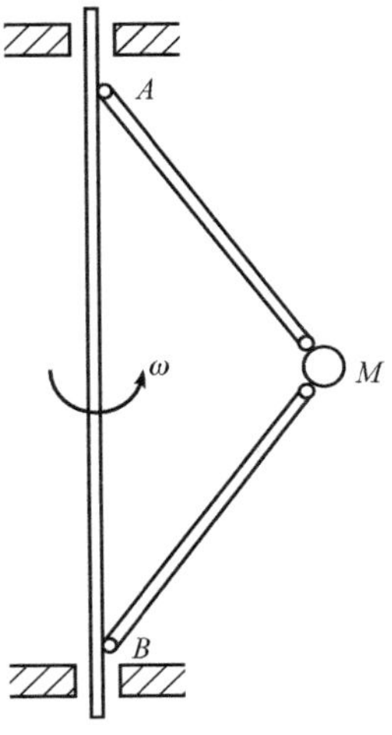

习题 7.8 图

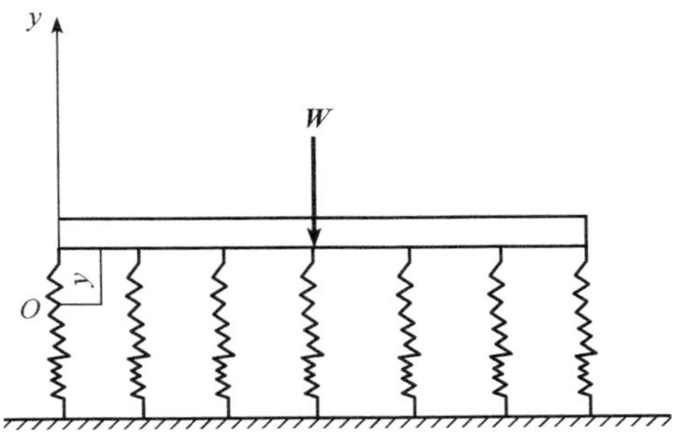

习题 7.10 图

7.11　如图所示为由均质杆和均质圆盘组成的钟摆。已知杆长为 l、质量为 m_1，圆盘的半径为 r、质量为 m_2，试求钟摆对过 O 点且垂直于图平面的转轴的转动惯量。

7.12　图示均质长方体的质量为 50kg，与地面间的动摩擦因数为 0.20，在力 $\boldsymbol{F}$ 的作用下向右滑动，试求：

1）长方体不倾倒时 $\boldsymbol{F}$ 的最大值；

2）此时长方体的加速度。

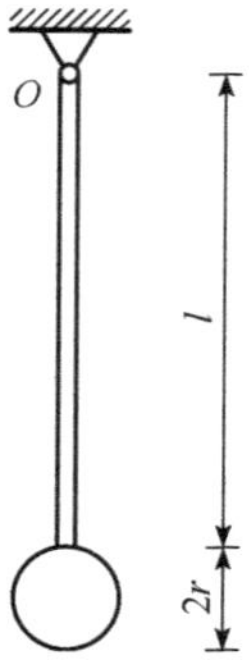

习题 7.11 图

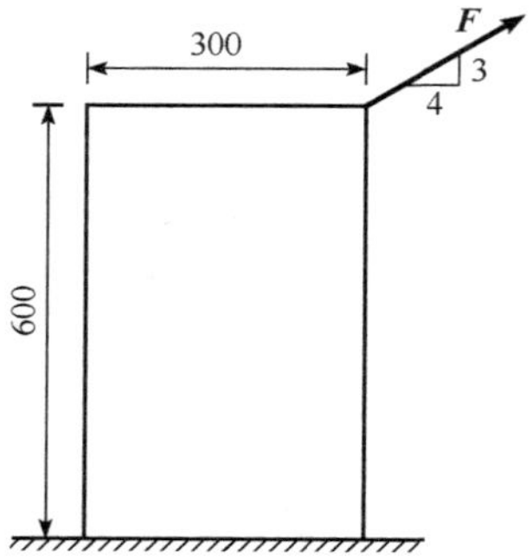

习题 7.12 图

7.13　图示均质圆柱重 1.96kN，半径 $R=0.3\text{m}$，在垂直于中心轴的对称面上，沿圆周方向挖有狭槽，槽环的半径 $r=0.15\text{m}$。今在狭槽内绕以绳索，并在绳端施加水平力 $F=100\text{N}$，使圆柱在水平面上作纯滚动。设圆柱对其中心轴的转动惯量可近似按实心圆柱体计算，忽略滚动摩擦，试求圆柱自静止开始运动 4 秒钟后圆心的加速度和速度。

7.14　图示滑轮重 $\boldsymbol{W}$，可视为均质圆盘，轮上绕以细绳，绳的一端固定于 A 点，试求滑轮下降时轮心 O 的加速度和绳的拉力。

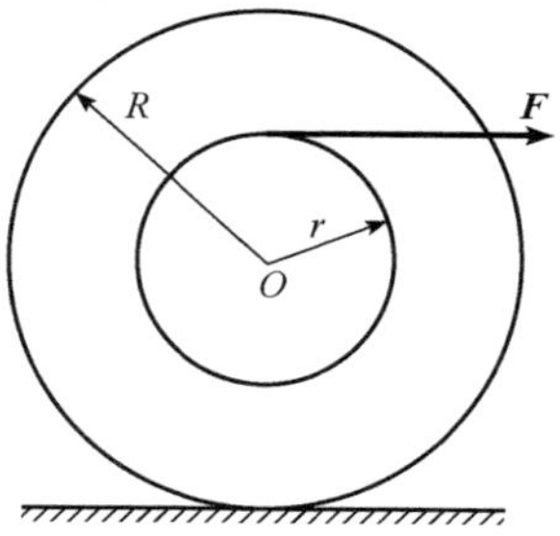

习题 7.13 图

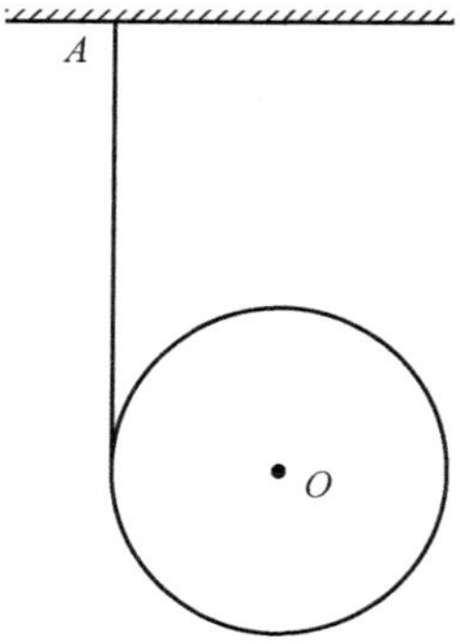

习题 7.14 图

第八章 动能定理

内容提要

本章在介绍力的功和物体动能概念的基础上，阐述质点和质点系的动能定理。动能定理建立了质点或质点系的动能与作用于质点或质点系上力的功之间的关系，它是用能量的观点求解动力学问题的一个重要定理。

学习要求

1. 理解功的概念。掌握常见力的功的计算。
2. 理解动能的概念。掌握质点、质点系和刚体的动能的计算。
3. 熟练掌握应用质点与质点系的动能定理求解动力学问题。

8.1 功的概念和计算

8.1.1 功的概念

力的功是力对物体在空间的累积效应的度量。在工程实际中，遇到的力有常力（大小和方向都不变的力）也有变力，而力的作用点的运动轨迹有直线也有曲线，下面就分别不同情况加以说明。

1. 常力在直线运动中的功

设质点在常力 $\boldsymbol{F}$ 的作用下运动，力 $\boldsymbol{F}$ 的作用点沿直线走过的路程为 s（图 8.1），力在这段路程上所作的功 W 定义为

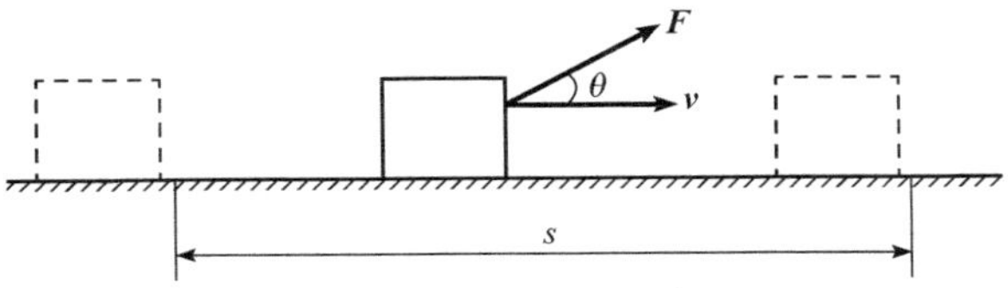

图 8.1

$$W = Fs\cos\theta = F_\tau s \tag{8.1}$$

式中：θ——力 $\boldsymbol{F}$ 与运动方向之间的夹角；

F_τ——力 $\boldsymbol{F}$ 在速度方向上的投影。

由式（8.1）可知，当 $\theta<\frac{\pi}{2}$时，力的功为正；当 $\theta=\frac{\pi}{2}$时，力的功为零；当 $\theta>\frac{\pi}{2}$，力的功为负。可见，力的功是一个代数量，它只有大小、正负，而没有方向。正功使质点的运动由弱变强，负功使质点的运动由强变弱。

功的单位为焦耳（J），1J＝1N・m。

2. 变力在曲线运动中的功

设质点 M 在变力 $\boldsymbol{F}$ 作用下沿曲线由 M_1 运动到 M_2（图 8.2），下面求变力 $\boldsymbol{F}$ 在路程 $\overset{\frown}{M_1M_2}$ 上所作的功。

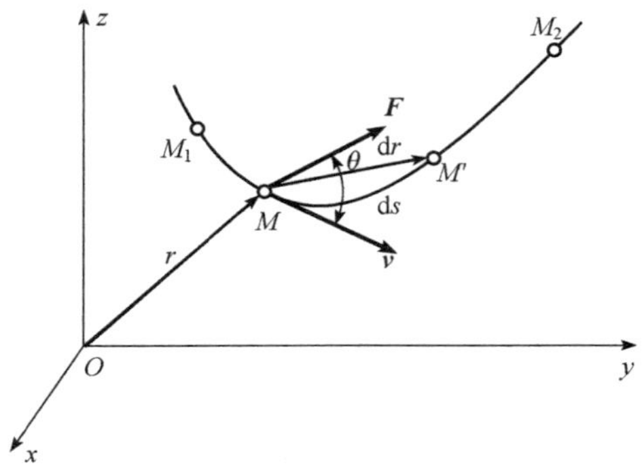

图 8.2

将 $\overset{\frown}{M_1M_2}$ 分成许多微小的路程 ds，变力 $\boldsymbol{F}$ 在每一微小路程上可以认为其大小和方向都不变，ds 亦可看成沿曲线切线 τ 方向的直线，由式（8.1），力 $\boldsymbol{F}$ 在微小路程 ds 上所作的功为

$$\delta W = F\cos\theta \mathrm{d}s = F_\tau \mathrm{d}s \tag{8.2}$$

式中：θ——力 $\boldsymbol{F}$ 与质点运动速度 $\boldsymbol{v}$ 之间的夹角；

δW——变力 $\boldsymbol{F}$ 的元功①。

若以 $\boldsymbol{r}$ 表示质点 M 的矢径，考虑到 ds 足够小时，$\mathrm{d}s=|\mathrm{d}\boldsymbol{r}|$，其中 d$\boldsymbol{r}$ 是与 ds 相对应的质点 M 的微小位移，于是根据矢量标积的定义，式（8.2）可表示为

$$\delta W = \boldsymbol{F}\cdot \mathrm{d}\boldsymbol{r} \tag{8.3}$$

或写成解析的形式，有

$$\delta W = (X\boldsymbol{i}+Y\boldsymbol{j}+Z\boldsymbol{k})\cdot(\mathrm{d}x\boldsymbol{i}+\mathrm{d}y\boldsymbol{j}+\mathrm{d}z\boldsymbol{k})$$

式中：$\boldsymbol{i}$、$\boldsymbol{j}$、$\boldsymbol{k}$——固定参考系（图 8.2）中 x、y、z 轴的单位矢量；

X、Y、Z——力 $\boldsymbol{F}$ 在 x、y、z 轴上的投影；

dx、dy、dz——微小位移 d$\boldsymbol{r}$ 在 x、y、z 轴上的投影。

将上式展开后，得

$$\delta W = X\mathrm{d}x + Y\mathrm{d}y + Z\mathrm{d}z \tag{8.4}$$

当质点从位置 M_1 运动到 M_2 时，力 $\boldsymbol{F}$ 所作的功 W 等于这段路程上所有元功之和。由式（8.3）和式（8.4），有

$$W = \int_{M_1}^{M_2} \boldsymbol{F}\cdot \mathrm{d}\boldsymbol{r} \tag{8.5}$$

和

$$W = \int_{M_1}^{M_2} (X\mathrm{d}x + Y\mathrm{d}y + Z\mathrm{d}z) \tag{8.6}$$

① 由于力的元功不一定能表示为一个函数的全微分，因此元功的符号用 δW 以示区别。

3. 合力的功

若有 n 个力 $\boldsymbol{F}_1$、$\boldsymbol{F}_2$、…、$\boldsymbol{F}_n$ 作用于质点 M 上（图 8.3），其合力为 $\boldsymbol{F}_R$，则合力在 $\overset{\frown}{M_1M_2}$ 路程上所作的功为

$$W = \int_{M_1}^{M_2} \boldsymbol{F} \cdot \mathrm{d}\boldsymbol{r} = \int_{M_1}^{M_2} (\boldsymbol{F}_1 + \boldsymbol{F}_2 + \cdots + \boldsymbol{F}_n) \cdot \mathrm{d}\boldsymbol{r}$$

$$= \int_{M_1}^{M_2} \boldsymbol{F}_1 \cdot \mathrm{d}\boldsymbol{r} + \int_{M_1}^{M_2} \boldsymbol{F}_2 \cdot \mathrm{d}\boldsymbol{r} + \cdots + \int_{M_1}^{M_2} \boldsymbol{F}_n \cdot \mathrm{d}\boldsymbol{r}$$

即

$$W = W_1 + W_2 + \cdots + W_n \qquad (8.7)$$

因此，**在任一路程中，作用于质点上合力的功等于各分力的功的代数和。**

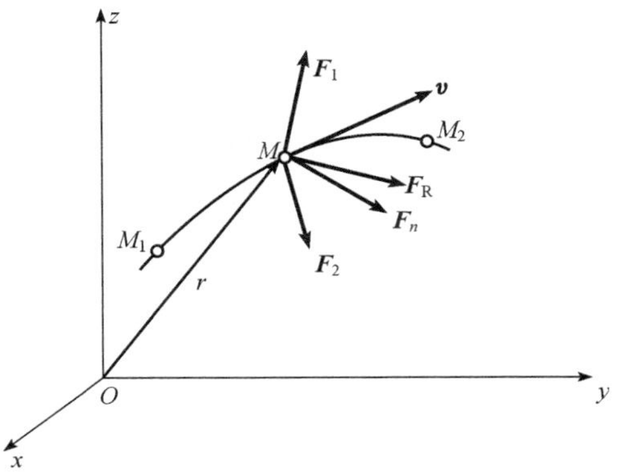

图 8.3

8.1.2　几种常见力的功

1. 重力的功

设质点的质量为 m，在重力的作用下，从 M_1 运动到 M_2（图 8.4），则质点的重力在坐标轴上的投影为 $X=0$，$Y=0$，$Z=-mg$，由式 (8.6)，重力在 $\overset{\frown}{M_1M_2}$ 一段路程上所作的功为

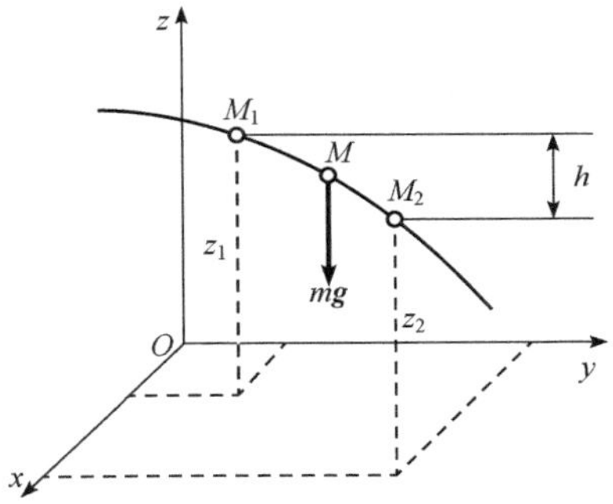

图 8.4

$$W = \int_{z_1}^{z_2} (-mg)\mathrm{d}z = mg(z_1 - z_2)$$

令 $h=z_1-z_2$，则上式可表示为

$$W = \pm mgh \qquad (8.8)$$

当质点下降时功为正，当质点上升时功为负。

对于质点系，设质点 i 的质量为 m_i，运动始末的高度差为 $(z_{i1}-z_{i2})$，则质点系全部重力所作的功为

$$W = \sum m_i g(z_{i1} - z_{i2})$$

$$= (\sum m_i z_{i1} - \sum m_i z_{i2})g$$

由质心坐标公式 (4.11)，上式可写为

$$W = (mz_{C1} - mz_{C2})g$$

$$= mg(z_{C1} - z_{C2})$$

$$= \pm mgh \qquad (8.9)$$

式中：m——质点系的总质量；

z_{C1}、z_{C2}——质点系在位置 M_1 和位置 M_2 时重心（质心）坐标。

因此，**重力的功等于质点系的重量与其重心始末位置高度差的乘积，而与质点运动的路径无关。**

2. 弹性力的功

图 8.5 表示一弹簧，其一端固定在 O 点，另一端与质点 M 相连接。当质点运动时，弹簧将伸长或缩短，因而对质点作用一力 $\boldsymbol{F}$，称为**弹性力**。设弹簧的自然长度为 l_0，在弹性

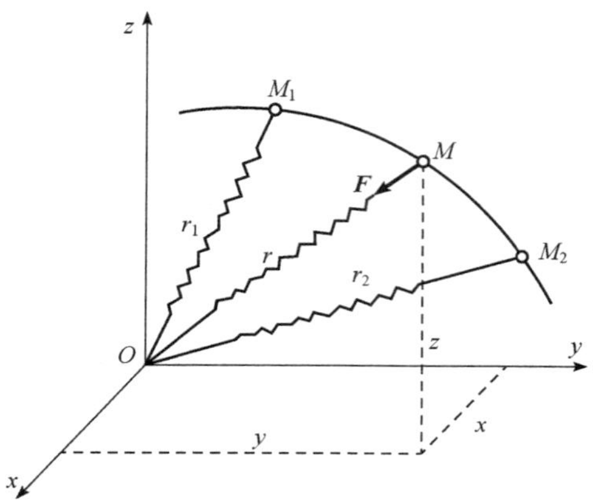

图 8.5

极限内，弹性力 $\boldsymbol{F}$ 与弹簧的变形 $\delta=r-l_0$ 成正比，即

$$F = k\delta = k(r-l_0)$$

式中：k——弹簧的刚度系数，它是使弹簧伸长或缩短一单位长度所需的力，常用单位为 N/m。

弹性力是弹簧反抗变形的力，它要使弹簧恢复到原来的长度，故弹性力 $\boldsymbol{F}$ 的方向始终沿弹簧的轴线并指向弹簧变形为零的点。

在直角坐标系中（图 8.5），设质点 M 的坐标为 x、y、z，则力 $\boldsymbol{F}$ 在坐标轴上的投影为

$$X = -k(r-l_0)\frac{x}{r},$$

$$Y = -k(r-l_0)\frac{y}{r}, Z = -k(r-l_0)\frac{z}{r}$$

由式（8.4），弹性力 $\boldsymbol{F}$ 的元功为

$$\delta W = X\mathrm{d}x + Y\mathrm{d}y + Z\mathrm{d}z = -k(r-l_0)\frac{x\mathrm{d}x + y\mathrm{d}y + z\mathrm{d}z}{r}$$

由关系式 $x^2+y^2+z^2=r^2$，有

$$x\mathrm{d}x + y\mathrm{d}y + z\mathrm{d}z = r\mathrm{d}r$$

故

$$\delta W = -k(r-l_0)\mathrm{d}r$$

当质点从位置 M_1 到 M_2 时，弹性力所作的功为

$$W = \int_{r_1}^{r_2} -k(r-l_0)\mathrm{d}r = -\frac{1}{2}k[(r_2-l_0)^2-(r_1-l_0)^2]$$

令 $\delta_1=r_1-l_0$、$\delta_2=r_2-l_0$ 分别表示质点在 M_1 和 M_2 时弹簧的变形，则上式成为

$$W = \frac{1}{2}k(\delta_1^2-\delta_2^2) \tag{8.10}$$

因此，**弹性力的功等于弹簧刚度系数与弹簧在始末位置上变形量的平方之差的乘积的一半，而与质点运动的路径无关，当初变形大于末变形时功为正，反之为负。**

3. 作用于转动刚体上的力的功

图 8.6 所示刚体在力 $\boldsymbol{F}$ 作用下绕 z 轴转动。为求力 $\boldsymbol{F}$ 所作的功，将其分解为三个分力：轴向力 $\boldsymbol{F}_z$、径向力 $\boldsymbol{F}_r$ 和切向力 $\boldsymbol{F}_\tau$，如图 8.6 所示。当刚体转动一微小角度 $\mathrm{d}\varphi$ 时，力 $\boldsymbol{F}$ 所作的元功为

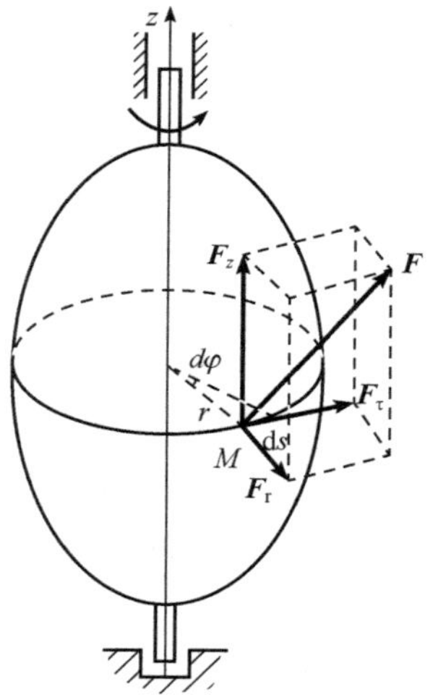

图 8.6

$$\delta W = F\cos\theta\mathrm{d}s = F_\tau r\mathrm{d}\varphi$$

式中：$F_\tau r$——力 $\boldsymbol{F}$ 对转轴 z 的力矩 M_z。

于是上式变为

$$\delta W = M_z \mathrm{d}\varphi$$

当刚体绕 z 轴转过角 φ 时，力 $\boldsymbol{F}$ 所作的功为

$$W = \int_{\varphi_1}^{\varphi_2} M_z \mathrm{d}\varphi \tag{8.11}$$

因此，**作用于转动刚体上的力的功，等于该力对转轴的矩 M_z 对刚体转角的积分。当力矩 M_z 的转向与刚体转动方向一致时，力 $\boldsymbol{F}$ 的功为正，反之为负。**

如果作用于刚体上的是力偶，且力偶作用在垂直于转轴的平面内，此时力偶的功仍可按式（8.11）计算，只是式中力矩应为力偶矩。

4. 摩擦力的功

摩擦力的功等于摩擦力与其作用点滑动距离的乘积。当摩擦力方向与其作用点的运动方向相反时，摩擦力作负功，反之作正功。

5. 约束力的功

一般常见的约束，其约束力的功等于零，现举例如下。

（1）光滑接触面约束

在这种约束下，约束力的方向沿接触面的法线，而力作用点的位移方向为切线方向（图 8.7），两者互相垂直，故约束力的元功恒等于零，显然约束力的功等于零。

（2）光滑铰链支座

对于活动铰链支座，由于约束力的方向与力作用点的位移方向互相垂直，显然这种约束力的功等于零。对于固定铰链支座，因支座无位移，故约束力的功等于零。

（3）光滑铰链约束

图 8.8 为连接两刚体 AO 和 BO 的光滑铰链 O。两刚体在铰链处相互作用的约束力 $\boldsymbol{F}$ 和 $\boldsymbol{F}'$ 的大小相等、方向相反，且通过铰链中心 O。当 O 点有微小位移 $\mathrm{d}\boldsymbol{r}$ 时，显然有

$$\delta W = \boldsymbol{F} \cdot \mathrm{d}\boldsymbol{r} + \boldsymbol{F}' \cdot \mathrm{d}\boldsymbol{r} = 0$$

即约束力的元功之和等于零。

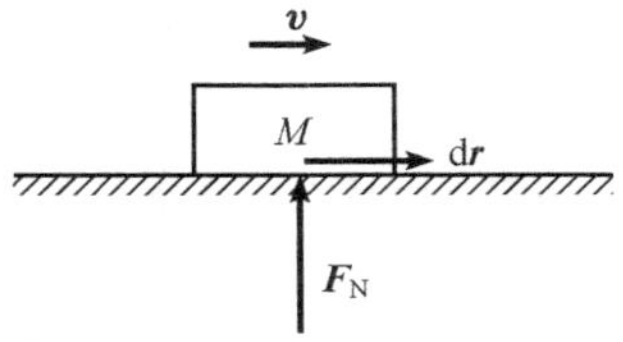

图 8.7

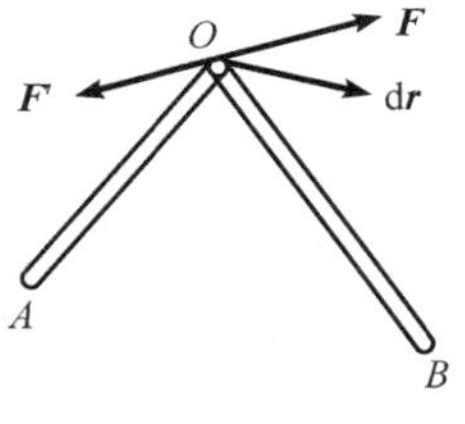

图 8.8

（4）柔索约束

设两质点 A 和 B 用不可伸长的柔索连接，如图 8.9 所示。柔索作用于质点 A 和 B 的拉力分别为 $\boldsymbol{F}_A$ 和 $\boldsymbol{F}_B$，显然 $\boldsymbol{F}_A = -\boldsymbol{F}_B$。由于柔索不可伸长，故 $\mathrm{d}\boldsymbol{r}_A = \mathrm{d}\boldsymbol{r}_B$。因此有

$$\boldsymbol{F}_A \cdot \mathrm{d}\boldsymbol{r}_A + \boldsymbol{F}_B \cdot \mathrm{d}\boldsymbol{r}_B = 0$$

即柔索约束力的元功之和等于零。

(5) 刚体在固定面上作纯滚动时的约束

刚体在固定面上作纯滚动时，约束力有法向反力 $\boldsymbol{F}_\mathrm{N}$ 和摩擦力 $\boldsymbol{F}$（图 8.10）。约束力的作用点 C 为速度瞬心，故 $v_C=0$，因而 $\mathrm{d}r_C=v_C\mathrm{d}t=0$，约束力的元功之和为

$$\sum \delta W = (\boldsymbol{F}+\boldsymbol{F}_N)\cdot \mathrm{d}\boldsymbol{r}_C = 0$$

约束力的元功之和等于零的约束称为**理想约束**。

图 8.9

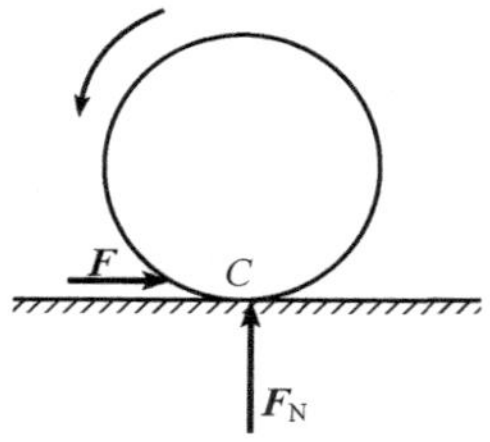

图 8.10

6. **内力的功**

质点系的内力总是成对出现的，且大小相等、方向相反。因此，内力的合力为零，对任一点的矩也为零。但是，内力的功之和一般不等于零。例如，汽车发动机的汽缸内气体膨胀推动活塞的力，对汽车来说是内力，它们作功之和不等于零，正是它们作的功使汽车行驶。

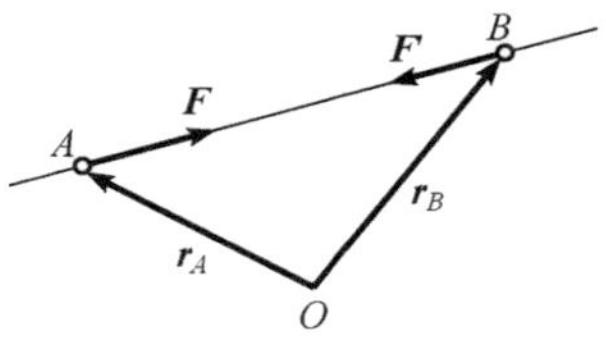

图 8.11

设质点系中任意两个质点 A 和 B 的矢径分别为 $\boldsymbol{r}_A$ 和 $\boldsymbol{r}_B$，两质点间相互作用的力为 $\boldsymbol{F}$ 和 $\boldsymbol{F}'$（图 8.11），则力的元功之和为

$$\sum \delta W = \boldsymbol{F}\cdot \mathrm{d}\boldsymbol{r}_A + \boldsymbol{F}'\cdot \mathrm{d}\boldsymbol{r}_B$$

由于 $\boldsymbol{F}=-\boldsymbol{F}'$，故

$$\sum \delta W = \boldsymbol{F}\cdot(\mathrm{d}\boldsymbol{r}_A - \mathrm{d}\boldsymbol{r}_B) = \boldsymbol{F}\cdot \mathrm{d}(\boldsymbol{BA}) \qquad \text{(a)}$$

式中：$\mathrm{d}(\boldsymbol{BA})$ ——矢量 $\boldsymbol{BA}$ 的改变。

一般地，$\boldsymbol{F}\cdot \mathrm{d}(\boldsymbol{BA})$ 不等于零，即**质点系内力的功之和一般不为零**。

当质点系为刚体时，A、B 两点间的距离始终保持不变，则由式 (a) 有

$$\sum \delta W = \boldsymbol{F}\cdot \mathrm{d}(\boldsymbol{BA}) = 0$$

即**刚体内力的功之和等于零**。

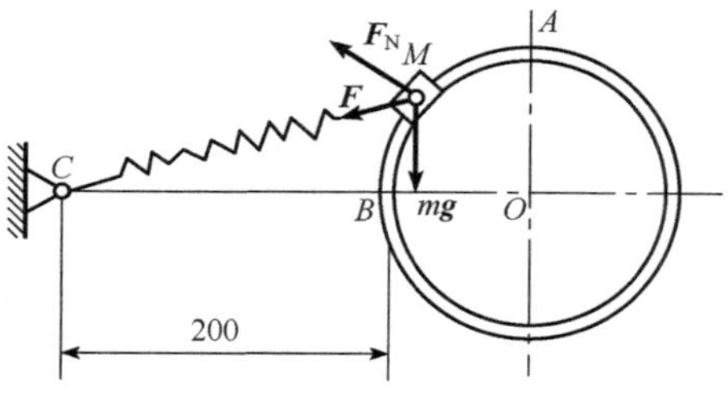

图 8.12

【例 8.1】 一与弹簧相连的滑块 M，可沿固定的光滑圆环滑动，圆环和弹簧都在同一铅垂平面内，如图 8.12 所示。已知滑块 M 重 $mg=100\mathrm{N}$，弹簧原长 $l_0=150\mathrm{mm}$，弹簧的刚度系数 $k=400\mathrm{N/m}$，

圆环的半径为100mm，试求滑块M从位置A运动到位置B的过程中作用于滑块上各力所作的总功。

【解】 作用于滑块M上的力有重力$m\boldsymbol{g}$、弹性力$\boldsymbol{F}$和约束反力$\boldsymbol{F}_N$。由于反力$\boldsymbol{F}_N$始终与滑块的位移垂直，故它的功为零。现在计算重力和弹性力的功。

滑块M在位置A与B的高度差$h=100\text{mm}=0.1\text{m}$，由式（8.9），重力的功为

$$W_1 = mgh = 100\text{N}\times 0.1\text{m} = 10\text{J}$$

弹簧在位置A时的变形为

$$\delta_1 = CA - l_0 = \sqrt{(CO)^2+(OA)^2} - l_0 = \left(\sqrt{0.3^2+0.1^2}-0.15\right)\text{m} = 0.166\text{m}$$

在位置B时的变形为

$$\delta_2 = CB - l_0 = (0.2-0.15)\text{m} = 0.05\text{m}$$

由式（8.10），弹性力$\boldsymbol{F}$的功为

$$W_2 = \frac{1}{2}k(\delta_1^2-\delta_2^2) = \frac{400}{2}[(0.166)^2-(0.05)^2]\text{J} = 5\text{J}$$

因此，作用于滑块M上所有力的总功为

$$W = W_1 + W_2 = 10\text{J}+5\text{J} = 15\text{J}$$

8.2 动能的概念和计算

8.2.1 质点的动能

物体由于作机械运动而具有的能量称为动能。它反映物体对外作功的能力。

设一质量为m的质点，在某一位置时的速度为v，质点的动能T定义为

$$T = \frac{1}{2}mv^2 \tag{8.12}$$

质点的动能是度量质点运动强弱的物理量。动能为正标量，单位为焦耳（J）。

8.2.2 质点系的动能

质点系的动能等于质点系中各质点动能之和，即

$$T = \sum \frac{1}{2}m_i v_i^2 \tag{8.13}$$

式中：m_i，v_i——质点系中各质点的质量和速度。

【例8.2】 不可伸长的绳索绕过小滑轮O，并在其两端分别系着质量为m_1和m_2的物块A、B（图8.13），物块A沿铅垂导杆滑动，铅垂导杆与滑轮O之间的距离为d，绳索总长为l。不计绳索和滑轮的质量，试用物块A下降到某一高度时所具有的速度v_1表示质点系的动能。

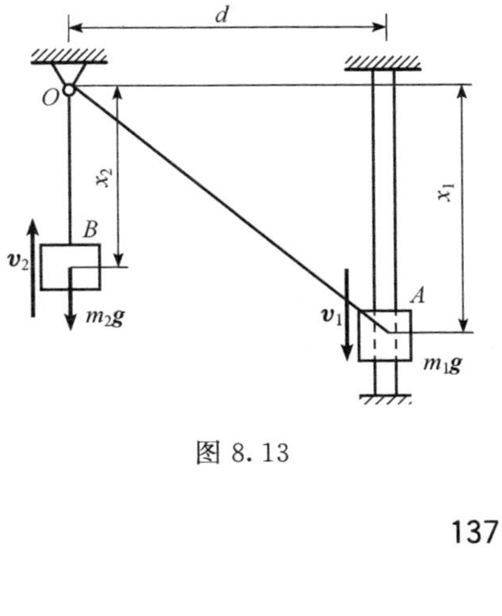

图8.13

【解】 这是由两个质点组成的质点系。两个质点的位置坐标x_1与x_2之间的关系为

$$x_2+\sqrt{d^2+x_1^2}=l$$

将上式两边对时间 t 求导，并考虑到 $\frac{\mathrm{d}x_1}{\mathrm{d}t}=v_1$、$\frac{\mathrm{d}x_2}{\mathrm{d}t}=v_2$，得

$$v_2=-\frac{x_1}{\sqrt{d^2+x_1^2}}v_1$$

质点系的动能为

$$T=\sum\frac{1}{2}m_iv_i^2=\frac{1}{2}m_1{v_1}^2+\frac{1}{2}m_2{v_2}^2$$
$$=\frac{1}{2}m_1{v_1}^2+\frac{1}{2}m_2\frac{x_1^2}{d^2+x_1^2}v_1^2=\frac{1}{2}\left(m_1+\frac{m_2x_1^2}{d^2+x_1^2}\right)v_1^2$$

8.2.3 刚体的动能

刚体的运动形式不同，其动能的表达式也不同。

1. 刚体作平移的动能

刚体作平移时，其上各点在同一瞬时的速度相同，都等于刚体的质心速度 v_C，故平移刚体的动能为

$$T=\sum\frac{1}{2}m_iv_i^2=\frac{1}{2}\left(\sum m_i\right)v_C^2$$

或

$$T=\frac{1}{2}mv_C^2 \tag{8.14}$$

式中：$m=\sum m_i$—— 刚体的质量。

因此，**平移刚体的动能等于刚体的质量与其质心速度平方乘积的一半**。

2. 刚体作定轴转动的动能

设刚体在某瞬时，绕固定轴 z 转动的角速度为 ω，刚体内任一质点的质量为 m_i，它与转动轴 z 的距离为 r_i，则该质点的速度为 $v_i=r_i\omega$，于是作定轴转动刚体的动能为

$$T=\sum\frac{1}{2}m_iv_i^2=\sum\frac{1}{2}m_ir_i^2\omega^2=\frac{1}{2}\left(\sum m_ir_i^2\right)\omega^2$$

因 $\sum m_ir_i^2=J_z$，故有

$$T=\frac{1}{2}J_z\omega^2 \tag{8.15}$$

式中：J_z——刚体对转轴 z 的转动惯量。

因此，**定轴转动刚体的动能，等于刚体对转动轴的转动惯量与角速度平方乘积的一半。**

3. 刚体作平面运动的动能

刚体的平面运动可分解为随同质心的平移和绕质心的转动，因此，**平面运动刚体的动能等于刚体随质心平移的动能与绕质心转动的动能之和**，即

$$T=\frac{1}{2}mv_C^2+\frac{1}{2}J_C\omega^2 \tag{8.16}$$

式中：m——刚体的质量；

v_C——刚体质心的速度；

J_C——刚体对通过质心且垂直于运动平面的轴（质心轴）的转动惯量；

ω——刚体的角速度。

8.3 质点与质点系的动能定理

8.3.1 质点的动能定理

设质量为 m 的质点在力 $\boldsymbol{F}$（指合力）的作用下沿曲线运动，将动力学基本方程

$$m\frac{\mathrm{d}v}{\mathrm{d}t}=\boldsymbol{F}$$

两边分别点乘 $\mathrm{d}\boldsymbol{r}$，得

$$m\frac{\mathrm{d}\boldsymbol{v}}{\mathrm{d}t}\cdot\mathrm{d}\boldsymbol{r}=\boldsymbol{F}\cdot\mathrm{d}\boldsymbol{r}$$

因 $\mathrm{d}\boldsymbol{r}=\boldsymbol{v}\mathrm{d}t$，$\boldsymbol{F}\cdot\mathrm{d}\boldsymbol{r}=\delta W$，于是有

$$m\boldsymbol{v}\cdot\mathrm{d}\boldsymbol{v}=\delta W$$

或

$$\mathrm{d}\left(\frac{1}{2}mv^2\right)=\delta W \tag{8.17}$$

上式表明，**质点动能的微分等于作用于质点上的力的元功**。这就是质点动能定理的微分形式。当质点由位置 M_1 运动到位置 M_2 时，它的速度由 v_1 变为 v_2。将式（8.17）两边积分，得

$$\int_{v_1}^{v_2}\mathrm{d}\left(\frac{1}{2}mv^2\right)=\int_{M_1}^{M_2}\delta W$$

即

$$\frac{1}{2}mv_2^2-\frac{1}{2}mv_1^2=W$$

或

$$T_2-T_1=W \tag{8.18}$$

上式表明，**在某一段路程上质点动能的改变，等于作用于质点上的力在同一段路程上所作的功**。这就是质点动能定理的积分形式。

由式（8.17）和式（8.18）可见，当力作正功时，质点的动能增加；当力作负功时，质点的动能减少。

【例 8.3】 物块重 $mg=1000\mathrm{N}$，放置在斜面上，如图 8.14 所示。已知弹簧的刚度系数 $k=200\mathrm{N/m}$，物块与斜面间的动摩擦因数 $f=0.1$，斜面的倾角 $\theta=45°$。初始时物块静止，弹簧恰为原长，试求物块沿斜面下滑 $s=2\mathrm{m}$ 时的速度。

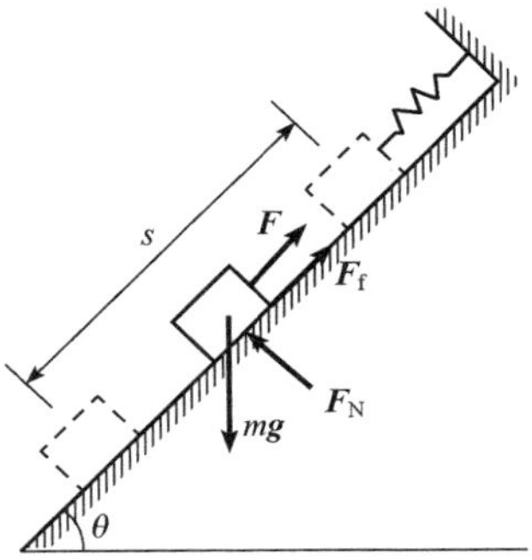

图 8.14

【解】 取物块为研究对象，其受力有：重力 mg，弹性力 $\boldsymbol{F}$，斜面的法向反力 $\boldsymbol{F}_N$ 以及摩擦力 $\boldsymbol{F}_f$。

开始时，物块的速度为零，其动能为

$$T_1 = 0$$

设物块下滑 $s=2$m 时的速度为 v，其动能为

$$T_2 = \frac{1}{2}mv^2 = 51v^2$$

在物块由静止到下滑 2m 的过程中，作用于物块上的重力的功为

$$W_1 = mg \cdot \sin\theta \cdot s = 1000\text{N} \times \frac{\sqrt{2}}{2} \times 2\text{m} = 1414\text{J}$$

摩擦力的功为

$$W_2 = -mg \cdot \cos\theta \cdot f \cdot s = -1000\text{N} \times \frac{\sqrt{2}}{2} \times 0.1 \times 2\text{m} = -141.4\text{J}$$

弹性力的功为

$$W_3 = -\frac{1}{2}ks^2 = -\frac{1}{2} \times 200\text{N/m} \times 2^2\text{m}^2 = -400\text{J}$$

法向反力的功为零。作用于物块上的力的总功为

$$W = W_1 + W_2 + W_3 = (1414 - 141.4 - 400)\text{J} = 872.6\text{J}$$

由动能定理，有

$$51v^2 - 0 = 872.6\text{J}$$

得

$$v = 4.14\text{m/s}$$

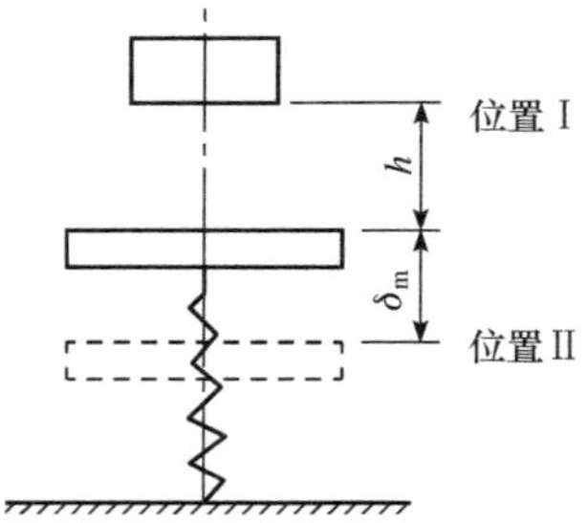

图 8.15

【例 8.4】 在由弹簧支撑的平板上方距离为 h 处，有一质量为 m 的重物（图 8.15）。若弹簧的刚度系数为 k，不计板的质量，试求重物无初速下落到平板后弹簧的最大压缩量。

【解】 取重物为研究对象。设弹簧的最大压缩量为 δ_m。重物在开始下落时（位置Ⅰ）的动能为零，在下降到平板、弹簧被压缩 δ_m 时（位置Ⅱ）的动能亦为零。在重物从位置Ⅰ到位置Ⅱ的过程中，作用于重物上的重力所作的功为

$$W_1 = mg(h + \delta_m)$$

弹性力所作的功为

$$W_2 = \frac{1}{2}k(0 - \delta_m^2)$$

由动能定理，有

$$mg(h + \delta_m) - \frac{1}{2}k\delta_m^2 = 0$$

解得

$$\delta_m = \frac{mg}{k}\left(1 \pm \sqrt{1 + 2\frac{hk}{mg}}\right)$$

因 $\delta_m > 0$，故舍去根号前为负号的根。若令

$$\delta_s = \frac{mg}{k}$$

则

$$\delta_m = \delta_s\left(1+\sqrt{1+2\frac{h}{\delta_s}}\right)$$

式中的 δ_s 称为**静变形**，它是当重物静止地放在平板上时弹簧的变形。相应地，把 δ_m 称为**动变形**。当 $h=0$ 时，由上式可得

$$\delta_m = 2\delta_s$$

8.3.2　质点系的动能定理

设质点系由 n 个质点所组成，第 i 个质点的质量为 m_i，速度为 v_i，根据质点动能定理的微分形式，有

$$\mathrm{d}\left(\frac{1}{2}m_i v_i^2\right) = \delta W_i$$

δW_i 表示作用在第 i 个质点上所有力所作的元功之和。对于质点系中的每一个质点都可以写出这样的方程，把这些方程相加，得

$$\sum \mathrm{d}\left(\frac{1}{2}m_i v_i^2\right) = \sum \delta W_i$$

由于

$$\sum \mathrm{d}\left(\frac{1}{2}m_i v_i^2\right) = \mathrm{d}\sum\left(\frac{1}{2}m_i v_i^2\right) = \mathrm{d}T$$

于是有

$$\mathrm{d}T = \sum \delta W_i \tag{8.19}$$

上式表明，**质点系动能的微分，等于作用于质点系的力的元功之和**。这就是质点系动能定理的微分形式。

将式（8.19）积分，得

$$T_2 - T_1 = \sum W_i \tag{8.20}$$

上式表明，**在某一段路程上质点系动能的改变，等于作用于质点系的所有力在同一段路程上所作的功之和**。这就是质点系动能定理的积分形式。

应当着重指出：在式（8.20）中，$\sum W_i$ 是作用于质点系上所有力的功的总和。若将作用于质点系上的力分为外力与内力，则 $\sum W_i$ 包括所有外力与内力的功之和；若将作用于质点系上的力分为主动力与约束力，则 $\sum W_i$ 包括所有主动力与约束力的功之和。根据本章第一节中的分析，若对于单个刚体以及由理想约束联系的刚体系统，则在应用动能定理时可以不考虑内力，仅考虑外力即可。

【例 8.5】　一不变的力矩 M 作用在铰车的鼓轮上，轮的半径为 r，质量为 m_1。缠绕在鼓轮上的绳子系一质量为 m_2 的重物，使其沿倾角为 θ 的斜面上升（图 8.16）。已知重物与斜面间的动摩擦因数为 f，绳子质量不计，鼓轮可视为均质圆柱，在开始时此系统处于静止，试求鼓轮转过 φ 角时的角速度和角加速度。

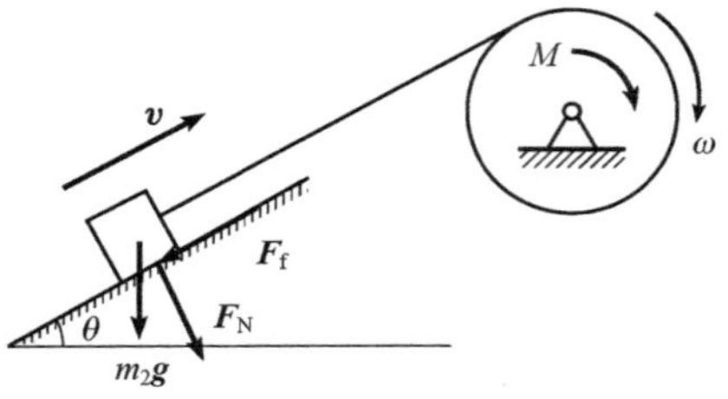

图 8.16

【解】 取鼓轮和重物组成的质点系为研究对象，其上作用的外力有：重物的重力 $m_2\boldsymbol{g}$，斜面的法向反力 $\boldsymbol{F}_N$，摩擦力 $\boldsymbol{F}_f$，鼓轮上的力矩 M，以及鼓轮的重力和轴承处的约束反力（图中未画出）。

开始时系统处于静止，其动能为

$$T_1 = 0$$

设当鼓轮转过 φ 角时的角速度为 ω，则重物的速度为

$$v = r\omega$$

系统的动能为

$$\begin{aligned} T_2 &= \frac{1}{2}m_2v^2 + \frac{1}{2}J_z\omega^2 \\ &= \frac{1}{2}m_2(r\omega)^2 + \frac{1}{2}\left(\frac{1}{2}m_1r^2\right)\omega^2 \\ &= \frac{1}{4}(m_1 + 2m_2)r^2\omega^2 \end{aligned}$$

在提升重物的过程中，作用于质点系上能作功的力是鼓轮上的力矩 M，重物的重力 $m_2\boldsymbol{g}$ 和摩擦力 $\boldsymbol{F}_f$。当鼓轮转过 φ 角时，它们所作的总功为

$$W = M\varphi - m_2g\sin\theta \cdot \varphi r - m_2g\cos\theta \cdot f \cdot \varphi r$$

由动能定理，有

$$M\varphi - m_2g\sin\theta \cdot \varphi r - m_2g\cos\theta \cdot f \cdot \varphi r = \frac{1}{4}(m_1 + 2m_2)r^2\omega^2$$

得

$$\omega = \frac{2}{r}\sqrt{\frac{M - m_2gr(\sin\theta + f\cos\theta)}{m_1 + 2m_2}\varphi}$$

将上式两边对时间 t 求导，并注意 $\mathrm{d}\varphi/\mathrm{d}t=\omega$，得鼓轮的角加速度为

$$\alpha = \frac{2[M - m_2gr(\sin\theta + f\cos\theta)]}{r^2(m_1 + 2m_2)}$$

【例 8.6】 物块 A 质量为 m_1，挂在不可伸长的绳索上，绳索跨过定滑轮 B，另一端系在滚子 C 的轴上，滚子 C 沿固定水平面滚动而不滑动（图 8.17）。已知滑轮 B 和滚子 C 是相同的均质圆盘，半径都为 r，质量都为 m_2，假设系统从静止开始运动，试求物块 A 在下降高度 h 时的速度和加速度。绳索的质量以及滚动摩擦阻力和轴承摩擦都忽略不计。

【解】 取物块 A、轮 B、轮 C 组成的质点系为研究对象，其上作用的外力有：物块 A 的重力 $m_1\boldsymbol{g}$，以及轮 B 的重力、轴承处的约束反力和滚子 C 的重力、水平面的法向反力、摩擦力（图中未画出）。

开始时系统处于静止，其动能为

$$T_1 = 0$$

当物块 A 下降高度 h 时，系统的动能为

$$\begin{aligned} T_2 &= T_A + T_B + T_C \\ &= \frac{1}{2}m_1v^2 + \frac{1}{2}J_B\omega_B^2 + \frac{1}{2}m_2v_C^2 + \frac{1}{2}J_C\omega_C^2 \end{aligned}$$

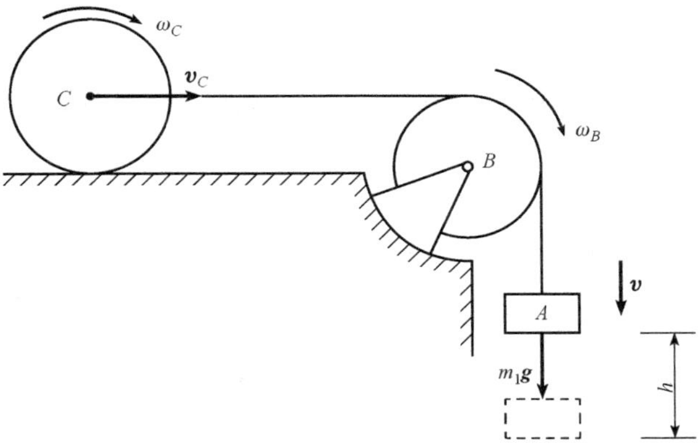

图 8.17

因

$$J_B = J_C = \frac{1}{2}m_2 r^2$$

$$v_C = v$$

$$\omega_B = \omega_C = \frac{v}{r}$$

故

$$T_2 = \frac{1}{2}m_1 v^2 + \frac{1}{2} \times \frac{1}{2}m_2 v^2 + \frac{1}{2}m_2 v^2 + \frac{1}{2} \times \frac{1}{2}m_2 v^2$$
$$= \frac{1}{2}m_1 v^2 + m_2 v^2$$

系统中作功的力为物块 A 的重力，它的功为

$$W = m_1 gh$$

由动能定理，有

$$\frac{1}{2}m_1 v^2 + m_2 v^2 = m_1 gh$$

得

$$v = \sqrt{\frac{2m_1 gh}{m_1 + 2m_2}}$$

将上式两边对时间 t 求导，注意到 $\frac{dv}{dt} = a$，$\frac{dh}{dt} = v$，得物块 A 的加速度为

$$a = \frac{m_1}{m_1 + 2m_2}g$$

思考题

8.1　一质点在重力作用下绕一封闭曲线运动一周，则作用于该质点的重力的功为零。这种说法对吗？为什么？

8.2　在弹性范围内，如果弹簧的伸长量增加一倍，那末弹性力作的功是否也增加一倍？

8.3　弹性力在什么情况下作正功，什么情况下作负功？

8.4　当质点作匀速圆周运动时，其动能有无变化？

8.5　质量为 m 的刚体作平面运动时，若任选一点 A 为基点，把刚体的平面运动看成是随基点 A 的平移和绕基点 A 的转动，则下式表示的刚体动能是否一定成立？为什么？

$$T=\frac{1}{2}mv_A^2+\frac{1}{2}J_A\omega^2$$

式中：v_A，ω，J_A——A 点的速度，刚体转动的角速度和刚体对 A 点的转动惯量。

8.6　设作用于质点系的外力系的主矢和主矩都等于零，试问该质点系的动能会不会改变？如改变，试举一实例。

8.7　自 A 点以相同大小但倾角不同的初速度 $\boldsymbol{v}_0$ 抛出物体（视为质点），如图所示。不计空气阻力，当这一物体落到同一水平面时，它的速度大小是否相等？为什么？

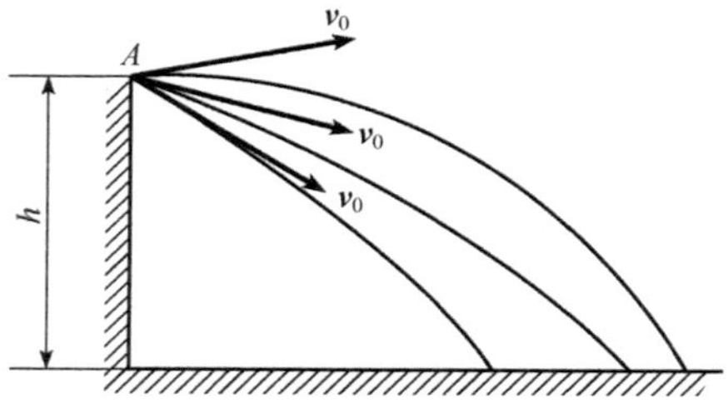

思考题 8.7 图

8.8　应用动能定理求速度时，能否确定速度的方向？为什么？

习题

8.1　一矩形木箱质量为 2000kg，高为 2m，如图所示。若要使它绕棱边 C（转轴垂直于图面）翻倒，则至少要对它作多少功？

8.2　如图所示弹簧的自然长度为 OA，刚度系数为 k，O 端固定，A 端沿半径为 R 的圆弧运动，试求在由 A 到 B，及由 B 到 D 的过程中，弹性力所作的功。

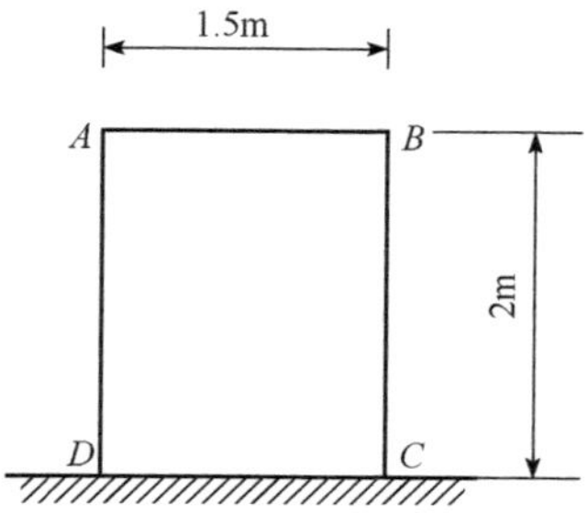

习题 8.1 图

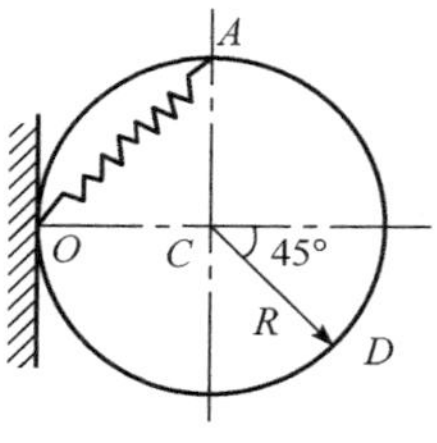

习题 8.2 图

8.3　胶带轮直径为 500mm，胶带拉力分别为 $F_1=1800$N 和 $F_2=600$N，若胶带轮转速为 $n=120$r/min，试求一分钟内胶带拉力所作的总功。

8.4　质量为 m_A、半径为 r 的卷筒上，作用一力偶矩 $M=a\varphi+b\varphi^2$，其中 φ 为转角，a、b 为常数，卷筒上的绳索拉动水平面上的重物 B，如图所示。设重物 B 的质量为 m_B，它与水平面间的动摩擦因数为 f，若绳索质量不计，当卷筒转过 2 圈时，试求作用于系统上所有力的功。

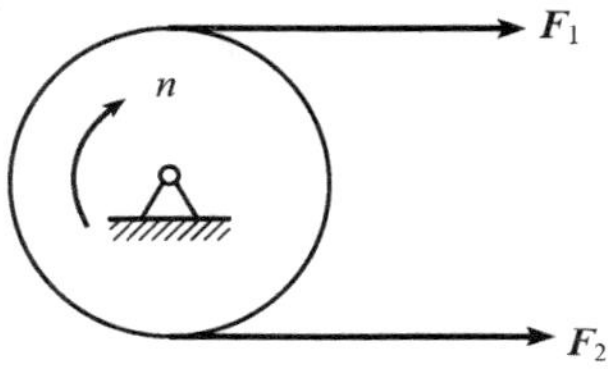

习题 8.3 图

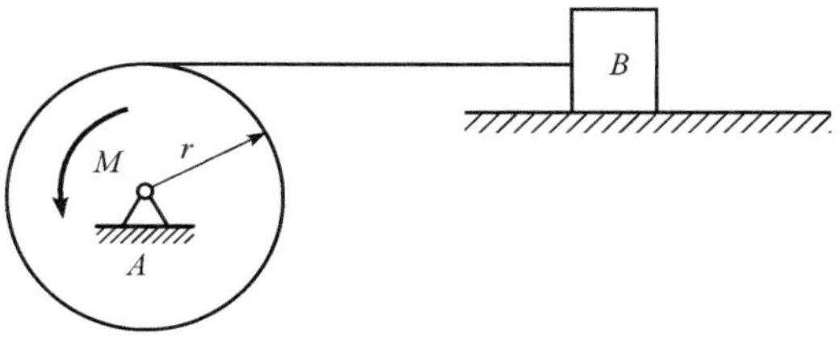

习题 8.4 图

8.5　设作用于质点上的力为 $F_x=2x-3y+4z-5$，$F_y=2-x+8$，$F_z=x+y+z+2$，试求此质点沿螺旋线 $x=\cos\theta$，$y=\sin\theta$，$z=7\theta$，自 $\theta=0$ 到 $\theta=2\pi$ 的过程中，作用于质点上的力的功。

8.6　物块 A 和 B 质量分别为 m_A 和 m_B，且 $m_A>m_B$，滑轮的质量为 m，并可以看作半径为 r 的均质圆盘，如图所示。若不计绳索的质量，试求当物块 A 的速度为 v_A 时整个系统的动能。

8.7　物块重 $mg=200\text{N}$，置于倾角 $\theta=30°$的斜面上，受水平推力 $F=500\text{N}$ 的作用，如图所示。设物块自静止状态向上移动了 100mm，试求到达 100mm 处时物块的动能。忽略物块与斜面间的摩擦。

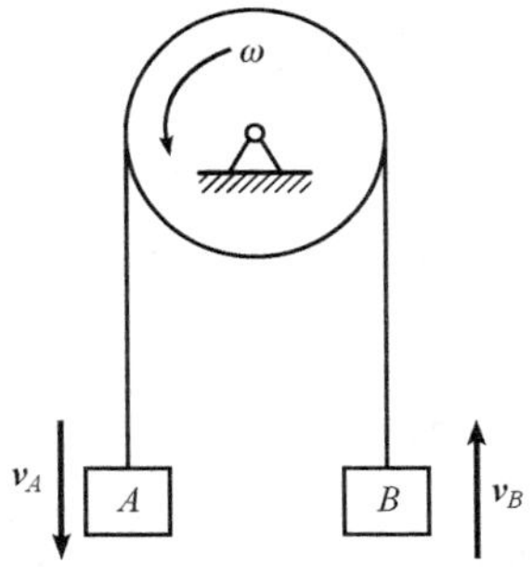

习题 8.6 图

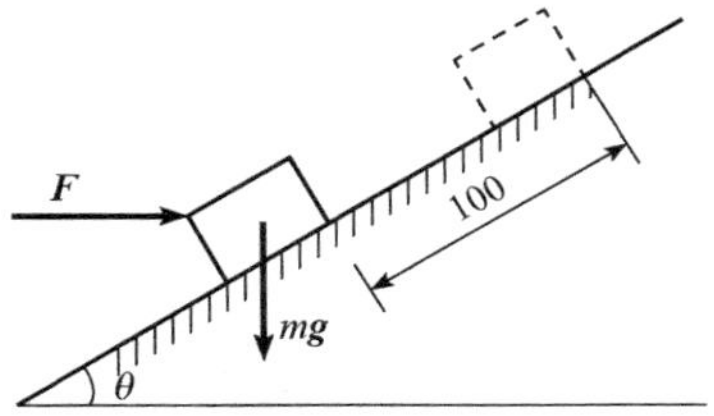

习题 8.7 图

8.8　车身的质量为 m_1，支承在两对相同的车轮上，如图所示，每对车轮的质量为 m_2，并可看作半径都为 r 的均质圆盘。已知车身的速度为 $\boldsymbol{v}$，车轮沿水平面滚动而不滑动，试求整个系统的动能。

8.9　如图所示，一物块在水平距离为 l_1，高度为 h 的斜坡上无初速地下滑，至水平段又滑行距离 l_2 后停止，试求物块与地面间的动摩擦因数。

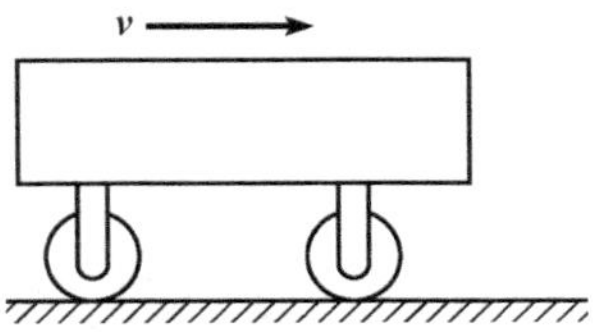

习题 8.8 图

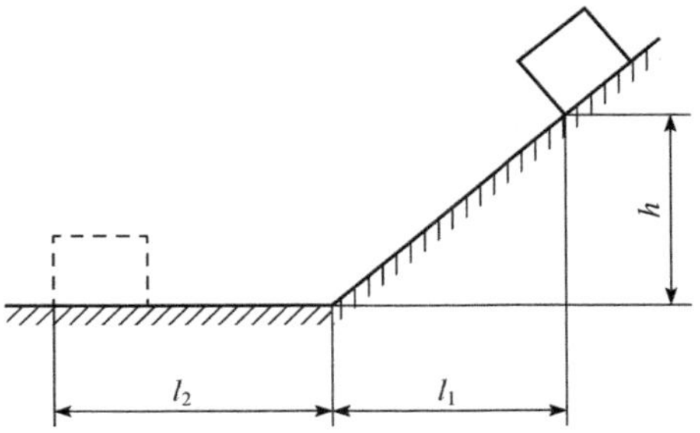

习题 8.9 图

8.10　半径为 R、质量为 m_1 的齿轮Ⅰ安装在固定的水平轴 O_1 上，如图所示，在另一平行的固定轴 O_2 上安装着固联在一起的齿轮Ⅱ和轴Ⅲ，齿轮Ⅱ与齿轮Ⅰ具有相同的半径和质量，轴Ⅲ的半径为 r，质量

为 m_2。绳子绕在轴Ⅲ上，其一端悬挂质量为 m 的重物，齿轮视为均质圆盘，轴视为均质圆柱，忽略摩擦，试求重物无初速地下落距离 h 时的速度和加速度。

8.11 在对称连杆的 A 点，作用有一铅垂方向的常力 $\boldsymbol{F}$，开始时系统在图示位置处于静止状态，试求连杆 OA 运动到 $\theta_0=0$ 位置时的角速度。设每根连杆的长度均为 b，质量均为 m_0，均质圆盘的质量为 m，且在水平面上作纯滚动。

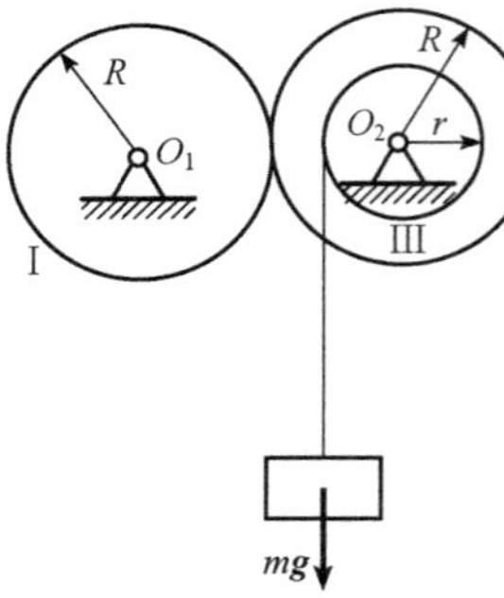

习题 8.10 图

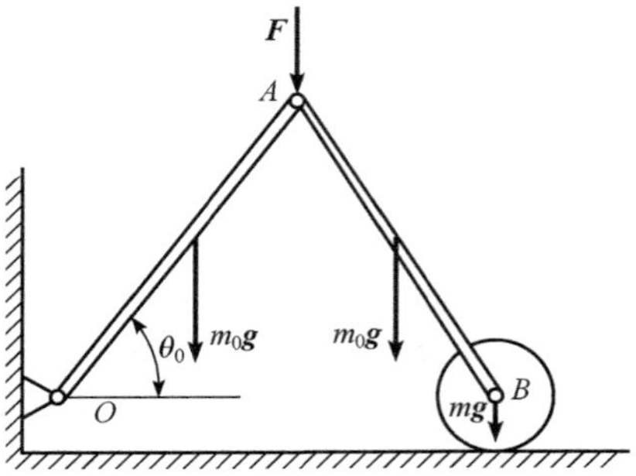

习题 8.11 图

8.12 自动弹射器弹簧未受力时长为 0.2m，其刚度系数为 $k=200\text{N/m}$，弹射器水平放置如图所示。如弹簧被压缩到 0.1m，试问质量为 30g 的小球自弹射器中射出的速度 v 为多大？

8.13 由三个相同齿轮组成的轮系，安装在固定的平行轴上，如图所示，轮系在齿轮 B 上的不变力矩 M 的作用下发生转动。每个齿轮都可视为半径为 r，质量为 m 的均质圆盘，忽略摩擦，试求齿轮转动的角速度 ω 与其转角 φ 之间的关系，并求齿轮转动的角加速度。

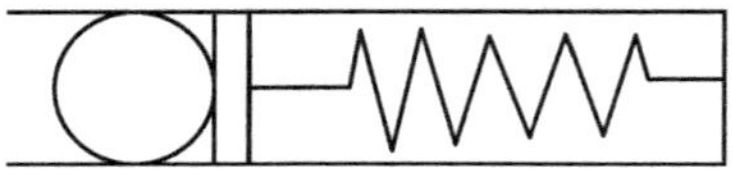

习题 8.12 图

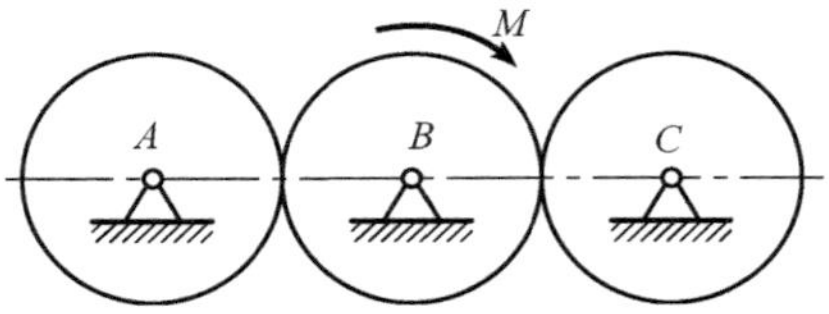

习题 8.13 图

8.14 弹簧两端各系重物 A 和 B，放置在光滑面上，如图所示。若弹簧的刚度系数为 k，原长为 l_0，重物 A、B 的质量均为 m，今将弹簧拉长到 l，然后无初速的释放，试求当弹簧回到原长时，重物 A、B 的速度。

8.15 质量为 m 的物体，由静止沿如图所示的光滑轨道从 C 点作无摩擦下滑，轨道的圆环部分有一缺口 AB。已知圆环的半径为 R，缺口张角 $\angle AOB=2\times60°$，试问 C 点的高度 H 应等于多少才能使物体恰好越过切口而继续沿圆环运动。

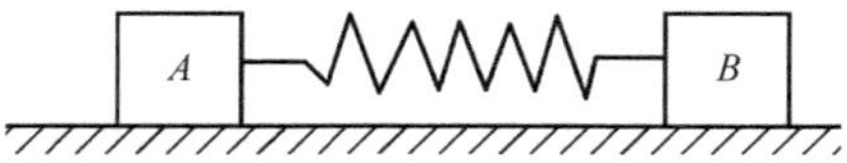

习题 8.14 图

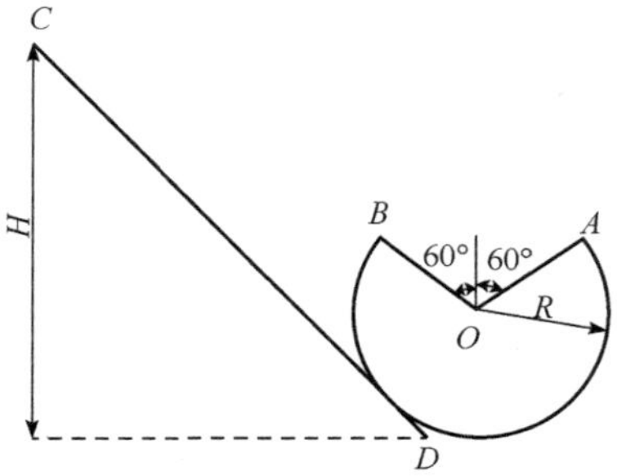

习题 8.15 图

8.16　质量为 m 的小球，系在绳的一端，绳的另一端固定在 O 点，绳长为 l，今把小球以水平初速 $\boldsymbol{v}_0$ 从 A 点抛出，使小球恰好在铅垂平面内绕一周，试求 $\boldsymbol{v}_0$ 必须满足的条件。不计空气阻力。

8.17　质点系由均质圆轮 O、物块和弹簧组成，如图所示。已知弹簧的刚度系数为 k，物块的质量为 m，圆轮对转轴 O 的转动惯量为 J_O，弹簧的质量和物块的大小都忽略不计，试求物块从静平衡位置恰能下降距离 h 时所需的初速度 v_0。

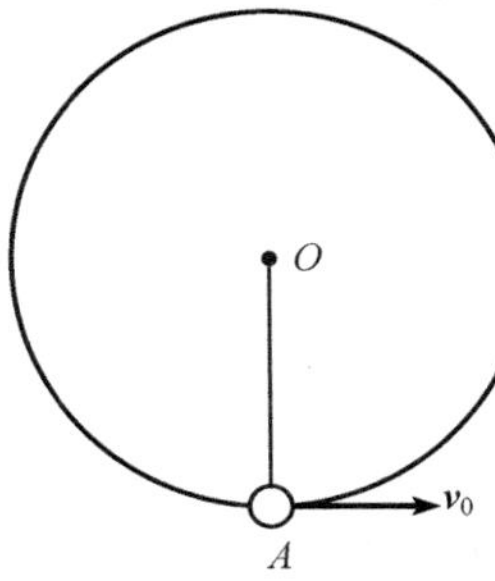

习题 8.16 图

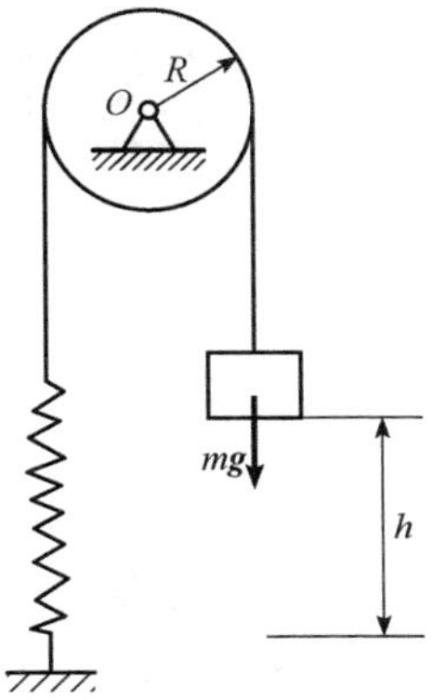

习题 8.17 图

第九章　达朗贝尔原理

内容提要

本章介绍研究动力学问题的一种方法。这种方法是根据达朗贝尔原理，将动力学问题从形式上转化为静力学平衡问题来研究，因此又称为动静法。动静法简化了对动力学问题的分析处理，在工程中有着广泛的应用。

学习要求

1. 理解质点的惯性力的概念。
2. 掌握质点和质点系的达朗贝尔原理。
3. 掌握刚体惯性力系的简化。
4. 熟练掌握用动静法求解动力学问题。

9.1　惯性力的概念

9.1.1　质点的惯性力的概念

我们用两个例子来说明质点的惯性力的概念。在光滑的水平直线轨道上用手推动质量为 m 的小车，使它获得加速度 $\boldsymbol{a}$，如图 9.1 所示。人手对小车的作用力 $\boldsymbol{F}=m\boldsymbol{a}$。由于小车具有惯性，力图保持其原来的运动状态不变，所以小车必然同时给人手以反作用力 $\boldsymbol{F}_{\mathrm{I}}$，此力与力 $\boldsymbol{F}$ 的大小相等，方向相反，即 $\boldsymbol{F}_{\mathrm{I}}=-\boldsymbol{F}=-m\boldsymbol{a}$，作用在人手上。我们把这个力 $\boldsymbol{F}_{\mathrm{I}}$ 定义为小车的惯性力。

另一个例子是用绳子系住一个小球，使它在水平面内作匀速圆周运动，如图 9.2 所示。小球受到绳子拉力 $\boldsymbol{F}$ 的作用，产生法向加速度 $\boldsymbol{a}_{\mathrm{n}}$。设小球的质量为 m，则 $\boldsymbol{F}=m\boldsymbol{a}_{\mathrm{n}}$。同样地，由于小球具有惯性，力图保持其原来的运动状态不变，因而对绳子必有一反作用力 $\boldsymbol{F}_{\mathrm{I}}$，$\boldsymbol{F}_{\mathrm{I}}=-\boldsymbol{F}=-m\boldsymbol{a}_{\mathrm{n}}$。定义力 $\boldsymbol{F}_{\mathrm{I}}$ 为小球的惯性力。这种惯性力与法向加速度的方向相反，恒背离圆心 O，故又称为离心惯性力，简称离心力。

一般地，设质点的质量为 m，加速度为 $\boldsymbol{a}$，则把力

$$\boldsymbol{F}_{\mathrm{I}}=-m\boldsymbol{a} \tag{9.1}$$

定义为质点的**惯性力**，而不管其是否存在或作用于质点以外的其他任何物体上。

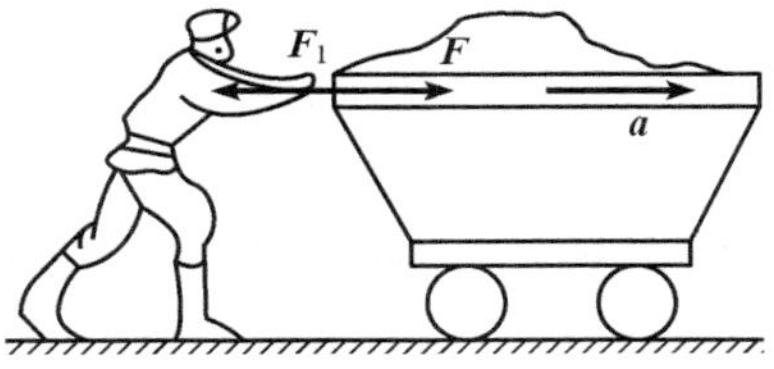

图 9.1

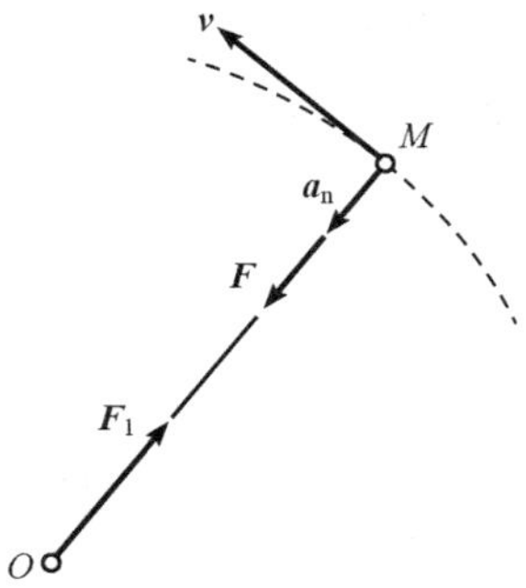

图 9.2

9.1.2　质点的惯性力分量的表达式

质点的惯性力的大小等于质点的质量与加速度的乘积，方向与加速度的方向相反。在实际计算中，常使用惯性力分量的表达式。

设质点 M 在力的作用下沿平面曲线运动（图 9.3），惯性力 $\boldsymbol{F}_{\mathrm{I}}$ 在运动轨迹的切向与法向的分力为

$$\left.\begin{aligned}F_{\mathrm{I}\tau}&=-m a_{\tau}\\F_{\mathrm{In}}&=-m a_{\mathrm{n}}\end{aligned}\right\} \tag{9.2}$$

式中：$\boldsymbol{F}_{\mathrm{I}\tau}$——切向惯性力；

$\boldsymbol{F}_{\mathrm{In}}$——法向惯性力（即离心力）。

若将惯性力沿直角坐标轴分解（图 9.4），则有

$$\left.\begin{aligned}\boldsymbol{F}_{\mathrm{I}x}&=-m\boldsymbol{a}_{x}\\\boldsymbol{F}_{\mathrm{I}y}&=-m\boldsymbol{a}_{y}\end{aligned}\right\} \tag{9.3}$$

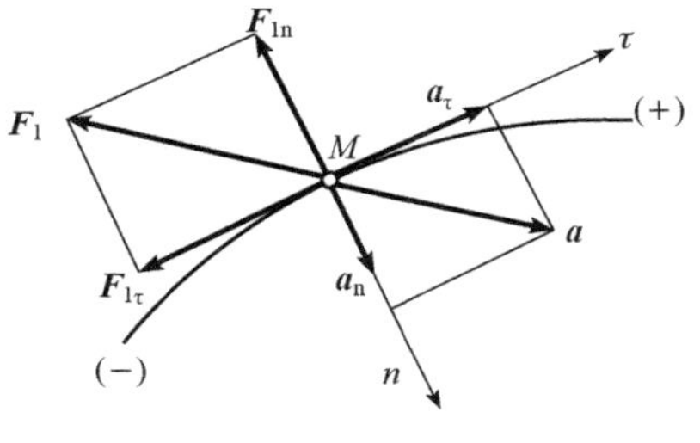

图 9.3

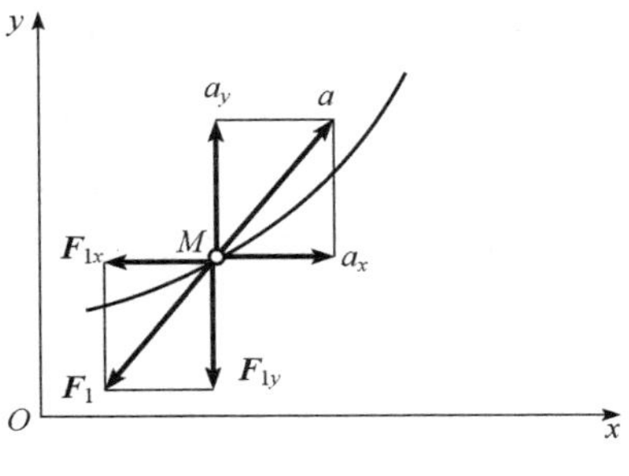

图 9.4

9.2 达朗贝尔原理和动静法

9.2.1 质点的达朗贝尔原理

一质量为 m 的质点 M，在主动力 $\boldsymbol{F}$ 和约束力 $\boldsymbol{F}_{\mathrm{N}}$ 的作用下沿曲线运动（图 9.5）。设 $\boldsymbol{F}$ 与 $\boldsymbol{F}_{\mathrm{N}}$ 的合力为 $\boldsymbol{F}_{\mathrm{R}}$，质点的加速度为 $\boldsymbol{a}$，则

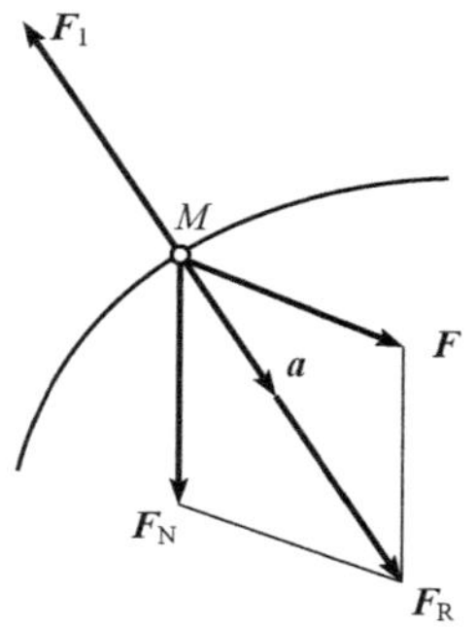

图 9.5

$$\boldsymbol{F}_{\mathrm{R}}=m\boldsymbol{a}$$

或

$$\boldsymbol{F}+\boldsymbol{F}_{\mathrm{N}}=m\boldsymbol{a}$$

假如在质点 M 上加上惯性力 $\boldsymbol{F}_{\mathrm{I}}=-m\boldsymbol{a}$，则由于 $\boldsymbol{F}_{\mathrm{I}}$ 与 $\boldsymbol{F}_{\mathrm{R}}$ 的大小相等、方向相反，故有

$$\boldsymbol{F}_{\mathrm{R}}+\boldsymbol{F}_{\mathrm{I}}=0$$

即

$$\boldsymbol{F}+\boldsymbol{F}_{\mathrm{N}}+\boldsymbol{F}_{\mathrm{I}}=0 \tag{9.4}$$

上式表明，**如果在运动的质点上加上惯性力，则作用于质点上的主动力、约束力与质点的惯性力组成一平衡力系**。这就是质点的**达朗贝尔原理**。

应该指出，由于惯性力实际上不是作用于运动的质点上，质点实际上也并不平衡，所以达朗贝尔原理中的“平衡”并无实际的物理意义。不过，**根据达朗贝尔原理，就可将动力学问题从形式上转化为静力学平衡问题，使我们能够用静力学的方法来研究动力学问题。**因此，这种方法称为**动静法**。动静法简化了对动力学问题的分析处理，在工程中有着广泛的应用。

【例 9.1】 图 9.6 所示压气机的叶片，每个叶片的质量 $m=0.534\mathrm{kg}$，叶片重心 C 至叶轮轴 O 的距离 $R=521.4\mathrm{mm}$，压气机的转速为 $n=3682\mathrm{r/min}$，试求叶片根部所受的拉力。

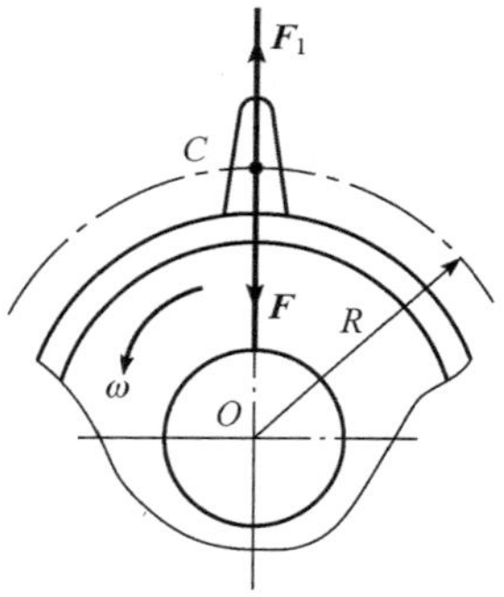

图 9.6

【解】 取一个叶片为研究对象。将叶片看作是质量集中在质心（重心）C 的质点，它绕叶轮轴 O 作匀速圆周运动，其法向加速度为 $a_{\mathrm{n}}=R\omega^2$，故惯性力 $\boldsymbol{F}_{\mathrm{I}}$ 的大小为

$$F_{\mathrm{I}}=mR\omega^2=mR\left(\frac{\pi n}{30}\right)^2=41\ 393\mathrm{N}=41.4\mathrm{kN}$$

惯性力的方向与法向加速度的方向相反，即离心惯性力。

将惯性力 $\boldsymbol{F}_{\mathrm{I}}$ 加在叶片上，根据达朗贝尔原理，它与叶片所受的拉力 $\boldsymbol{F}$ 组成一平衡力系（叶片的重力远小于其惯性力，可略去不计），故有

$$F-F_{\mathrm{I}}=0$$

因此

$$F=F_{\mathrm{I}}=41.4\mathrm{kN}$$

由本例可以看出，对于高速旋转的机械，由于惯性力与角速度平方成正比，故其数值是相当大的，在设计时应给予充分重视。

【例 9.2】 为了测定作水平直线运动的车辆的加速度，采用摆式加速计装置。这种装置是在车厢顶上悬挂一单摆，如图 9.7 所示。当车辆作匀加速运动时，摆将偏向一方，且与铅垂线成不变的角 θ，试求车辆的加速度 a。

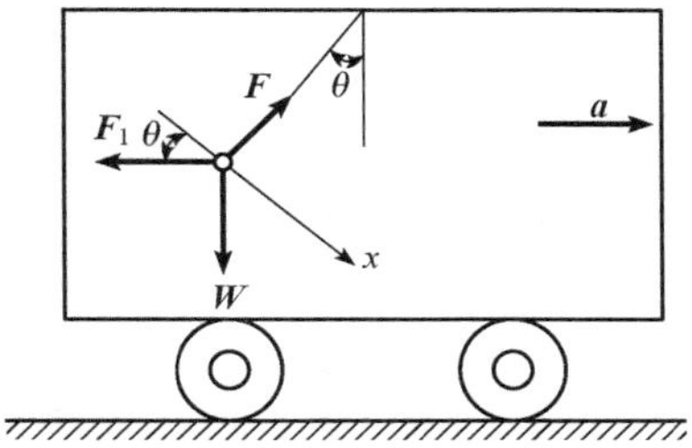

图 9.7

【解】 取摆锤为研究对象。它受到重力 $\boldsymbol{W}$ 和绳子的拉力 $\boldsymbol{F}$ 的作用。设摆锤的质量为 m，则摆锤的惯性力的大小为 $F_I = ma$，方向与 $\boldsymbol{a}$ 相反。假想在摆锤上施加惯性力 $\boldsymbol{F}_I$，那么 $\boldsymbol{W}$、$\boldsymbol{F}$、$\boldsymbol{F}_I$ 组成一平衡力系。取垂直于绳子的 x 轴为投影轴，列出平衡方程

$$\sum X = 0, W\sin\theta - F_I\cos\theta = 0$$

得

$$\tan\theta = \frac{F_I}{W} = \frac{ma}{mg} = \frac{a}{g}$$

即

$$a = g\tan\theta$$

只要测出偏角 θ，就可算出车辆的加速度 a。

9.2.2　质点系的达朗贝尔原理

将质点的达朗贝尔原理应用于质点系，即在质点系的每一个质点上都加上相应的惯性力，则**作用于质点系的所有主动力、约束力与所有质点的惯性力组成一平衡力系**。这就是质点系的达朗贝尔原理。

与质点的情况不同，作用于质点系的主动力、约束力与虚加的惯性力通常组成一个平面一般力系或空间一般力系，这时应分清力系的类型，列出相应的平衡方程求解。

由于质点系的内力总是成对出现的，所以在作用于质点系的主动力和约束力中可以不考虑内力。

9.3　刚体惯性力系的简化

利用质点系的达朗贝尔原理求解动力学问题时，需要在每一个质点上加上相应的惯性力。当质点系内质点的数目很多时，这样做是十分麻烦的，尤其是对于刚体，它包含有无穷多个质点，这样做实际上是难以实现的。因此，我们应当利用力系简化的理论，对虚加在刚体上的惯性力系进行简化。这样，在利用达朗贝尔原理研究刚体的动力学问题时，就可以直接利用简化的结果，而无须在每一个质点上虚加惯性力了。下面介绍刚体作平移、定轴转动以及平面运动等情况下惯性力系的简化结果。

9.3.1　平移刚体惯性力系的简化

设刚体作平移，某瞬时的加速度为 $\boldsymbol{a}$。根据刚体平移的性质，刚体内各质点的加速度均等于 $\boldsymbol{a}$。因此，刚体内各质点的惯性力 $\boldsymbol{F}_{Ii}$ 组成一个空间平行力系。这种力系与刚体的重力

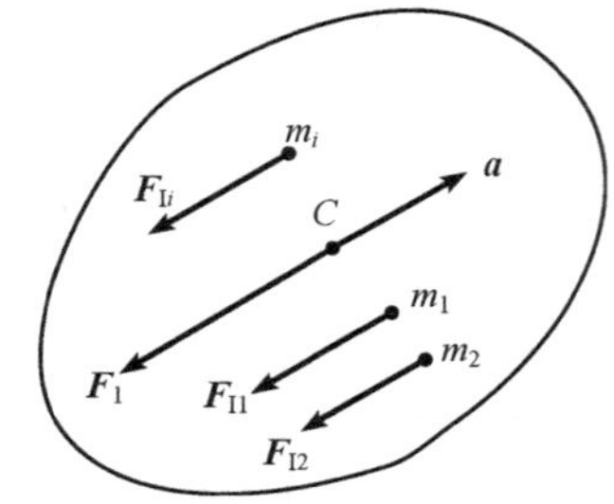

图 9.8

分布规律相似，它可以简化为一个通过刚体质心（重心）的合力 $\boldsymbol{F}_{\mathrm{I}}$（图 9.8），即

$$\boldsymbol{F}_{\mathrm{I}}=\sum \boldsymbol{F}_{\mathrm{I}i}=\sum(-m_i\boldsymbol{a})=-\left(\sum m_i\right)\boldsymbol{a}$$

或

$$\boldsymbol{F}_{\mathrm{I}}=-m\boldsymbol{a} \tag{9.5}$$

式中：m——刚体的质量。

因此，**对于平移刚体，其惯性力系可简化为一个通过质心的合力，此力的大小等于刚体的质量与加速度的乘积，方向与加速度的方向相反。**

9.3.2 定轴转动刚体惯性力系的简化

这里仅讨论刚体具有质量对称面且转轴垂直于此平面的情况。这种情况是常见的，例如机械传动中的齿轮、飞轮等。

由于刚体具有垂直于转轴的质量对称面，在垂直于对称面的任一直线 AB 上的各质点，加速度相同，所以它们的惯性力可以合成为在对称面内的一个力 $\boldsymbol{F}_{\mathrm{I}i}=-m_i\boldsymbol{a}_i$，且通过该直线与对称面的交点 M_i［图 9.9 (a)］。这里的 m_i 为直线 AB 上各质点的质量之和，$\boldsymbol{a}_i$ 为各质点的加速度。这样，我们将原来由刚体内各质点的惯性力组成的空间力系，简化成位于质量对称面内的平面力系。若将该平面力系向转轴与对称面的交点 O 简化，则可得到一个力 $\boldsymbol{F}_{\mathrm{I}}$ 与一个矩为 M_{I} 的力偶［图 9.9 (b)］。

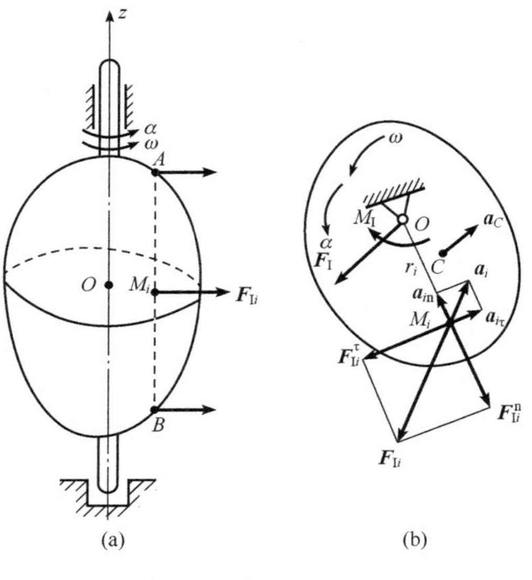

图 9.9

设刚体转动的角速度为 ω，角加速度为 α，刚体的质量为 m，由力系简化的理论和质心的概念，可得

$$\boldsymbol{F}_{\mathrm{I}}=\sum \boldsymbol{F}_{\mathrm{I}i}=-\sum m_i\boldsymbol{a}_i=-\sum m_i\frac{\mathrm{d}^2\boldsymbol{r}_i}{\mathrm{d}t^2}=-\frac{\mathrm{d}^2}{\mathrm{d}t^2}\left(\sum m_i\boldsymbol{r}_i\right)=m\frac{\mathrm{d}^2\boldsymbol{r}_C}{\mathrm{d}t^2}$$

$$M_{\mathrm{I}}=\sum M_O(\boldsymbol{F}_{\mathrm{I}i})=\sum M_O(\boldsymbol{F}_{\mathrm{I}i}^{\tau})=-\sum(m_ir_i\alpha)r_i=-\left(\sum m_ir_i^2\right)\alpha$$

利用式（7.5）和式（7.7），上式变为

$$\left.\begin{aligned}\boldsymbol{F}_{\mathrm{I}}&=-m\boldsymbol{a}_C\\ M_{\mathrm{I}}&=-J_z\alpha\end{aligned}\right\} \tag{9.6}$$

式中：$\boldsymbol{a}_C$——质心加速度；

J_z——刚体对转轴的转动惯量。

因此，**对于具有垂直于转轴的质量对称面的转动刚体，其惯性力系可简化为作用于对称面内的一个惯性力和一个惯性力偶。惯性力通过转轴与对称面的交点，大小等于刚体的**

质量与质心加速度的乘积，方向与质心加速度的方向相反；惯性力偶矩的大小等于刚体对转轴的转动惯量与角加速度的乘积，转向与角加速度的方向相反。

下面讨论几种特殊情况：

1）若转轴通过质心 C 且 $\alpha \neq 0$ [图 9.10（a）]，则 $\boldsymbol{F}_{\mathrm{I}}=-m\boldsymbol{a}_C=\mathbf{0}$，此时简化结果只有惯性力偶 $M_{\mathrm{I}}=-J_z\alpha$。

2）若转轴不通过质心 C，且刚体作匀速转动 [图 9.10（b）]，则 $M_{\mathrm{I}}=-J_z\alpha=0$，此时简化结果只有惯性力 $\boldsymbol{F}_{\mathrm{I}}$，其大小为 $F_{\mathrm{I}}=me\omega^2$，方向由 O 指向 C。

3）若转轴通过质心 C，且刚体作匀速转动 [图 9.10（c）]，则 $\boldsymbol{F}_{\mathrm{I}}=-m\boldsymbol{a}_C=\mathbf{0}$，$M_{\mathrm{I}}=-J_z\alpha=0$，此时惯性力系是平衡力系。

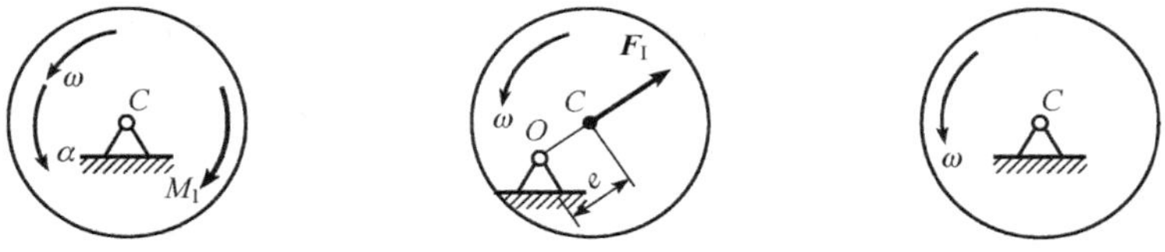

图 9.10

9.3.3　平面运动刚体惯性力系的简化

这里仅讨论刚体具有质量对称面，且对称面在质心运动平面内的情况。与定轴转动刚体的情况相似，可先将刚体的惯性力系简化成位于质量对称面内的平面力系，然后再将该平面力系向质心 C 简化，得到一个力 $\boldsymbol{F}_{\mathrm{I}}$ 与一个力偶 M_{I}（图 9.11）。

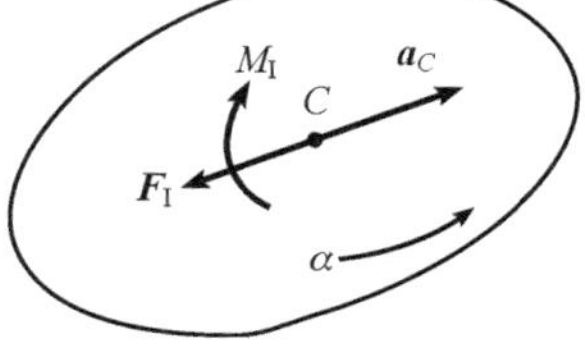

图 9.11

将刚体的平面运动分解为随同质心的平移和绕质心的转动，设刚体的质量为 m，质心 C 的加速度为 $\boldsymbol{a}_C$，刚体转动的角加速度为 α，刚体对通过质心 C 且垂直于对称面的轴的转动惯量为 J_C，则有

$$\left.\begin{aligned}\boldsymbol{F}_I&=-m\boldsymbol{a}_C\\ M_{\mathrm{I}}&=-J_C\alpha\end{aligned}\right\}\tag{9.7}$$

因此，**对于具有质量对称面、且对称面位于运动平面内的平面运动刚体，其惯性力系可简化为作用于对称面内的一个惯性力和一个惯性力偶。惯性力通过质心，大小等于刚体的质量与质心加速度的乘积，方向与质心加速度的方向相反；惯性力偶矩的大小等于刚体对通过质心且垂直于对称面的轴的转动惯量与角加速度的乘积，转向与角加速度相反。**

由上面的讨论可知，刚体的运动形式不同，其惯性力系简化的结果也不相同。在利用质点系的达朗贝尔原理求解刚体的动力学问题时，必须首先根据刚体运动的形式，正确地虚加上惯性力系的简化结果，然后再列出相应的平衡方程求解。

【例 9.3】 鼓轮由半径为 R_1 和 R_2 的两轮固连组成，重 $\boldsymbol{W}$，对水平轴 O 的转动惯量为 J_O。用细绳悬挂的重物 A、B 分别重 $\boldsymbol{W}_1$ 和 $\boldsymbol{W}_2$，如图 9.12 所示。若不计绳重及轴承摩擦，试求鼓轮的角加速度及轴承 O 处的反力。

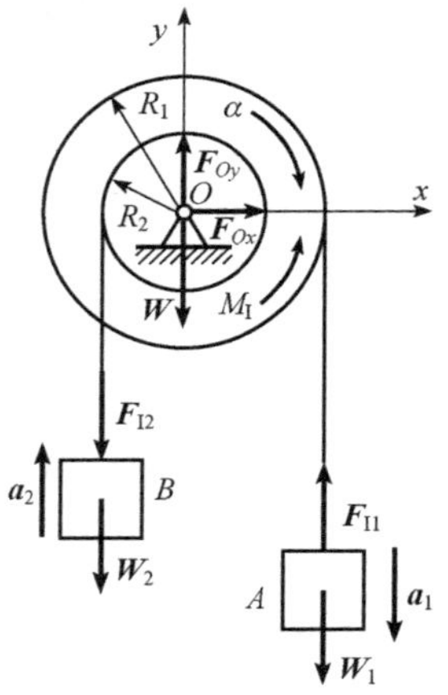

图 9.12

【解】 取鼓轮和重物 A、B 组成的系统为研究对象。作用于系统上的主动力和约束力有：重力 $\boldsymbol{W}$、$\boldsymbol{W}_1$ 和 $\boldsymbol{W}_2$，约束反力 $\boldsymbol{F}_{Ox}$、$\boldsymbol{F}_{Oy}$。

设鼓轮的角加速度为 α，则重物 A、B 的加速度分别为 $a_1=R_1\alpha$，$a_2=R_2\alpha$。重物 A、B 作平移，虚加的惯性力大小分别为

$$F_{\mathrm{I}1}=\frac{W_1}{g}a_1=\frac{W_1}{g}R_1\alpha \tag{a}$$

$$F_{\mathrm{I}2}=\frac{W_2}{g}a_2=\frac{W_2}{g}R_2\alpha \tag{b}$$

方向分别与 $\boldsymbol{a}_1$、$\boldsymbol{a}_2$ 的方向相反。鼓轮作定轴转动，且转轴通过质心，只需在鼓轮上虚加惯性力偶 M_{I}，其矩的大小为

$$M_{\mathrm{I}}=J_O\alpha \tag{c}$$

转向与 α 相反。

利用达朗贝尔原理，重力 $\boldsymbol{W}$、$\boldsymbol{W}_1$、$\boldsymbol{W}_2$，约束反力 $\boldsymbol{F}_{Ox}$、$\boldsymbol{F}_{Oy}$ 以及惯性力 $\boldsymbol{F}_{\mathrm{I}1}$、$\boldsymbol{F}_{\mathrm{I}2}$ 和惯性力偶 M_{I} 组成一平衡力系。列出平衡方程

$$\sum X=0,F_{Ox}=0$$

$$\sum Y=0,F_{Oy}-W-W_1-W_2+F_{\mathrm{I}1}-F_{\mathrm{I}2}=0$$

$$\sum M_O=0,(W_1-F_{\mathrm{I}1})R_1-(W_2+F_{\mathrm{I}2})R_2-M_{\mathrm{I}}=0$$

将式（a）～式（c）代入，解得

$$\alpha=\frac{W_1R_1-W_2R_2}{J_Og+W_1R_1^2+W_2R_2^2}g$$

$$F_{Ox}=0$$

$$F_{Oy}=W+W_1+W_2-\frac{W_1^2R_1^2-W_2^2R_2^2}{J_Og+W_1R_1^2+W_2R_2^2}$$

【例 9.4】 图 9.13 所示涡轮机的转轮具有质量对称面。已知轮重 $W=2\mathrm{kN}$，轮的转速 $n=6000\mathrm{r/min}$，转动轴垂直于对称面，并有偏心距 $e=0.5\mathrm{mm}$。设 $AB=h=1\mathrm{m}$，$BO=h/2=0.5\mathrm{m}$，试求轴承 A、B 处的反力。

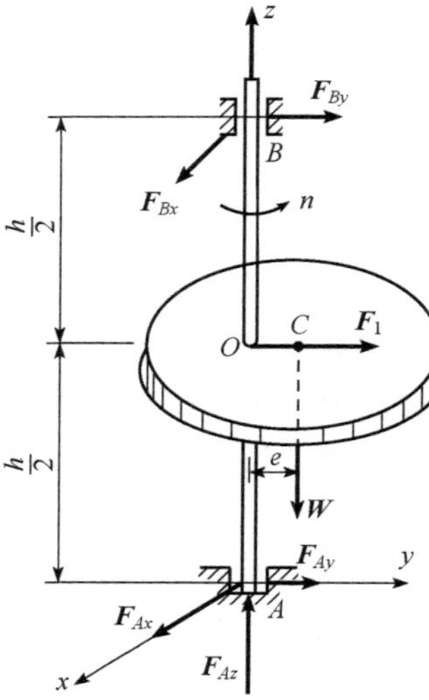

图 9.13

【解】 为简化计算，我们就转轮的质心 C 位于 yz 平面内这一特定位置进行讨论。取转轮和轴为研究对象。其上作用有重力 $\boldsymbol{W}$ 和轴承处的约束反力 $\boldsymbol{F}_{Ax}$、$\boldsymbol{F}_{Ay}$、$\boldsymbol{F}_{Az}$、$\boldsymbol{F}_{Bx}$、$\boldsymbol{F}_{By}$。

由于轮作匀速转动，且转轴不通过质心 C，故在轮上虚加惯性力 $\boldsymbol{F}_{\mathrm{I}}$，其大小为

$$F_{\mathrm{I}}=\frac{W}{g}e\omega^2=\frac{W}{g}e\left(\frac{\pi n}{30}\right)^2$$

方向如图所示。于是，重力 $\boldsymbol{W}$、轴承处的约束反力以及惯性力 $\boldsymbol{F}_{\mathrm{I}}$ 组成一平衡力系。列出平衡方程

$$\sum X = 0, F_{Ax} + F_{Bx} = 0$$

$$\sum Y = 0, F_{Ay} + F_{By} + F_{\mathrm{I}} = 0$$

$$\sum Z = 0, F_{Az} - W = 0$$

$$\sum M_x = 0, -hF_{By} - eW - h/2F_{\mathrm{I}} = 0$$

$$\sum M_y = 0, hF_{Bx} = 0$$

解得

$$F_{Ax} = F_{Bx} = 0$$

$$F_{Az} = W$$

$$F_{By} = -We\left(\frac{1}{h} + \frac{\omega^2}{2g}\right)$$

$$F_{Ay} = We\left(\frac{1}{h} - \frac{\omega^2}{2g}\right)$$

将 $\omega = \frac{\pi n}{30} = 200\pi$ rad/s 及题设其他数据代入，得

$$F_{Az} = 2\text{kN}, F_{Ay} = -20\text{kN}, F_{By} = -20\text{kN}$$

从上面的计算结果可以看出，在 F_{Ay} 和 F_{By} 的表达式中，$\frac{We}{2g}\omega^2$ 一项是由于转动而引起的，称为**附加动反力**；$\frac{We}{h}$一项称为**静反力**。由于$\frac{1}{h}$远小于$\frac{\omega^2}{2g}$，故附加动反力远大于静反力。在本例题中，反力 F_{Ay}、F_{By} 均达到轮重的 10 倍。因此，对于高速、精密的旋转机械，消除轴承处的附加动反力是一个十分重要的问题。为此，必须使偏心距 $e=0$。常用的方法是在质心的对面加上适当的质量，或在质心的这面挖去适当的质量，从而使轮的质心移到转轴上。

【例 9.5】 一均质圆柱重 $\boldsymbol{W}$，半径为 R，沿倾角为 θ 的斜面无滑动地滚下，如图 9.14 所示。若不计滚动摩擦，试求圆柱质心 C 的加速度、圆柱的角加速度、斜面的法向反力和摩擦力。又若圆柱与斜面间的静滑动摩擦因数为 f_s，再求圆柱作纯滚动的条件。

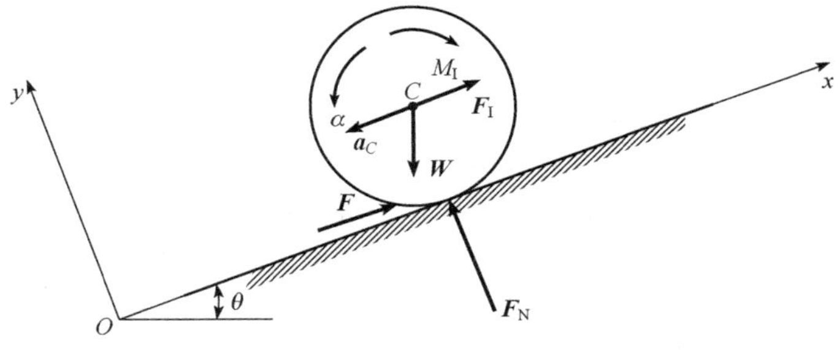

图 9.14

【解】 取圆柱为研究对象。其上作用有重力 $\boldsymbol{W}$，斜面的法向反力 $\boldsymbol{F}_N$ 和摩擦力 $\boldsymbol{F}$。圆柱作平面运动，设其质心的加速度为 $\boldsymbol{a}_C$，角加速度为 α，由于圆柱沿斜面纯滚动，由运动学知识，有

$$a_C = R\alpha \tag{a}$$

在圆柱上虚加惯性力 $\boldsymbol{F}_{\mathrm{I}}$ 和惯性力偶 M_{I}，它们的大小分别为

$$F_{\mathrm{I}} = \frac{W}{g}a_C = \frac{W}{g}R\alpha \tag{b}$$

与

$$M_{\mathrm{I}} = J_C\alpha = \left(\frac{1}{2}\times\frac{W}{g}R^2\right)\alpha \tag{c}$$

方向如图所示。

作用于圆柱上的主动力、约束力和虚加惯性力、惯性力偶组成一平衡力系。列出平衡方程

$$\sum X = 0, F - W\sin\theta + F_{\mathrm{I}} = 0$$

$$\sum Y = 0, F_{\mathrm{N}} - W\cos\theta = 0$$

$$\sum M_C = 0, FR - M_{\mathrm{I}} = 0$$

利用式（a）～式（c），解得

$$F_{\mathrm{N}} = W\cos\theta$$

$$\alpha = \frac{2g}{3R}\sin\theta$$

$$a_C = \frac{2}{3}g\sin\theta$$

$$F = \frac{1}{3}W\sin\theta$$

当摩擦力 $\boldsymbol{F}$ 小于最大静滑动摩擦力 $F_{\mathrm{fmax}} = f_s F_{\mathrm{N}}$ 时，即满足条件

$$F \leqslant f_s F_{\mathrm{N}} \tag{d}$$

圆柱沿斜面无滑动。将上面求得的 F、F_{N} 代入式（d），得圆柱作纯滚动的条件为

$$\tan\theta \leqslant 3f_s$$

思考题

9.1 何为惯性力？怎样确定其大小和方向？

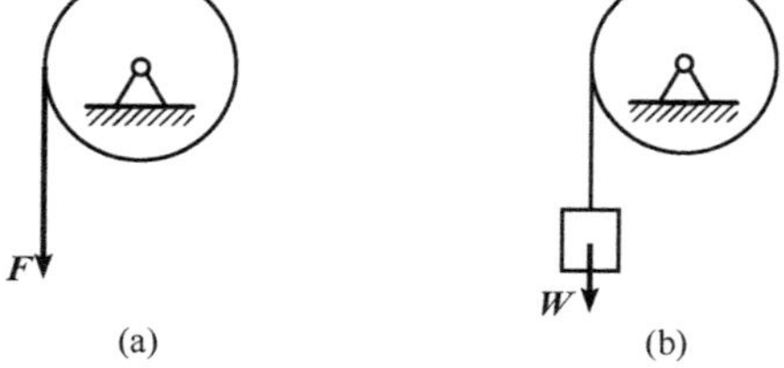

思考题 9.5 图

9.2 是否运动着的物体都有惯性？作匀速直线运动的质点，其惯性力为多少？

9.3 怎样理解达朗贝尔原理中的“平衡力系”？

9.4 火车沿直线轨道加速行驶时，哪一节车厢挂钩受力最大？为什么？

9.5 图示两均质圆轮的质量和半径均相同，一个在力 $\boldsymbol{F}$ 作用下转动，另一个由于悬挂重 $\boldsymbol{W}$（$\boldsymbol{W}=\boldsymbol{F}$）的重物而转动。问两轮的角加速度是否相同？为什么？

9.6 在刚体惯性力系的简化中，选择不同的简化中心，惯性力系的主矢和主矩有无变化？

习题

9.1　一平台按 $y=A\cos\omega t$ 的规律作铅垂的简谐振动，欲使放在平台上的物体不致离开台面，试问振幅 A 和频率 ω 应满足什么条件？

9.2　图示圆筒以匀角速度 ω 绕铅垂轴转动，筒内盛有液体，试求液体自由表面的形状。

9.3　游乐场的航空乘坐设备如图所示。伸臂长 $a=5\text{m}$，吊篮的质心到伸臂端点的距离 $l=10\text{m}$。不计伸臂和吊杆的重量，并将吊篮看作为一质点。如果要使吊杆与铅垂线之间的夹角保持为 $\theta=60°$，试问伸臂绕铅垂轴转动的角速度应为多大？

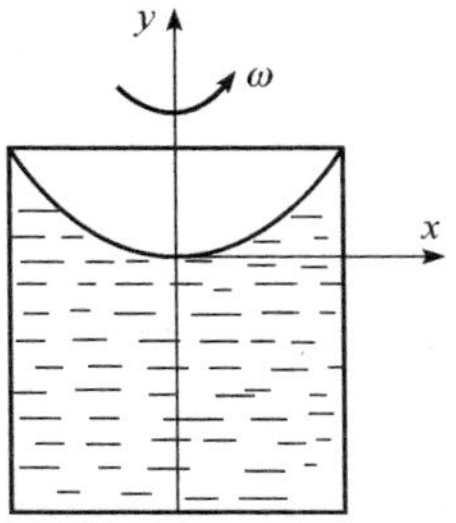

习题 9.2 图

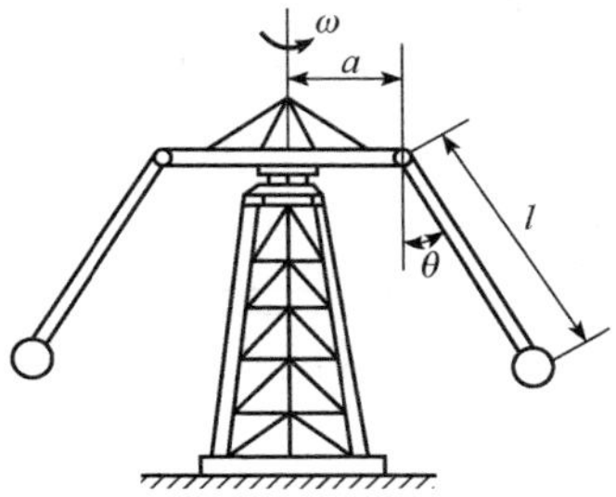

习题 9.3 图

9.4　在离心浇铸装置中，电动机带动支承轮 A、B 作同向转动，管模放在这两轮上靠摩擦转动，如图所示。铁水注入后，由于离心惯性力的作用，铁水均匀地紧靠在管模的内壁自动成型，从而可得质量密实的铸件。浇铸时，转速不能过低，否则铁水将脱离模壁。已知管模内径 $D=400\text{mm}$，试求管模的最低转速 n（提示：取管模内最高处的铁水看作质点，使其不脱离管壁）。

9.5　电动绞车装在梁的中点，梁的两端放置在支座上，如图所示。该车提起质量为 2000kg 的重物 B，以 1m/s^2 的匀加速度上升。已知绞车和梁的质量共为 800kg，其他尺寸如图所示，试求支座 C、D 处的反力。

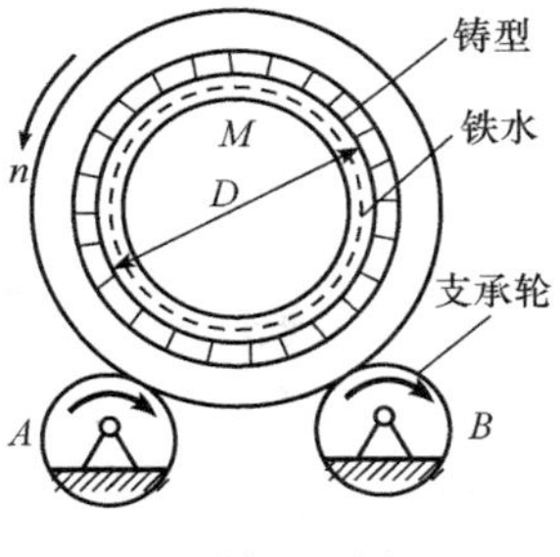

习题 9.4 图

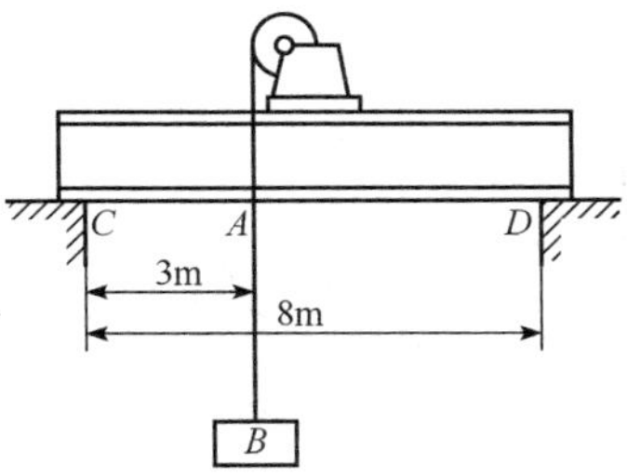

习题 9.5 图

9.6　运送货物的平板车载着重 W 的货箱，货箱的尺寸如图所示。若货箱与平板车之间的静滑动摩擦因数 $f_s=0.35$，试求安全运行时（货物不滑动也不翻倒）平板车所容许的最大加速度。

9.7　图示电动机安装在水平基础上，其质量为 m_1（包括转子质量），转子的重心 C 偏离转轴 O 的距离为 e。设转子的质量为 m_2，并以匀角速度 ω 转动，试求电动机对基础的铅垂压力的最大值和最小值。

9.8　图示均质细长杆长为 l，重 W，从水平静止位置 OA 开始绕通过 O 端的水平轴转动，试求杆转过 θ 角到达 OB 位置时的角速度、角加速度以及 O 处的反力。

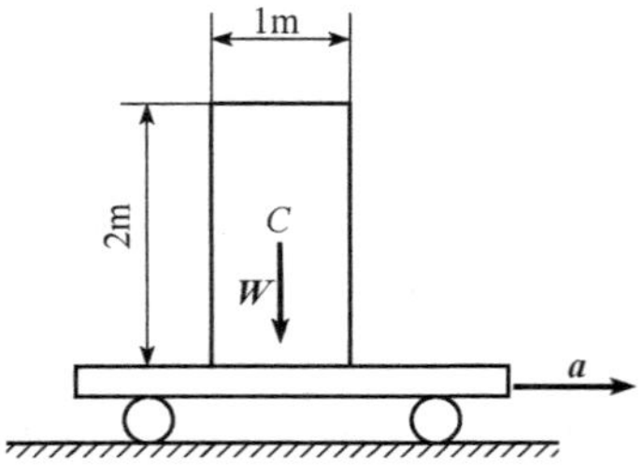

习题 9.6 图

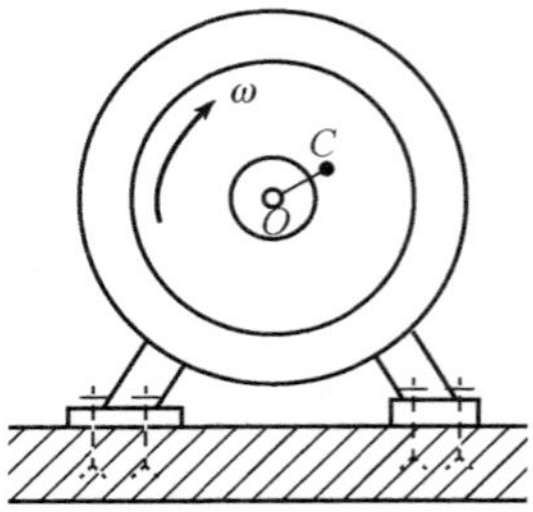

习题 9.7 图

9.9　有一刚架 ABC，B 端用铰链连接一重 W_1 的均质圆盘，半径为 R，圆盘上用绳缠挂一重 $W_2=4\text{kN}$ 的重物，如图所示。若 $W_1=2W_2$，$l=3R$，$AC=2R$，试求当重物向下加速运动时，支座 A、C 处的反力。

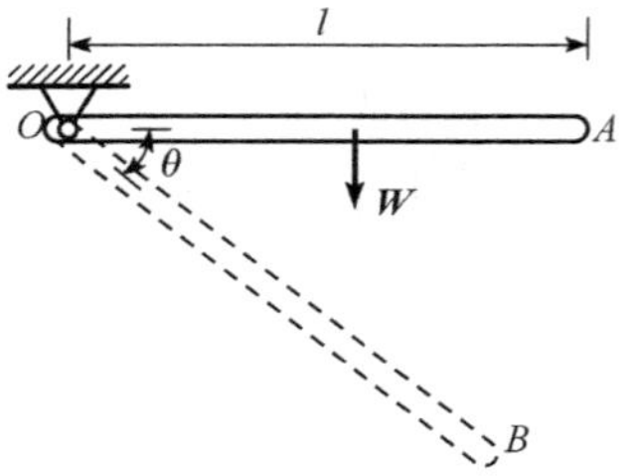

习题 9.8 图

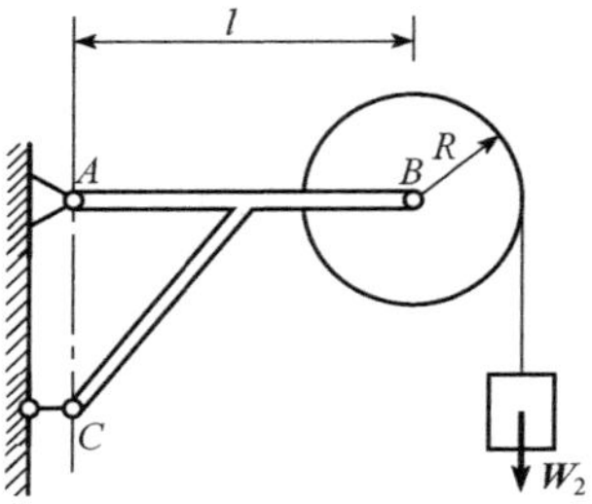

习题 9.9 图

9.10　图示杆 AB 长为 $2l$，两端各有一重 $\boldsymbol{W}$ 的重物，此杆连同重物以匀角速度 ω 绕通过杆轴线的铅垂轴 Oz 转动。O 点到轴承 C 与到轴承 D 的距离均为 b，杆 AB 与铅垂轴 Oz 所成的角度为常数 θ。如不计杆的自重与重物的大小，试求当杆在平面 Oyz 内时轴承 C 与轴承 D 处的反力。

9.11　图示质量为 20kg 的砂轮，因安装不正，使重心偏离转轴 $e=0.1\text{mm}$，试求当转速 $n=10000\text{r/min}$时，轴承 A、B 处的附加动反力。

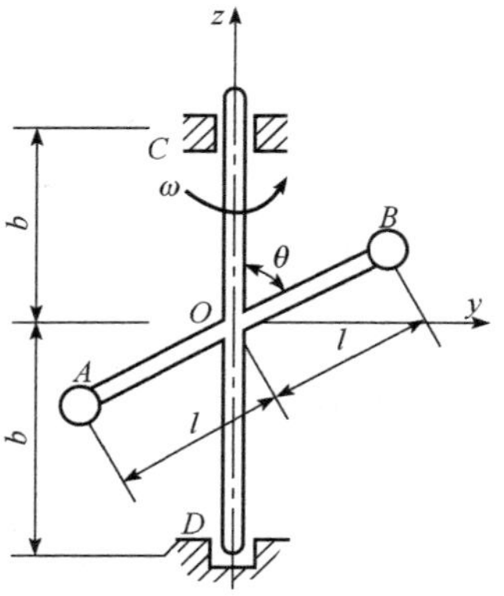

习题 9.10 图

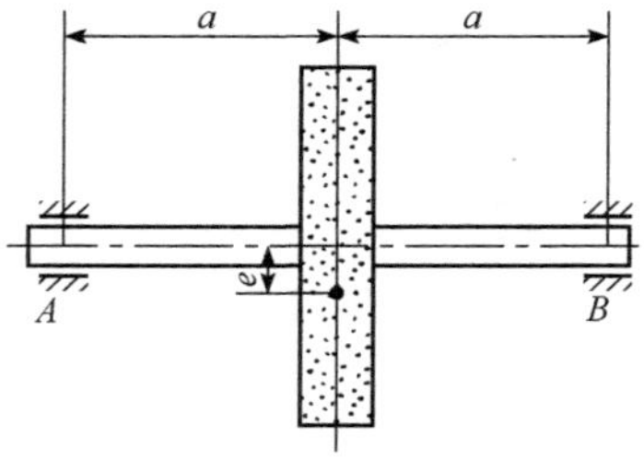

习题 9.11 图

9.12　图示塔轮由三个圆轮组成，其质量为 $m_1=20\text{kg}$、$m_2=16\text{kg}$、$m_3=10\text{kg}$，其中两轮的重心偏离轴线的距离为 $e_1=1\text{mm}$、$e_3=1.2\text{mm}$，三个轮的重心 C_1、C_2、C_3 与转轴在同一平面内。已知塔轮的转速 $n=2400\text{r/min}$，试求轴承 A、B 处的附加动反力。

9.13　图示均质圆柱重 $\boldsymbol{W}$、半径为 R，在力 $\boldsymbol{F}$ 作用下沿水平直线轨道作纯滚动，试求轮心 O 的加速度及地面的约束反力。

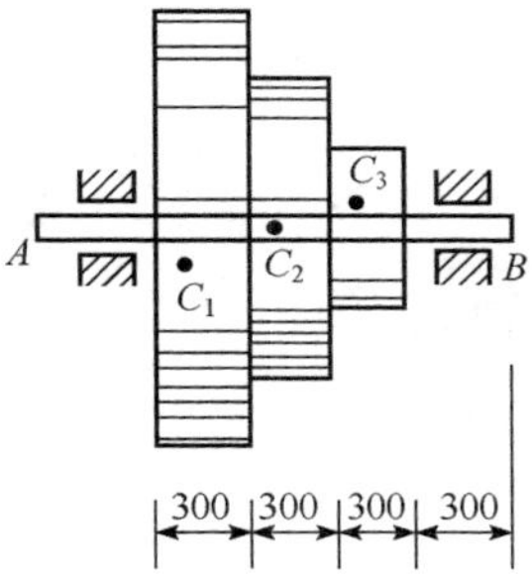

习题 9.12 图

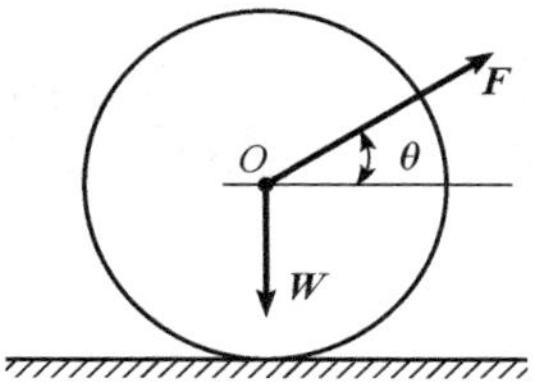

习题 9.13 图

9.14　图示滚子 $\boldsymbol{A}$ 重 $\boldsymbol{W}_1$，沿倾角为 θ 的斜面向下作纯滚动。滑轮 B 和滚子 A 有相同的重量和半径，且都可看作为均质圆盘。物块 $\boldsymbol{C}$ 重 $\boldsymbol{W}_2$。设绳子不可伸长，且不计其自重，绳与滑轮 $\boldsymbol{B}$ 间无滑动，试求滚子 $\boldsymbol{A}$ 中心的加速度。

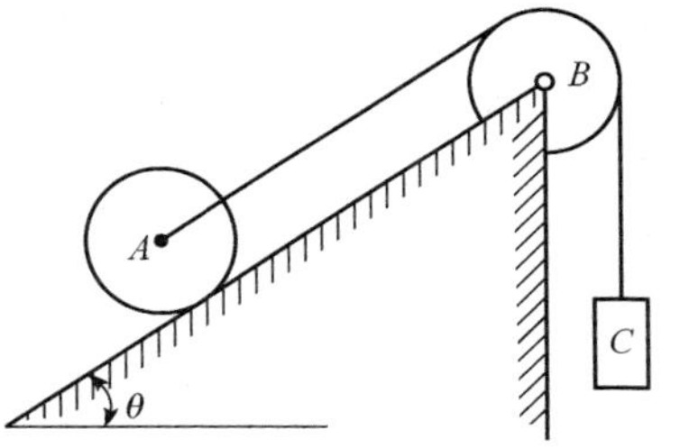

习题 9.14 图

第十章　虚位移原理

内容提要

本章在介绍约束的分类，虚位移、虚功及理想约束的概念的基础上，建立了虚位移原理，并应用此原理求解非自由质点系的平衡问题。对于受理想约束的复杂刚体系的平衡问题，应用虚位移原理求解比用静力学方法求解更为方便。

学习要求

1. 了解约束的分类。理解虚位移、虚功及理想约束的概念。
2. 掌握虚位移的计算。
3. 理解虚位移原理。熟练掌握用虚位移原理求解受理想约束的复杂刚体系的平衡问题。

10.1　虚位移和虚功的概念

在第一篇静力学中，我们从静力学公理出发，以矢量及矢量在轴上的投影为基础，通过力系的简化，得出刚体的平衡条件，用来研究刚体和刚体系的平衡问题。进一步的研究表明，静力学所建立的平衡条件对于刚体和由刚体所组成的不变形系统来说，是必要与充分的，但对任意质点系来说，则仅仅是必要的而不是充分的。例如，以无重刚性杆相连的两质点在等值、反向、共线的两轴向拉力或压力的作用下均可平衡，但若将刚性杆换为绳索，则在轴向压力的情况下，虽然力系也满足平衡条件，但此两质点所组成的系统却不能平衡。

质点系可以分为**自由质点系和非自由质点系**。如果质点系的各质点不受任何约束，可以在空间内自由运动，则称这种质点系为自由质点系；反之，如果质点系的各质点受到一定的约束，在空间内不能自由运动，则称这种质点系为非自由质点系。

虚位移原理研究的是非自由质点系的平衡问题，这种质点系在空间内受到一定的约束，所以我们先来讨论质点系所受到的约束。

10.1.1　约束的分类

在静力学中把限制物体运动的条件（或周围物体）称为该物体的约束。表示这种限制条件的数学方程称为**约束方程**。根据约束的形式及性质，约束可按下列情况分类：

（1）几何约束与运动约束

只限制质点或质点系在空间的几何位置的约束称为**几何约束**。因位置由坐标表示，故几何约束的约束方程就是质点或质点系中各质点的坐标在约束的限制下所必须满足的条件。例如摆长为 l 的单摆（图 10.1），摆锤的运动受到摆杆的限制，只能在铅垂平面内作圆周运动，其约束方程为

$$x^2+y^2=l^2$$

又如，曲柄连杆机构（图 10.2）可简化为由曲柄销 A 和滑块 B 两个质点所组成的质点系，轴承 O、刚性杆 OA 和 AB 以及滑道形成了对质点系的约束，若曲柄长为 r，连杆长为 l，则约束方程为

$$\left.\begin{aligned}&x_A^2+y_A^2=r^2\\&(x_B-x_A)^2+(y_B^2-y_A^2)^2=l^2\\&y_B=0\end{aligned}\right\}$$

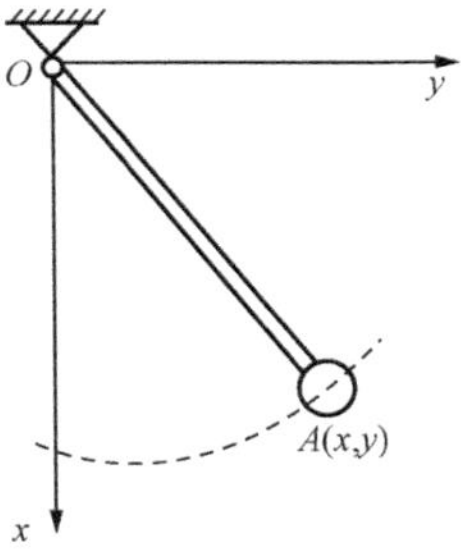

图 10.1

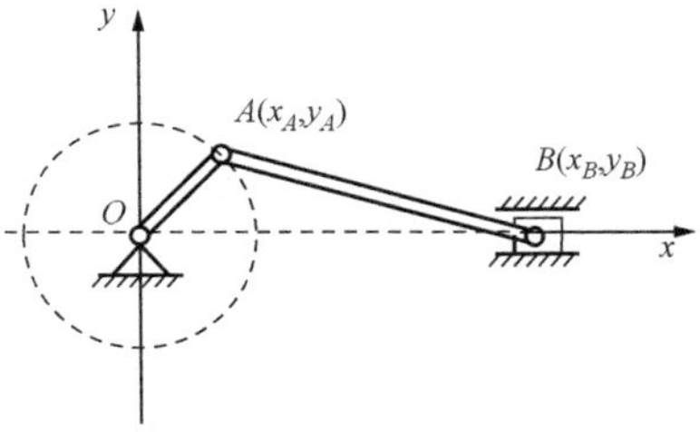

图 10.2

能限制质点系中质点速度的约束称为**运动约束**。运动约束的约束方程中含有质点系中质点的速度。例如，沿直线轨道只滚不滑的车轮（图 10.3），除了受到限制其轮心与地面的距离保持不变的几何约束外，还受到只滚不滑的运动学条件限制，即接触点 C 的速度必须等于零，这就是运动约束。其约束方程为

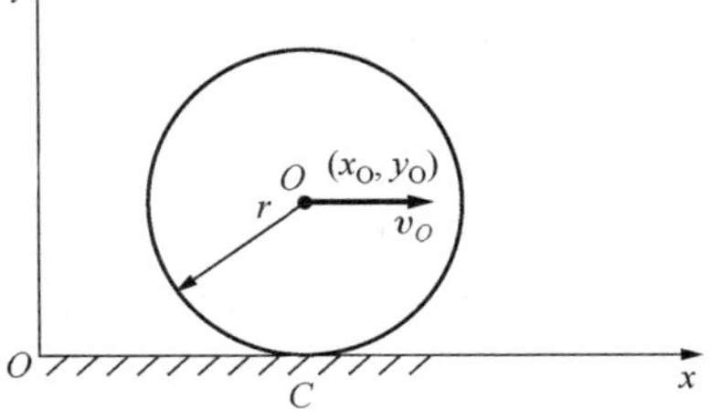

图 10.3

$$\left.\begin{aligned}&y_O=r\\&v_O-r\omega=0\end{aligned}\right\}$$

式中：v_O——轮心 O 的速度；

ω——轮子的角速度；

r——轮的半径。

（2）定常约束与非定常约束

不随时间变化的约束称为**定常约束**（或**稳定约束**）。定常约束的约束方程中不显含时间变量 t。以上所举的单摆中摆锤所受的约束、曲柄连杆机构中的约束都是定常约束。约束条件随时间变化的约束称为**非定常约束**（或**不稳定约束**）。非定常约束的约束方程中显含时间变量 t。例如摆长可随时间改变的单摆（图 10.4），若摆的原长为 l_0，拉动绳子的速度 v_0 为常数，则约束方程为

$$x^2+y^2=(l_0-v_0t)^2$$

（3）单面约束与双面约束

只能限制质点某一方向的运动，而不能限制相反方向的运动的约束称为**单面约束**。例如借助绳索实现质点 M 沿圆周运动的单摆（图 10.5），绳索只能限制质点 M 向圆周外运动而不能限制质点 M 向圆内运动，这就是单面约束。其约束方程用不等式表示为

$$x^2+y^2\leqslant l^2$$

如果约束既能限制质点沿某一方向的运动，又能同时限制它相反方向的运动，则称为**双面约束**。例如将图 10.5 中单摆的绳索改为刚性杆（图 10.1），则刚性杆对摆锤为双面约束。约束方程用等式表示。

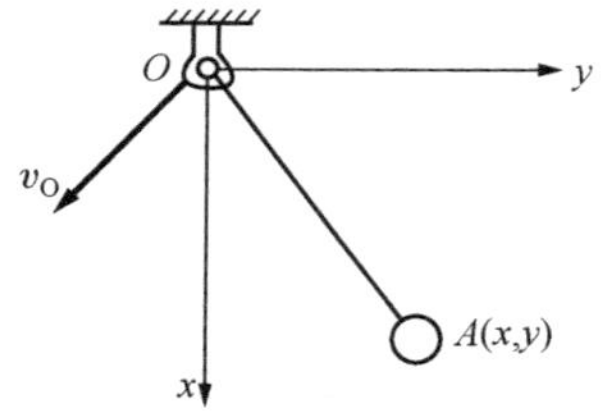

图 10.4

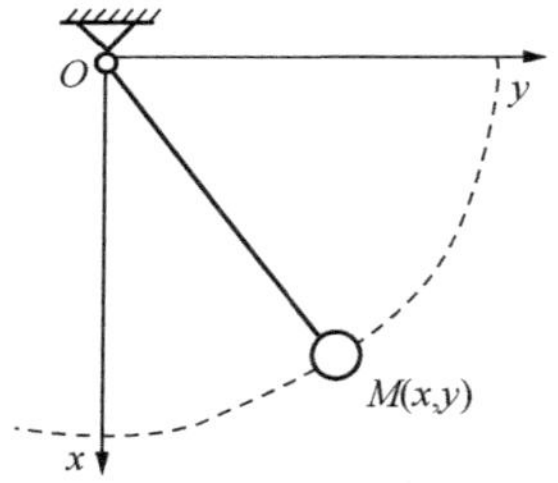

图 10.5

我们不讨论单面约束，因为当质点或质点系脱离约束以后，就变为自由质点系，而用虚位移原理讨论的静力学问题是带有约束的非自由质点或质点系的平衡问题。因此，本书只讨论双面约束。

10.1.2 虚位移及其计算

1. 虚位移的概念

对于非自由质点系，由于约束的存在，系统内各质点的运动将受到一定的限制，只可能发生沿某些方向的位移。例如，图 10.2 中的曲柄销 A 只可能有沿其轨迹圆的切线方向的位移，滑块 B 只可能有沿滑道中心线方向的位移；图 10.3 中的车轮如不能脱离轨道，则轮心 O 只可能有平行于轨道的位移等等。我们把**在某瞬时质点或质点系可能发生的、为约束所容许的任何微小位移称为该质点或质点系的虚位移**。

虚位移和实位移虽然都受约束的限制，都是约束所容许的位移，但二者有如下的区别：

1）实位移除了受约束条件限制外，还取决于主动力，是在力的作用下经一定时间实际发生的。虚位移是约束所容许的可能位移，是可能发生的、假想的，实际上并不存在，它完全由约束条件决定，与作用于质点或质点系上的力无关，与时间无关。

2）实位移一旦发生，将只有一个，并具有确定的方向，它可能是微小值，也可能是有限值。虚位移不一定是一个，可能有若干个，并且是微小位移。例如图 10.6 所示的曲柄连杆机构，曲柄 OA 的实位移只有一个，即逆时针或顺时针转动的一个角位移；但虚位移就有两个，即逆时针和顺时针转动的两种可能角位移。显然，在定常约束的条件下，实位移是所有虚位移中的一个。

为了区别虚位移和微小实位移，用质点矢径的微分 d$\boldsymbol{r}$ 来表示微小实位移；用变分来表示虚位移，例如 $\delta\boldsymbol{r}$ 或 $\delta\boldsymbol{r}$ 的投影 δx、δy、δz 等。

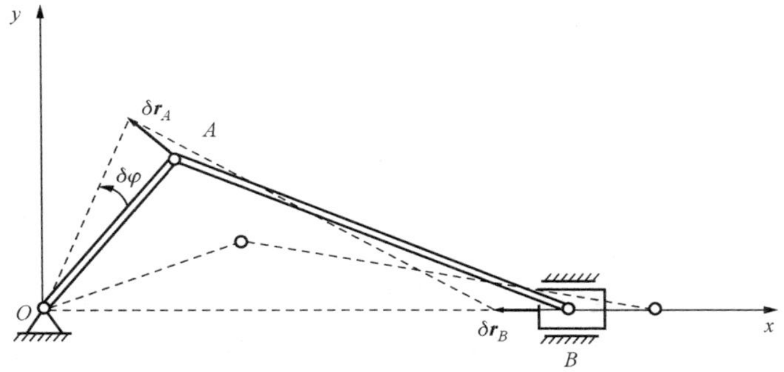

图 10.6

2. 虚位移的计算

由于约束的作用，在非自由质点系中各质点的位置或运动是互相制约的，它们必须满足约束的限制条件。因此当给质点系以虚位移时，质点系中各质点的虚位移之间存在着一定的关系。应用虚位移原理解决静力学问题时，常常需要求出这些关系。这些关系可以根据具体情况采用以下两种方法求得。

（1）几何法

如果质点系为刚体或刚体系，由于质点的虚位移与点的速度相似，我们可以根据运动学中求刚体内点的速度的方法，得出各质点虚位移之间的关系。例如，图 10.7 所示的四连杆机构中杆 O_1A、O_2B 分别作定轴转动，故点 A、B 的虚位移 $\delta\boldsymbol{r}_A$、$\delta\boldsymbol{r}_B$ 分别与 O_1A、O_2B 垂直；杆 AB 作平面运动，确定杆 AB 的速度瞬心 C，则有

$$\frac{\delta r_A}{\delta r_B}=\frac{CA\cdot\delta\theta}{CB\cdot\delta\theta}=\frac{CA}{CB}$$

式中：$\delta\theta$——杆 AB 绕 C 点转过的微小角度。

又如，沿直线轨道只滚不滑的轮子作平面运动（图 10.8），轮与轨道的接触点 C 为速度瞬心，轮上各点的虚位移如图 10.8 所示，虚位移的大小与该点到速度瞬心 C 的距离成正比。

利用上述方法来建立各点间虚位移的关系是十分方便的，读者应熟练掌握。

（2）解析法

把质点的坐标表示为某些参数的函数，再对坐标作变分运算，则可求得该质点虚位移的投影，这就是解析法，它是求质点系虚位移的普遍方法。

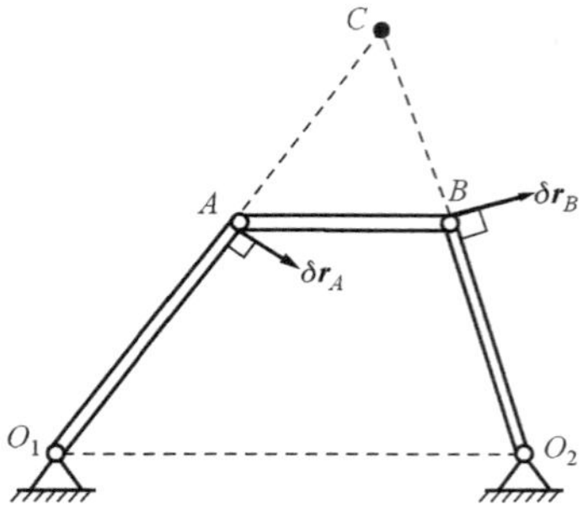

图 10.7

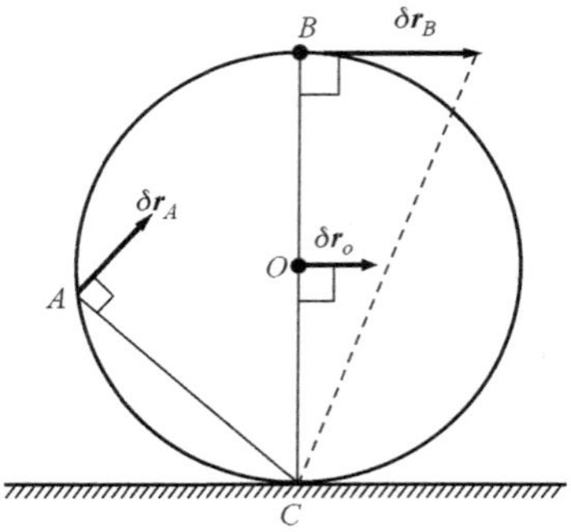

图 10.8

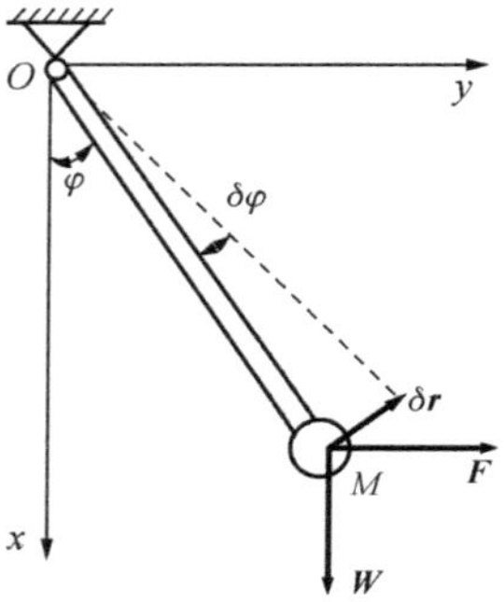

图 10.9

【例 10.1】 一质点 M 固定在长为 l 的刚性杆的 A 端，此杆可绕定轴 O 转动（图 10.9）。今在该质点上施加一水平力 $\boldsymbol{F}$，使其处于图示位置，试求该质点的虚位移。

【解】 用两种方法求质点 M 的虚位移。

1）几何法。由于杆长 l 不变，质点 M 的虚位移 $\delta\boldsymbol{r}$ 应该与 OA 垂直，并沿圆周曲线的切线方向。因为要满足约束条件，所以 $\delta\boldsymbol{r}$ 与微小转角 $\delta\varphi$ 之间的关系为

$$\delta r = l\delta\varphi$$

将 $\delta\boldsymbol{r}$ 向 Ox 和 Oy 两坐标轴上投影，得到

$$\delta x = -\delta r\sin\varphi = -l\sin\varphi\delta\varphi$$

$$\delta y = \delta r\cos\varphi = l\cos\varphi\delta\varphi$$

2）解析法。先写出用参数 φ 表示的质点 M 的坐标，即

$$x = l\cos\varphi$$

$$y = l\sin\varphi$$

求 x 和 y 的变分，得到

$$\delta x = -l\sin\varphi\delta\varphi$$

$$\delta y = l\cos\varphi\delta\varphi$$

显然

$$\delta r = \sqrt{(\delta x)^2 + (\delta y)^2} = l\delta\varphi$$

【例 10.2】 试求图 10.10 所示的曲柄连杆机构中 A、B 两点的虚位移之间的关系。设曲柄 OA 长为 r，连杆 AB 长为 l。

【解】 用两种方法求 A、B 两点的虚位移之间的关系。

1）几何法。若曲柄销 A 的虚位移 $\delta\boldsymbol{r}_A$ 如图所示，则滑块 B 的虚位移 $\delta\boldsymbol{r}_B$ 必定是水平向左。因为有连杆 AB 的约束，A、B 两点的虚位移 $\delta\boldsymbol{r}_A$ 和 $\delta\boldsymbol{r}_B$ 在连杆 AB 轴线上的投影必定相等。由图中几何关系可知

$$\delta r_A\cos[90° - (\theta + \varphi)] = \delta r_B\cos\varphi$$

即

$$\delta r_A\sin(\theta + \varphi) = \delta r_B\cos\varphi$$

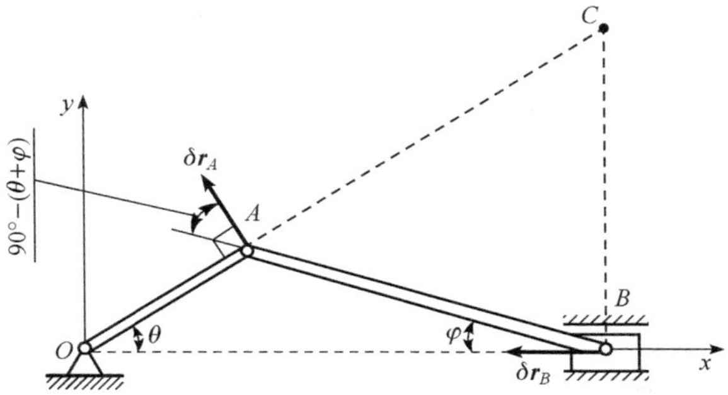

图 10.10

当然也可以确定连杆 AB 的速度瞬心 C，通过对 A、B 两点速度关系的分析得到两点虚位移之间的关系，结果相同。

2）解析法。把点 A、B 的坐标写成参数 θ、φ 的函数，即

$$x_A = r\cos\theta$$
$$y_A = r\sin\theta$$
$$x_B = x_A + l\cos\varphi = r\cos\theta + \sqrt{l^2 - r^2\sin^2\theta}$$
$$y_B = 0$$

对以上各式求变分，得

$$\delta x_A = -r\sin\theta\delta\theta$$
$$\delta y_A = r\cos\theta\delta\theta$$
$$\delta x_B = -\frac{r\sin(\theta+\varphi)}{\cos\varphi}\delta\theta$$
$$\delta y_B = 0$$

由以上分析可以看出，几何法比较直观，解析法在一些复杂问题分析中应用较多。

10.1.3 虚功的概念

作用于质点上的力在其虚位移上所作的功称为虚功。设作用于质点上的力为 $\boldsymbol{F}$，质点的虚位移为 $\delta\boldsymbol{r}$，则虚功可表示为

$$\delta W = \boldsymbol{F} \cdot \delta\boldsymbol{r} \tag{10.1}$$

若 X、Y、Z 及 δx、δy、δz 分别表示力 $\boldsymbol{F}$ 和虚位移 $\delta\boldsymbol{r}$ 在 x、y、z 轴上的投影，则

$$\delta W = X\delta x + Y\delta y + Z\delta z \tag{10.2}$$

由于虚位移是微小位移，因此虚功只有元功的形式。

10.2 虚位移原理及其简单应用

10.2.1 理想约束的概念

约束力在虚位移中作的功称为约束力的虚功。如果质点系所受的约束力在系统的任何虚位移上所作虚功之和为零，则这种约束称为理想约束。如果用 $\boldsymbol{F}_{Ni}$ 表示作用于某质点 M_i

上的约束力，$\delta \boldsymbol{r}_i$ 表示该质点的虚位移，δW_N 表示该约束力在虚位移 $\delta \boldsymbol{r}_i$ 上作的虚功，则系统具有理想约束的条件为

$$\sum \delta W_N = \sum \boldsymbol{F}_{Ni} \cdot \delta \boldsymbol{r}_i = 0 \tag{10.3}$$

几种常见的理想约束列举如下，其证明可参阅 8.1 节。

1）光滑接触面约束。

2）光滑铰链支座。

3）光滑铰链约束。

4）连接两质点的无重刚性杆。

5）连接两质点的不可伸长且受拉的绳索。

理想约束是从许多实际情况中抽象出来的理想模型，它反映了相当广泛的一些实际约束的性质。理想约束的概念是虚位移原理的基础，从以下原理的推证中就可看出这个概念的重要性。

10.2.2 虚位移原理

虚位移原理又称为**虚功原理**，它给出了非自由质点系平衡的充分与必要条件，可表述如下：**具有双面定常、理想约束的质点系在给定位置处于平衡的充分与必要条件是所有作用于质点系上的主动力在质点系处于该位置时的任何虚位移上所作虚功之和等于零**，即

$$\sum \boldsymbol{F}_i \cdot \delta \boldsymbol{r}_i = 0 \tag{10.4}$$

式中：$\boldsymbol{F}_i$——作用于质点系中任一质点 M_i 上的主动力的合力；

$\delta \boldsymbol{r}_i$——该质点的虚位移。

式（12.4）可用解析形式表示为

$$\sum (X_i \delta x_i + Y_i \delta y_i + Z_i \delta z_i) = 0 \tag{10.5}$$

式中：X_i、Y_i、Z_i——主动力合力 $\boldsymbol{F}_i$ 在直角坐标轴 x、y、z 上的投影；

δx_i、δy_i、δz_i——虚位移 $\delta \boldsymbol{r}_i$ 在 x、y、z 轴上的投影。

若主动力中包括力矩，则与其相应的虚位移应为虚转角。

式（10.4）与式（10.5）称为**虚功方程**，又称为**静力学普遍方程**。

下面证明这个原理。先证明上述条件是必要的，再证明它是充分的。

（1）必要性的证明

设质点系在某一位置处于平衡，需要证明在这个位置的任何虚位移上所有主动力所作虚功之和等于零。

现研究系统内任一质点 M_i（图 10.11），设作用于该质点上的主动力的合力为 $\boldsymbol{F}_i$，约束力的合力为 $\boldsymbol{F}_{Ni}$。因为系统处于平衡，故该质点也处于平衡，从而有

$$\boldsymbol{F}_i + \boldsymbol{F}_{Ni} = 0$$

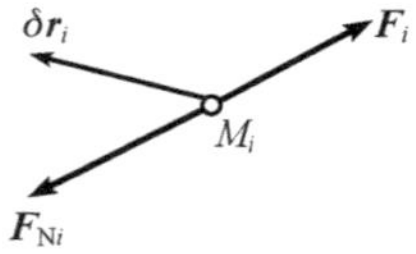

图 10.11

现给该质点一个虚位移 $\delta \boldsymbol{r}_i$，则虚功为

$$\delta W_i = (\boldsymbol{F}_i + \boldsymbol{F}_{Ni}) \cdot \delta \boldsymbol{r}_i = 0$$

对于质点系内所有其他质点都可得到与上式同样的式子，将所有这些式子相加，得

$$\sum \boldsymbol{F}_i \cdot \delta \boldsymbol{r}_i + \sum \boldsymbol{F}_{Ni} \cdot \delta \boldsymbol{r}_i = 0$$

因为系统具有理想约束，故有

$$\sum \boldsymbol{F}_{Ni} \cdot \delta \boldsymbol{r}_i = 0$$

于是得

$$\sum \boldsymbol{F}_i \cdot \delta \boldsymbol{r}_i = 0$$

即所有主动力在任何虚位移上所作虚功之和等于零。

(2) 充分性的证明

设所有作用于质点系上的主动力在任何虚位移上所作虚功之和等于零，即 $\sum \boldsymbol{F}_i \cdot \delta \boldsymbol{r}_i = 0$，需证明该系统处于平衡状态。也就是要证明，原为静止的质点系，在这个条件下，恒保持为静止状态。

采用反证法。假设质点系在主动力的作用下由静止开始运动，这样系统内至少有一个质点上的主动力 $\boldsymbol{F}_i$ 和约束力 $\boldsymbol{F}_{Ni}$ 的合力 $\boldsymbol{F}_{Ri}$ 不为零，该质点在 $\boldsymbol{F}_{Ri}$ 作用下从静止开始运动，产生的微小实位移 $d\boldsymbol{r}_i$ 和 $\boldsymbol{F}_{Ri}$ 是同方向的，故 $\boldsymbol{F}_{Ri} \cdot d\boldsymbol{r}_i > 0$。在定常约束条件下，微小实位移是虚位移中的一个，故可用 $\delta \boldsymbol{r}_i$ 代替 $d\boldsymbol{r}_i$，因此有

$$\boldsymbol{F}_{Ri} \cdot \delta \boldsymbol{r}_i = \boldsymbol{F}_{Ni} \cdot \delta \boldsymbol{r}_i + \boldsymbol{F}_i \cdot \delta \boldsymbol{r}_i > 0$$

对于系统内每一个发生运动的质点都可以写出与上式同样的式子，将所有这些式子相加，得

$$\sum \boldsymbol{F}_i \cdot \delta \boldsymbol{r}_i + \sum \boldsymbol{F}_{Ni} \cdot \delta \boldsymbol{r}_i > 0$$

由于系统具有理想约束，故有

$$\sum \boldsymbol{F}_{Ni} \cdot \delta \boldsymbol{r}_i = 0$$

于是得

$$\sum \boldsymbol{F}_i \cdot \delta \boldsymbol{r}_i > 0$$

这个结果与原假设 $\sum \boldsymbol{F}_i \cdot \delta \boldsymbol{r}_i = 0$ 相矛盾。由此可以证明，如果所有作用于质点系上的主动力在任何虚位移上所作虚功之和等于零，则该质点系一定保持平衡。

10.2.3 虚位移原理的简单应用

应用虚位移原理解决具有理想约束的质点系的平衡问题时，可以不必考虑约束力，只需考虑主动力，这样问题的求解过程就大为简化了。因此，对于受理想约束的复杂刚体系的平衡问题，应用虚位移原理求解比用静力学方法更为方便。

应当指出，对于非理想约束的情况，例如考虑摩擦时，可以把摩擦力当作主动力来处理，虚位移原理仍然适用。

应用虚位移原理还可求解未知的约束力，此时应先解除相应的约束代之以约束力，并将其视为主动力。

下面举例说明虚位移原理的应用。

【例 10.3】 如图 10.12 (a) 所示，在压榨机 AOB 的中间销钉 O 处作用一铅垂力 $\boldsymbol{F}$，设 $AO=BO=l$，$\angle OAB=\varphi$，各接触面均为光滑。不计各杆及物块 B 的自重，试求物体 D

所受到的压榨力。

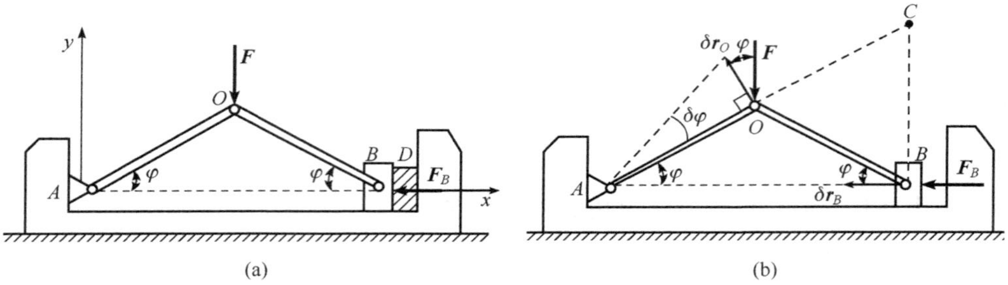

图 10.12

【解】 考虑由杆 AO、BO 和物块 B 所组成的系统的平衡，建立图示坐标系，并以 $\boldsymbol{F}_B$ 表示物体 D 对物块 B 的作用力。由题意知，质点系所受的约束是定常的、理想的，故可应用虚位移原理求解本题。

方法 1：由于力 $\boldsymbol{F}$ 所作虚功与 O 点的虚位移 $\delta\boldsymbol{r}_O$ 的铅垂投影 δy_O 有关，力 $\boldsymbol{F}_B$ 所作虚功与物块 B 的虚位移 $\delta\boldsymbol{r}_B$ 的水平投影 δx_B 有关，故需先计算 δy_O 和 δx_B。因为

$$y_O = l\sin\varphi$$
$$x_B = 2l\cos\varphi$$

对以上两式求变分，得

$$\delta y_O = l\cos\varphi\delta\varphi$$
$$\delta x_B = -2l\sin\varphi\delta\varphi$$

应用虚位移原理，有

$$F\delta y_O + F_B\delta x_B = 0$$

即

$$Fl\cos\varphi\delta\varphi - 2F_Bl\sin\varphi\delta\varphi = 0$$

得

$$F_B = \frac{F}{2}\cot\varphi$$

方法 2：设给杆 AO 以图 10.12（b）所示的虚转角 $\delta\varphi$ 转动，则 O 点的虚位移 $\delta\boldsymbol{r}_O$ 的大小为 $\delta r_O = l\delta\varphi$。又因 C 点为 BO 杆的速度瞬心，故有

$$\delta r_B = \frac{CB}{CO}\delta r_O = \frac{2l\sin\varphi}{l}\delta r_O = 2l\sin\varphi\delta\varphi$$

应用虚位移原理，有

$$-F\delta r_O\cos\varphi + F_B\delta r_B = 0$$

即

$$-Fl\cos\varphi\delta\varphi + 2F_Bl\sin\varphi\delta\varphi = 0$$

得

$$F_B = \frac{F}{2}\cot\varphi$$

【例 10.4】 平面机构如图 10.13（a）所示，$AB = BC = l$，$BD = BE = b$，弹簧的刚度

系数为 k，当 $AC=a$ 时弹簧无变形。如在 C 点作用一水平力 $\boldsymbol{F}$，试求机构平衡时 A、C 间的距离 x。

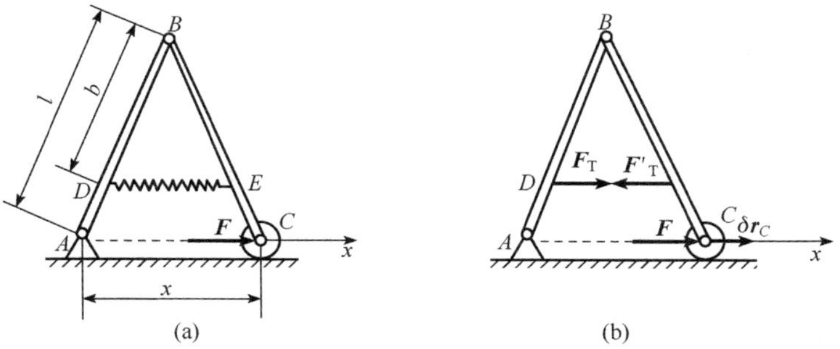

图 10.13

【解】 取整个系统为研究对象，但是其中连接两根杆的弹簧并不是理想约束，为了应用虚位移原理，可解除弹簧以其拉力代替，并把它看成主动力［图 10.13（b)］。当机构平衡时，弹簧的变形为$\dfrac{b}{l}(x-a)$，故弹簧拉力为

$$F_T = k\,\frac{b}{l}(x-a)$$

设 C 点的虚位移 $\delta r_C=\delta x$，相应的弹簧变形为$\dfrac{b}{l}\delta r_C=\dfrac{b}{l}\delta x$。应用虚位移原理，有

$$-F\delta x+\frac{kb^2}{l^2}(x-a)\delta x=0$$

得

$$x=a+\frac{F}{k}\left(\frac{l}{b}\right)^2$$

此题也可用解析法计算虚位移然后用虚位移原理求解。请读者自行完成。

【例 10.5】 组合梁由 AC、CE、EH 三部分组成，荷载分布如图 10.14（a）所示，试求支座 B 处的反力。

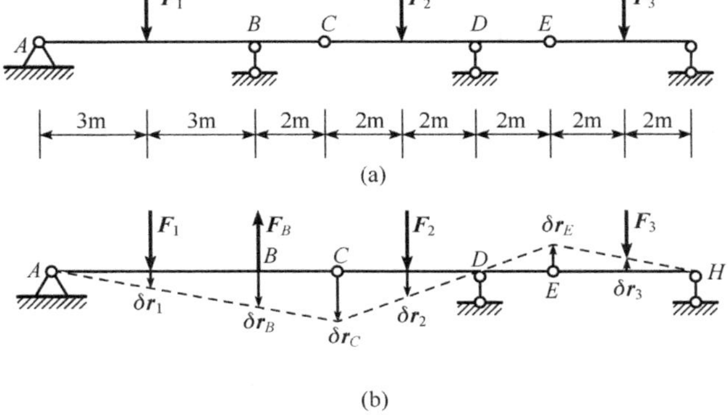

图 10.14

【解】 取组合梁为研究对象，去掉支座 B，代之以相应的反力 $\boldsymbol{F}_B$。给系统以虚位移如图 10.14（b）中虚线所示，将 $\boldsymbol{F}_B$ 看作主动力，应用虚位移原理，有

$$F_1\delta r_1 - F_B\delta r_B + F_2\delta r_2 - F_3\delta r_3 = 0 \tag{a}$$

虚位移之间的关系为

$$\delta r_1 = \frac{1}{2}\delta r_B$$

$$\delta r_2 = \frac{1}{2}\delta r_C = \frac{1}{2}\times\frac{4}{3}\delta r_B = \frac{2}{3}\delta r_B$$

$$\delta r_3 = \frac{1}{2}\delta r_E = \frac{1}{2}\delta r_2 = \frac{1}{3}\delta r_B$$

将以上各关系式代入式（a），得

$$F_B = \frac{1}{2}F_1 + \frac{2}{3}F_2 - \frac{1}{3}F_3$$

【例 10.6】 在三铰拱［图 10.15（a）］的 D 点处作用一铅垂力 $\boldsymbol{F}$，试求支座 B 处的水平反力。

【解】 取三铰拱为研究对象，解除支座 B 的水平约束，以活动铰支座和水平反力 $\boldsymbol{F}_{Bx}$ 来代替支座 B。给系统以虚位移如图 10.15（b）中虚线所示。应用虚位移原理，有

$$F\delta r_D\sin\theta - F_{Bx}\delta r_B = 0 \tag{a}$$

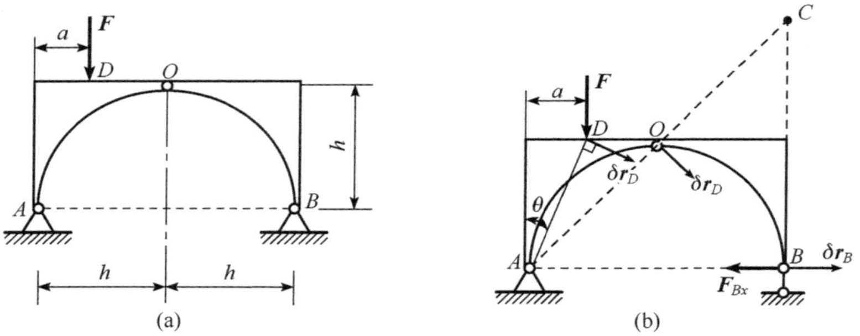

图 10.15

虚位移之间的关系为

$$\delta r_B = \frac{CB}{CO}\delta r_O = \frac{2h}{AO}\delta r_O = \frac{2h}{AD}\delta r_D$$

将上式及 $\sin\theta = \dfrac{a}{AD}$ 代入式（a），得

$$F_{Bx} = \frac{a}{2h}F$$

思考题

10.1 当质点系只受几何约束时，其约束方程是否就是各被约束质点的轨迹方程？为什么？试举例说明。

10.2　什么是虚位移？虚位移与实位移有何异同？试举例说明。

10.3　计算系统虚位移之间的关系有哪几种方法？它们各有何特点？试举例说明。

10.4　应用虚位移原理的条件是什么？用虚位移原理求解平衡问题比用静力学方法有什么优点？

10.5　工程中常用的千斤顶虽然省力，但不能省功，试用虚位移原理说明这一问题，并列出虚位移之间的关系式。

10.6　试画出图示平面机构的一组虚位移，并找出它们之间的关系。

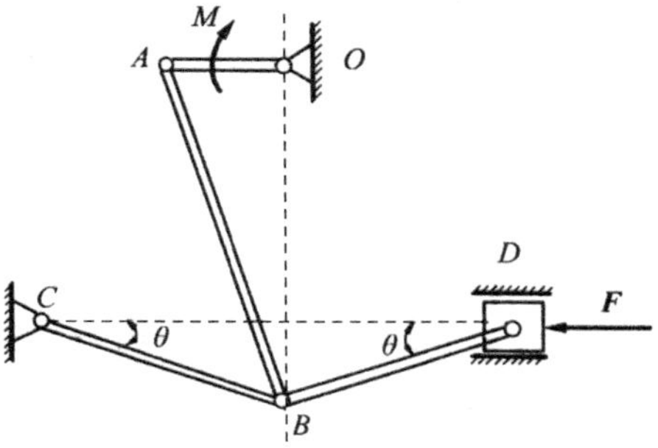

思考题 10.6 图

习题

10.1　在图示滑轮组上悬挂重 $\boldsymbol{W}$ 的物块，欲使系统保持平衡，试求力 $\boldsymbol{F}$ 的大小？

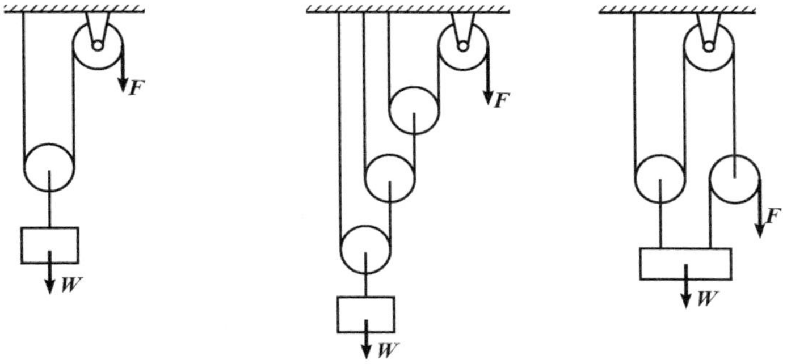

习题 10.1 图

10.2　试求图示机构处于平衡位置时的 θ 角及弹簧的拉力。已知弹簧原长为 l_0，其刚度系数为 k，$AB=BC=a$，不计机构的自重。

10.3　在螺旋压榨机手轮上作用一矩为 M 的力偶，在与手轮固结的螺杆的两侧刻有螺距为 h 的反向螺纹。当手轮转动时，两螺母 A、B 沿杆的运动方向相反，从而可改变 θ 角的大小及物体所受的压力，试求当菱形 $ACBD$ 的顶角 2θ 为已知时，压榨机对物体的压力。

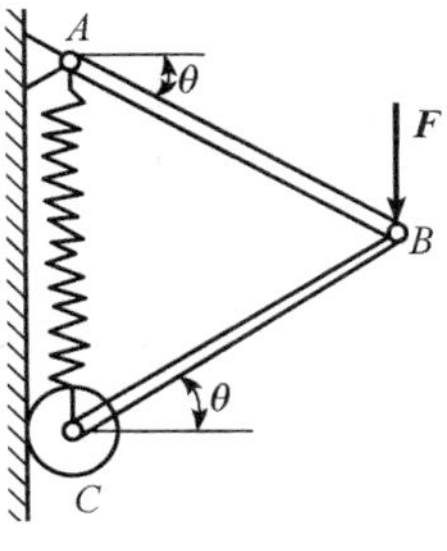

习题 10.2 图

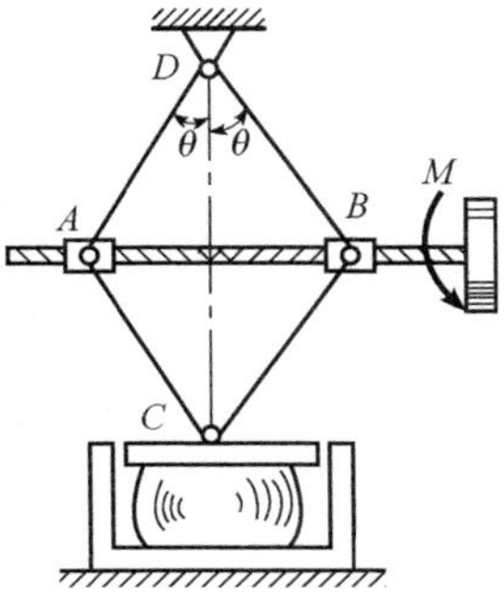

习题 10.3 图

10.4　在图示机构的 D 点处作用一水平力 $\boldsymbol{F}_1$，试求保持机构平衡的力 $\boldsymbol{F}_2$ 的值。已知图中 $AC=BC=CE=CH=ED=HD=l$，滑块 A 可沿铅垂滑道运动，不计滑块及各杆自重。

10.5　平面机构的两杆 AB 和 BC 长度相等，在 B 点用铰链连接，又在杆的 D、E 两点连一水平弹簧，弹簧刚度系数为 k。如在 B 点挂一重 W 的物体，试求机构的平衡条件。已知弹簧原长为 l_0，其他尺寸如图所示，各杆自重不计。

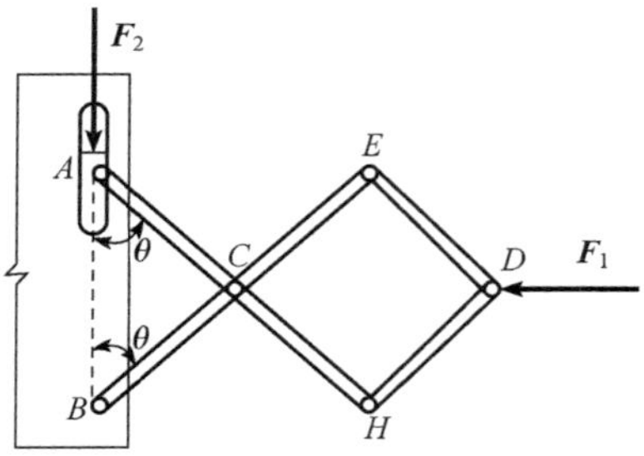

习题 10.4 图

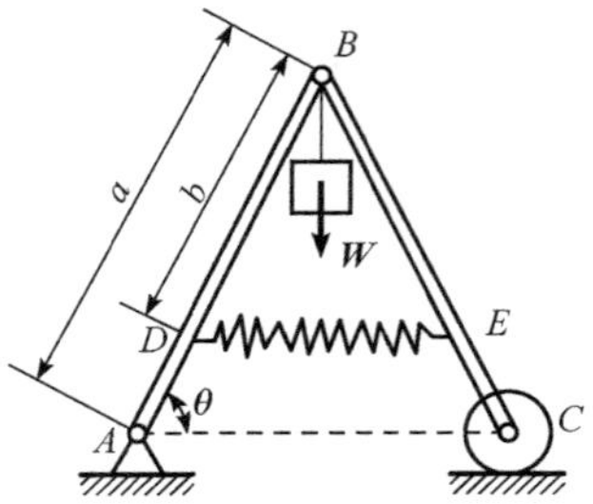

习题 10.5 图

10.6　在曲柄式连杆压榨机的曲柄 OA 上作用一矩为 $M=100\text{N}\cdot\text{m}$ 的力偶，若 $OA=r=0.1\text{m}$，$BD=DC=ED=0.3\text{m}$。机构在水平面内，在图示位置 $OA\perp AB$，$\alpha=15°$，试求使机构在此位置平衡所需的力 $\boldsymbol{F}$ 的大小。

10.7　图示机构中曲柄 AB 和连杆 BC 长度相等，重均为 W_1，滑块 C 重为 W_2 且可沿倾角为 θ 的导轨 AD 滑动。设约束都是理想的，试求机构在铅垂面内平衡时的 φ 角。

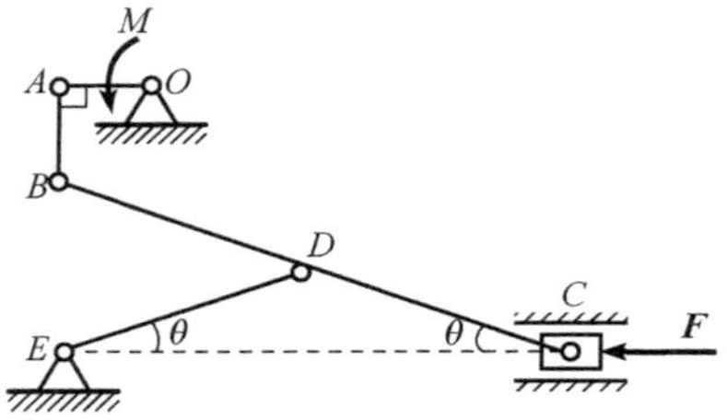

习题 10.6 图

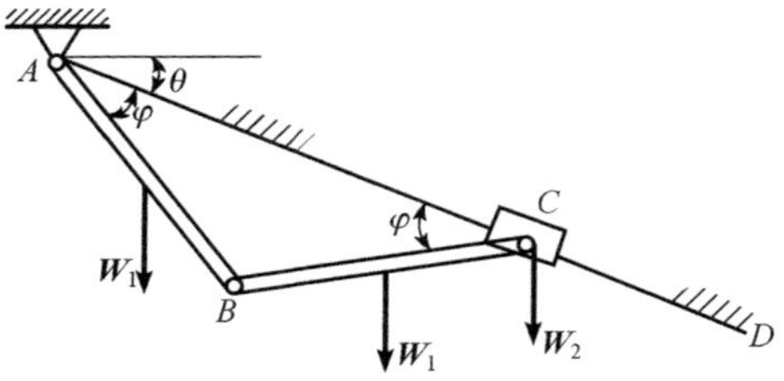

习题 10.7 图

10.8　组合梁由 AD 和 DC 两部分铰接而成，梁上作用有三个铅垂力 $F_1=10\text{kN}$，$F_2=30\text{kN}$，$F_3=15\text{kN}$，试求支座 A、B、C 处的反力。

10.9　刚架受力及尺寸如图所示，已知 $F=20\text{kN}$，试求支座 D 处的反力。

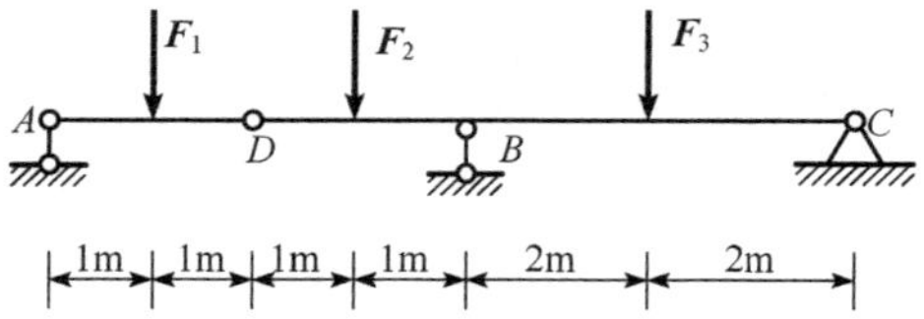

习题 10.8 图

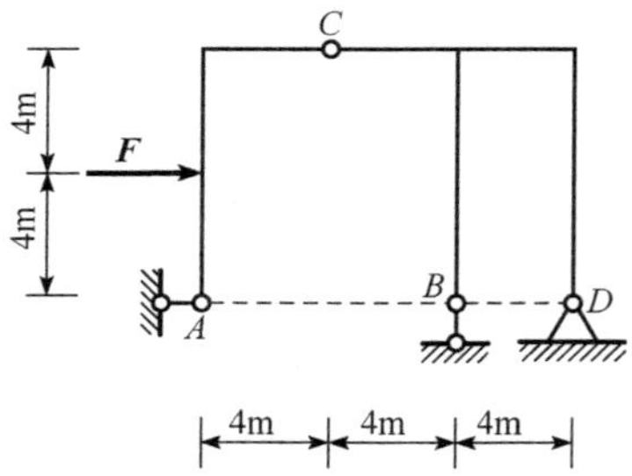

习题 10.9 图

10.10　组合梁由 AC、CD、DG 三部分组成，荷载分布如图所示。已知 $F_1=12\text{kN}$，$F_2=20\text{kN}$，$F_3=30\text{kN}$，试求支座 A、E 处的反力。

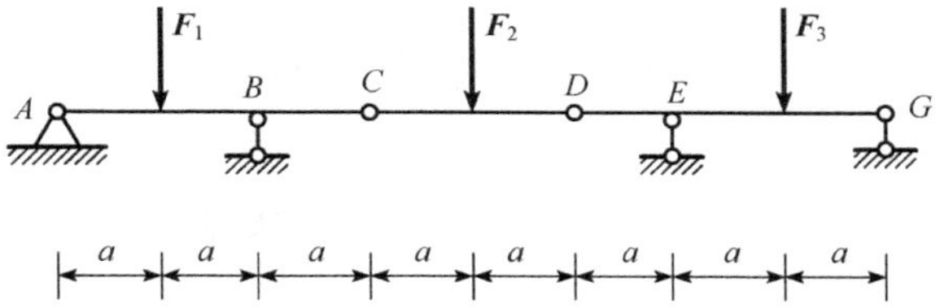

习题 10.10 图

10.11　组合梁由 AC 和 CE 两部分铰接而成，荷载分布如图所示。已知 $F=10\text{kN}$，$q=5\text{kN/m}$，$M=10\text{kN}\cdot\text{m}$，试求支座 A、B 处的反力。

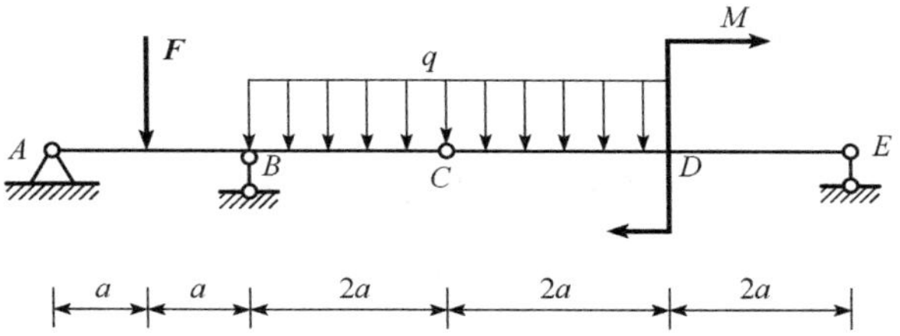

习题 10.11 图

10.12　组合梁由 AG、GD、DE 三部分组成，荷载分布如图所示。已知 $F=8\text{kN}$，$q=3\text{kN/m}$，$M=4\text{kN}\cdot\text{m}$，试求支座 A、B、C 处的反力。

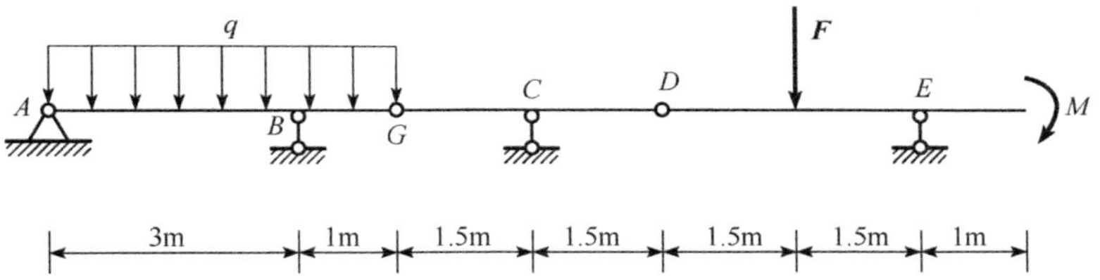

习题 10.12 图

10.13　三铰拱在 D 点处受一水平力 $\boldsymbol{F}$ 的作用，试求支座 A、B 处的反力。

10.14　平面桁架如图所示，D 点处受一铅垂向下的力 $\boldsymbol{F}$ 作用，试求杆 1 的受力。

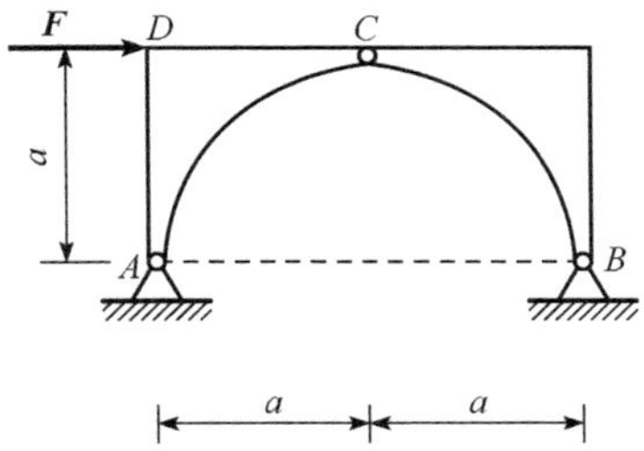

习题 10.13 图

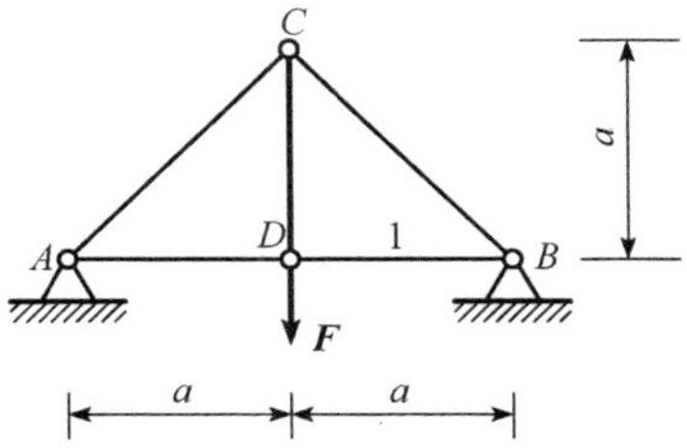

习题 10.14 图

附录　习题参考答案

第二章　刚体静力分析基础

2.1　(a) $M_O=0$

(b) $M_O=Fl$

(c) $M_O=-Fb$

(d) $M_O=Fl\sin\theta$

(e) $M_O=F\sqrt{l^2+b^2}\sin\theta$

(f) $M_O=F(l+r)$

第三章　平 面 力 系

3.1　$X_1=-173.2\text{N}$，$Y_1=-100\text{N}$；$X_2=0$，$Y_2=150\text{N}$；

$X_3=141.4\text{N}$，$Y_3=141.4\text{N}$；$X_4=-100\text{N}$，$Y_4=173.2\text{N}$

3.2　$F_R=30\text{kN}$，$\alpha=0°$

3.3　$F_R=161.2\text{kN}$，$\angle(\boldsymbol{F}_R，\boldsymbol{F}_1)=29°44'$，$\angle(F_R，F_3)=60°16'$

3.4　(a) $F_{AC}=1.155F$，$F_{AB}=0.577F$

(b) $F_{AC}=F_{AB}=0.577F$

3.5　$F_A=F_B=\dfrac{\sqrt{2}Fa}{l}$

3.6　$M=260\text{N}\cdot\text{m}$

3.7　$F=710\text{kN}$，$\theta=-70°50'$，$x=3.51\text{m}$

3.8　$F_R=8027\text{kN}$，$\angle(\boldsymbol{F}_R，x)=-92°24'$，$M_O=6103.5\text{kN}\cdot\text{m}$，$x=0.761\text{m}$（在 O 点左边）

3.9　1) $F_{Ax}=14.14\text{kN}$，$F_{Ay}=7.07\text{kN}$；$F_B=7.07\text{kN}$

2) $F_{Ax}=21.21\text{kN}$，$F_{Ay}=7.07\text{kN}$；$F_B=10\text{kN}$

3.10　(a) $F_A=200\text{kN}$，$F_B=150\text{kN}$

(b) $F_A=192\text{kN}$，$F_B=288\text{kN}$

(c) $F_A=3.75\text{kN}$，$F_B=-0.25\text{kN}$

(d) $F_A=-45\text{kN}$，$F_B=85\text{kN}$

(e) $F_A=80\text{kN}$，$M_A=195\text{kN}\cdot\text{m}$

(f) $F_A=24\text{kN}$，$F_B=12\text{kN}$

3.11　$F_{Ax}=12\text{kN}$，$F_{Ay}=45\text{kN}$，$M_A=26.2\text{kN}\cdot\text{m}$

3.12　$F_{Ax}=-3054\text{N}$，$F_{Ay}=3256\text{N}$；$F=2316\text{N}$

3.13　$F_{Ax}=2.4\text{kN}$，$F_{Ay}=1.2\text{kN}$；$F_{BC}=848\text{N}$

3.14　$F_A=\frac{M}{b}+\frac{q_0a^2}{3b}$；$F_{Bx}=-\frac{q_0a}{2}$，$F_{By}=-\left(\frac{M}{b}+\frac{q_0a^2}{3b}\right)$

3.15　$F_{Ax}=0$，$F_{Ay}=17\text{kN}$，$M_A=43\text{kN}\cdot\text{m}$

3.16　$F_{Ay}=-2.5\text{kN}$，$F_B=15\text{kN}$，$F_C=2.5\text{kN}$，$F_D=2.5\text{kN}$

3.17　$F_A=\frac{3F}{4}$，$F_B=\frac{9F}{4}$，$F_C=\frac{5F}{4}+2qa$，$F_D=2qa-\frac{F}{4}$

3.18　$F_{Ax}=7.69\text{kN}$，$F_{Ay}=57.69\text{kN}$；$F_{Bx}=-57.69\text{kN}$，$F_{By}=142.3\text{kN}$；
$F_{Cx}=-57.69\text{kN}$，$F_{Cy}=42.31\text{kN}$

3.19　$F_{Ax}=-60\text{kN}$，$F_{Ay}=20\text{kN}$，$M_A=120\text{kN}\cdot\text{m}$；$F_C=20\text{kN}$

3.20　$F_A=0$，$F_B=5\text{kN}$；$F_{Dx}=-50\text{kN}$，$F_{Dy}=55\text{kN}$

3.21　$F_{Ax}=\frac{5q_1h}{6}-\frac{q_2l^2}{8h}$，$F_{Ay}=\frac{q_2l}{2}$；$F_{Bx}=\frac{q_2l^2}{8h}-\frac{5q_1h}{6}$，$F_{By}=\frac{q_2l}{2}$

3.22　$F_{Ax}=F/2$，$F_{Ay}=qa/2-F$；$F_B=2F+qa/2$；$F_{Ex}=F/2$，$F_{Ey}=0$

3.23　$F_{Gx}=(Fa\cot\alpha-M)/2a$，$F_{Gy}=F$，$M_G=b(M-Fa\cot\alpha)/2a$

3.24　$F_{Ex}=-qa/\sqrt{3}$，$F_{Ey}=qa$；$F_{Ax}=qa/\sqrt{3}$，$F_{Ay}=2qa$，$M_A=0$

3.25　$F_C=412.2\text{N}$，$F_D=141.4\text{N}$

3.26　$F_{T1}=26\text{kN}$，$F_{T2}=21\text{kN}$

3.27　不滑动

3.28　$F_N=8\text{kN}$

3.29　1）$AD\leqslant[2f_s(W_1+W_2)\tan\theta-W_1]l/2W_2$
2）$\tan\theta\geqslant(W_1+2W_2)/2f_s(W_1+W_2)$

3.30　1）$F_{\min}=\frac{\sin\theta+f_s\cos\theta}{\cos\theta-f_s\sin\theta}W$
2）$\theta\leqslant\arctan f_s$

3.31　$b\leqslant110\text{mm}$

3.32　$l_{\min}=d/2f_s$

第四章　空 间 力 系

4.1　$X_1=0$，$Y_1=0$，$Z_1=3\text{kN}$；$X_2=-1.2\text{kN}$，$Y_2=1.6\text{kN}$，$Z_2=0$；
$X_3=0.424\text{kN}$，$Y_3=0.566\text{kN}$，$Z_3=0.707\text{kN}$

4.2　$F_x=F\cos\alpha\cos\beta$，$F_y=-F\cos\alpha\sin\beta$，$F_z=-F\sin\alpha$

4.3　$350.3\text{N}\cdot\text{m}$

4.4　$F_{AB}=-2\sqrt{3}F\sin\varphi$，$F_{AC}=2F(\sin\varphi-\cos\varphi)$，$F_{AD}=2F(\sin\varphi+\cos\varphi)$

4.5　$F_{AD}=F_{BD}=-31.55\text{kN}$，$F_{CD}=-1.55\text{kN}$

4.6　$F_A=25\text{kN}$，$F_B=525\text{kN}$，$F_D=450\text{kN}$

4.7　$F=0.8\text{kN}$；$F_{Ay}=-0.32\text{kN}$，$F_{Az}=-0.48\text{kN}$；$F_{By}=1.12\text{kN}$，$F_{Bz}=-0.32\text{kN}$

4.8　$F_2=2F_{22}=400\text{N}$；$F_{Ax}=-6375\text{N}$，$F_{Az}=1299\text{N}$；$F_{Bx}=-4125\text{N}$，$F_{Bz}=3897\text{N}$

4.9　$F_x=-5\text{kN}$，$F_y=-4\text{kN}$，$F_z=0$，$M_x=16\text{kN}\cdot\text{m}$，$M_y=-30\text{kN}\cdot\text{m}$，$M_z=20\text{kN}\cdot\text{m}$

4.10　$F=200\text{N}$；$F_{Ax}=86.6\text{N}$，$F_{Ay}=150\text{N}$，$F_{Az}=100\text{N}$；$F_{Bx}=F_{Bz}=0$

4.11 $F_{Ax}=-3.0$，$F_{Ay}=19.2\text{kN}$，$F_{Az}=0$；$F_{BD}=7.8\text{kN}$，$F_{BE}=F_{CF}=6.5\text{kN}$

4.12 $\theta=\arctan\dfrac{f_s a}{\sqrt{l^2-a^2}}$

4.13 (a) $x_C=6.07\text{mm}$

(b) $x_C=5.1\text{mm}$，$y_C=10.1\text{mm}$

4.14 $x_C=-er^2/(R^2-r^2)$

4.15 $x_C=1.47\text{m}$，$y_C=0.94\text{m}$

4.16 $x_C=2.02\text{m}$，$y_C=1.15\text{m}$，$z_C=0.716\text{m}$

第五章　点的运动

5.1 $v=\sqrt{\dfrac{bH}{2}}\sin\sqrt{\dfrac{2b}{H}}t$，$a=b\cos\sqrt{\dfrac{2b}{H}}t$；$t=\pi\sqrt{\dfrac{H}{2b}}$

5.2 $x=l-\sqrt{(\sqrt{l^2+h^2}-v_0t)^2-h^2}$；$v=\dfrac{(\sqrt{l^2+h^2}-v_0t)\ v_0}{\sqrt{(\sqrt{l^2+h^2}-v_0t)^2-h^2}}$

5.3 $y=\sqrt{0.64-t^2}$；$v=\dfrac{-2v_0t}{\sqrt{0.64-t^2}}$

5.4 $x=r\sin t^2$，$y=2r\sin^2\dfrac{t^2}{2}$；$s=rt^2$

5.5 $x=\dfrac{bl}{\sqrt{l^2+(v_0t)^2}}$，$y=\dfrac{bv_0t}{\sqrt{l^2+(v_0t)^2}}$；$s=b\arctan\dfrac{v_0t}{l}$；$v_C=\dfrac{bv_0}{2l}$

5.6 $x=R+R\cos 2\omega t$，$y=R\sin 2\omega t$，$v=2R\omega$，$\cos(\boldsymbol{v},\boldsymbol{i})=-\sin 2\omega t$，

$a=4R\omega^2$，$\cos(\boldsymbol{a},\boldsymbol{i})=-\cos 2\omega t$；$s=2R\omega t$，$v=2R\omega$，$a=a_n=4R\omega^2$

第六章　刚体的运动

6.1 当 $t=0$ 时，$v_M=157.1\text{mm/s}$，$a_{M\tau}=0$，$a_{Mn}=61.7\text{mm/s}^2$；

当 $t=2\text{s}$ 时，$v_M=0$，$a_{M\tau}=-123.4\text{mm/s}^2$，$a_{Mn}=0$

6.2 $v_M=\dfrac{R\pi n}{30}$，$a_M=\dfrac{R\pi^2n^2}{900}$

6.3 $\omega=\dfrac{1}{5}t\text{rad/s}$，$\alpha=\dfrac{1}{5}\text{rad/s}^2$

6.4 $v_{max}=0.4\text{m/s}$，$h=7.2\text{m}$

6.5 $D=0.5\text{m}$，$\omega=2\text{rad/s}$

6.6 B 点：$v=360.6\text{mm/s}$，$a=1020\text{mm/s}^2$；

C 点：$v=447.2\text{mm/s}$，$a=1265\text{mm/s}^2$

6.7 $v_M=1.68\text{m/s}$；$a_{AB}=a_{CD}=0$，$a_{DA}=33\text{m/s}^2$，$a_{BC}=13.2\text{m/s}^2$

6.8 1) $\alpha_2=\dfrac{\pi}{200d^2}\text{rad/s}^2$

2) $a=592.2\text{m/s}^2$

6.9 $v=\dfrac{2\sqrt{3}}{3}e\omega$

6.10　$v=0.8\text{m/s}$，$v_r=0.4\text{m/s}$

6.11　$x_A=\frac{1}{3}gt^2$，$y_A=0$，$\varphi=\frac{gt^2}{3R}$

6.12　$\omega=\frac{v_1-v_2}{2R}$；$v_0=\frac{v_1+v_2}{2}$

6.13　$\omega_{AB}=3\text{rad/s}$，$\omega_{O_1B}=5.2\text{rad/s}$

6.14　$v_B=200\text{mm/s}$，$v_C=632\text{mm/s}$；$\omega_{ABC}=1.33\text{rad/s}$，$\omega_{BD}=0.5\text{rad/s}$

6.15　$v_C=0.838\text{m/s}$

6.16　$\omega_{AB}=14.14\text{rad/s}$，$v_B=12.92\text{m/s}$

6.17　$\omega_{BD}=0.15\text{rad/s}$，$v_D=0.075\text{m/s}$

6.18　$\varphi=0°$时 $v_{DE}=4\text{m/s}$；$\varphi=90°$时 $v_{DE}=0$

6.19　$v=5.28\text{m/s}$

6.20　$v_B=v$

6.21　$AK=50\text{mm}$；$v=260\text{mm/s}$

6.22　$\omega=3.62\text{rad/s}$

6.23　$\beta=0°$时 $\omega=2v/r$，$\beta=90°$时 $\omega=v/r$，转向都是顺时针

第七章　质点与刚体的运动微分方程

7.1　$F_{max}=3.14\text{N}$，$F_{min}=2.74\text{kN}$

7.2　$F_1=5.41\text{kN}$，$F_2=5\text{kN}$，$F_3=3.98\text{kN}$

7.3　$F=11.32\text{N}$；$v=1.19\text{m/s}$

7.4　$F_{max}=102.1\text{kN}$；$F=99\text{kN}$

7.5　$a=10\text{m/s}^2$；$F=808.5\text{kN}$

7.6　$F=W/2\cos\theta$；$F_1=W\cos\theta$；$F_2=W(3-2\cos\theta)$

7.7　$x=v_0t\cos\theta$，$y=v_0t\sin\theta+gt^2/2$

7.8　$F_1=ml(a\omega^2+g)/2a$，$F_2=ml(a\omega^2-g)/2a$

7.9　$\omega=1.09\text{rad/s}$

7.10　$F_{max}=\frac{W}{n}\left(1+\frac{A\omega^2}{g}\right)$

7.11　$J_O=m_1l^2/3+m_2(3r^2/2+l^2+2lr)$

7.12　1）$F_{max}=153\text{N}$；

　　2）$a=0.855\text{m/s}^2$

7.13　$a=0.15\text{m/s}^2$，$v=2\text{m/s}$

7.14　$a_O=2g/3$；$F=W/3$

第八章　动 能 定 理

8.1　$W=4900\text{J}$

8.2　$A\to B$，$W=-0.171kR^2$；$B\to D$，$W=0.077kR^2$

8.3　$W=226\text{kJ}$

8.4 $W=8\pi^2 a+\frac{64}{3}\pi^3 b-4\pi m_B g f r$

8.5 $W=98\pi^2+89\pi$

8.6 $T=\frac{v_A^2}{4}(2m_A+2m_B+m)$

8.7 $T=33.3J$

8.8 $T=\frac{v^2}{2}(m_1+3m_2)$

8.9 $f=\frac{h}{l_1+l_2}$

8.10 $v=2r\sqrt{\frac{mhg}{2m_1R^2+(m_2+2m)r^2}}$，$a=\frac{2mr^2g}{2m_1R^2+(m_2+2m)r^2}$

8.11 $\omega=\sqrt{\frac{3\sin\theta_0(m_0g+F)}{bm_0}}$

8.12 $v=8.167m/s$

8.13 $\omega=\frac{2}{r}\sqrt{\frac{M}{3m}\varphi}$，$\alpha=\frac{2M}{3mr^2}$

8.14 $v_A=v_B=\sqrt{\frac{k}{2m}}(l-l_0)$

8.15 $H=\frac{5}{2}R$

8.16 $v_0=\sqrt{5gl}$

8.17 $v_0=hR\sqrt{\frac{k}{mR^2+J_O}}$

第九章　达朗贝尔原理

9.1 $A\omega^2<g$

9.2 $y=\frac{\omega^2}{g}x^2$

9.3 $\omega=1.12rad/s$

9.4 $n_{min}=67r/min$

9.5 $F_C=17.42kN$，$F_D=12.02kN$

9.6 $a_{max}=3.43m/s^2$

9.7 $F_{max}=m_1g+m_2e\omega^2$，$F_{min}=m_1g-m_2e\omega^2$

9.8 $\omega=\sqrt{(3g\sin\theta)/l}$，$\alpha=(3g\cos\theta)/2l$；$F_{Ox}=\frac{W}{4}\cos\theta$，$F_{Oy}=\frac{5W}{2}\sin\theta$

9.9 $F_{Ax}=-15kN$，$F_{Ay}=10kN$；$F_C=15kN$

9.10 $F_{Cx}=F_{Dx}=0$，$F_{Cy}=-F_{Dy}=-(Wl^2\omega^2\sin2\theta)/2bg$，$F_{Dz}=2W$

9.11 $F_A=F_B=1095N$

9.12 $F_A=783N$，$F_B=279N$

9.13　$a_O=\frac{2F\cos\theta}{3W}g$，$F_N=W-F\sin\theta$

9.14　$a=\frac{W_1\sin\theta-W_2}{2W_1+W_2}g$

第十章　虚位移原理

10.1　(a) $F=\frac{1}{2}W$

(b) $F=\frac{1}{8}W$

(c) $F=\frac{1}{5}W$

10.2　$\theta=\arcsin\frac{F+2kl_0}{4ka}$，$F_T=\frac{1}{2}F$

10.3　$F_N=\frac{\pi M}{h}\cot\theta$

10.4　$F_2=\frac{3}{2}F_1\cot\theta$

10.5　$\tan\theta=\frac{Wa}{2kb(2b\cos\theta-l_0)}$

10.6　$F=3732\text{N}$

10.7　$\varphi=\arctan\left[\frac{W_1}{2(W_1+W_2)}\cot\theta\right]$

10.8　$F_A=5\text{kN}$，$F_B=52.5\text{kN}$，$F_C=-2.5\text{kN}$

10.9　$F_{Dx}=-10\text{kN}$，$F_{Dy}=20\text{kN}$

10.10　$F_A=1\text{kN}$，$F_E=30\text{kN}$

10.11　$F_A=-5\text{kN}$，$F_B=30\text{kN}$

10.12　$F_A=4.88\text{kN}$，$F_B=4.44\text{kN}$，$F_C=5.33\text{kN}$

10.13　$F_A=\frac{\sqrt{2}}{2}F$，指向左下方且与水平线成45°角；$F_B=\frac{\sqrt{2}}{2}F$，指向左上方且与水平线成45°角

10.14　$F_1=\frac{F}{2}$（拉力）

主要参考文献

陈莹莹. 1993. 理论力学 [M]. 北京：高等教育出版社.

重庆建筑大学. 1999. 理论力学 [M]. 北京：高等教育出版社.

董卫华. 1997. 理论力学 [M]. 武汉：武汉工业大学出版社.

哈尔滨工业大学理论力学教研室. 1998. 理论力学（上、下册）[M]. 北京：高等教育出版社.

郝桐生. 1982. 理论力学 [M]. 北京：高等教育出版社.

华东水利学院工程力学教研室《理论力学》编写组. 1985. 理论力学（上、下册）[M]. 北京：高等教育出版社.

沈养中. 2014. 工程力学 [M]. 4 版. 北京：高等教育出版社.

沈养中. 2009. 建筑力学（上册）[M]. 3 版. 北京：科学出版社.

谢传锋. 1987. 理论力学 [M]. 北京：中央广播电视大学出版社.

张秉荣，章剑青. 1996. 工程力学 [M]. 北京：机械工业出版社.

朱照宣，周起钊. 1982. 理论力学 [M]. 北京：北京大学出版社.